舞毒蛾天敌昆虫

Parasitoids and Predators of Gypsy Moth

严静君　曹亮明　马润国　王小艺　主编

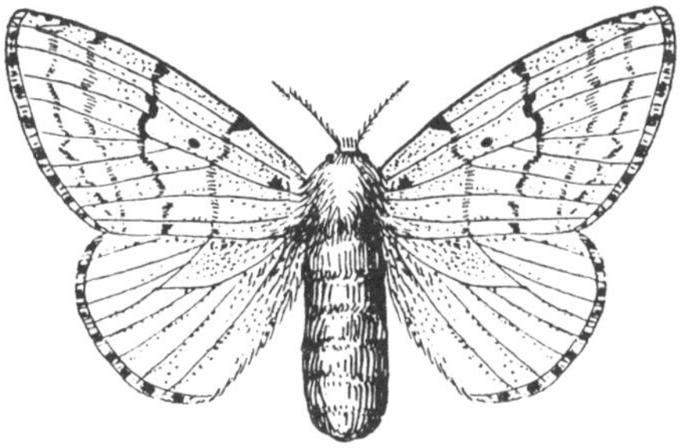

中国林業出版社

图书在版编目（CIP）数据

舞毒蛾天敌昆虫 / 严静君等，主编 . —北京：中国林业出版社，2021.8
ISBN 978-7-5219-1219-7

Ⅰ . ①舞… Ⅱ . ①严… Ⅲ . ①舞毒蛾—天敌昆虫 Ⅳ . ① S476.2

中国版本图书馆 CIP 数据核字（2021）第 117846 号

本书提示

根据作者和几代森保人近 50 年来在河北、辽宁、吉林、黑龙江、山东、陕西、四川和北京等地的调查研究，发现舞毒蛾的发生危害与森林生态环境、天敌昆虫丰富度有密切关系。天敌昆虫是影响舞毒蛾种群数量变动的重要因素。在森林植物丰富，生态条件良好的林地，寄生性昆虫对舞毒蛾卵、幼虫和蛹的累计寄生致死率很高，在北京延庆白草洼林地为 44.5%，在四川大邑松栎混交林为 40.83%。研究结果显示：多种天敌昆虫共同作用能够自然调控舞毒蛾发生数量，效果显著。重视森林保健，改善生态环境，发挥天敌作用，是实现可持续控制森林虫害重要途径，具有重要实践意义。

中国林业出版社

责任编辑： 李　顺　薛瑞琦
电　　话：（010）83143569

出　　版： 中国林业出版社（100009　北京市西城区刘海胡同7号）
网　　址： http://www.forestry.gov.cn/lycb.html
发　　行： 中国林业出版社
印　　刷： 北京紫瑞利印刷有限公司
版　　次： 2021 年 8 月第 1 版
印　　次： 2021 年 8 月第 1 次
开　　本： 1/16
印　　张： 20.75
字　　数： 250千字
定　　价： 98.00 元

本书可按需印刷，如有需要请联系我社。

《舞毒蛾天敌昆虫》编写人员

主　编：

严静君（中国林业科学研究院森林生态环境与保护研究所）

曹亮明（中国林业科学研究院森林生态环境与保护研究所）

马润国（北京蓝狐天敌技术有限公司 / 北京市西山试验林场）

王小艺（中国林业科学研究院森林生态环境与保护研究所）

副主编：

李广武（中国林业科学研究院森林生态环境与保护研究所）

赵　萍（南宁师范大学地理与海洋研究院）

赵　清（山西农业大学植物保护学院）

其他编写人员：

党英侨（中国林业科学研究院森林生态环境与保护研究所）

魏　可（中国林业科学研究院森林生态环境与保护研究所）

姚德富（中国林业科学研究院森林生态环境与保护研究所）

张彦龙（中国林业科学研究院森林生态环境与保护研究所）

摄　影：

李广武、严静君、曹亮明、虞国跃（北京市农林科学院植物保护环境保护研究所）

赵　萍、赵　清、陈　卓（中国农业大学）

自 序

我是 1932 年出生，属猴，生性好动，本性难移。幼时老师取名静君，盼望好静勿动，安心听讲，好好学习，将来成个君子。年近九旬，回首历史，教益颇深。

我是生在旧社会，长在新中国，在中国共产党领导下，不断得到教育成长起来的，我是一个幸运儿。

1952 年高中毕业，当时国家处于百废待兴、全面恢复发展阶段，急需培养大量建设人才。大学实行免费上学，还负责学生学习生活费用。我很幸运通过全国统考，进入高等农业学院求学，学的是植物保护专业、农作物病虫害防治。

1956 年是我的幸运年。当时学习苏联经验，实行国家统一考试，考试合格，大学四年毕业。当年党和政府发出“向科学进军”伟大号召，我幸运地分配到了林业部，到林业部林业科学研究所（中国林业科学研究院前身）从事科研工作。当时林业院校还没有森保专业，搞病虫研究的都是农业院校出身。松毛虫是当时林业上第一号大害虫，工作后我就从事油松毛虫研究。中国科学院著名昆虫生态学家马世骏院士是我所科学顾问，是我的科研启蒙导师，每周一次由我进城车接，来所指导。

1960 年，林业部、中国科学院昆虫研究所（动物研究所前身）和中国林业科学研究院在湖南攸县联合成立“中华人民共和国林业部松毛虫中心研究站”，领导派我参加该站工作，研究马尾松毛虫发生规律和预测预报。1961 年到 1963 年同江西省农林垦殖科学研究所（简称“江西所”）合作研究松毛虫发生动态。是年，由江西所牵头，自发组织成立了南方地区松毛虫科研协作组，轮流负责，定期召开协作会议，交流探讨松毛虫防治及学术问题。在实际工作中，逐步体会到需要尽快摆脱年年治虫、年年虫害不断的被动局面，必须从造林、营林改善森林环境等方面考虑防治虫害问题；同时也开始认识到对待森林害虫，必须知己知彼，才能百战不殆，需要认真关注自然界天敌昆虫利用问题。1964 年开始松毛虫生态防治研究准备，赴广西、广东、江西、福建多地进行长达 6 个月的野外摸底调查。1965 年联合国粮农组织专家组提出了“有害生物综合治理（Integrated Pest Management）”科学理念，简称 IPM。

十年劫难，痛定思痛。拨乱反正，改革开放。1978 年 3 月，党和政府召开了全国科学大会，迎来了中国的第二个科学春天。1977 年在浙江开展的利用赤眼蜂防治杉梢小卷蛾试验，是我第一次接触生物防治，涉足天敌昆虫。20 世纪 70 年代末至 80 年代初，IPM 理念得到我国农林业界广泛关注和重视。1982 年，根据中美农业科技合作会议纪要，美国舞毒蛾天敌考察组来我国考察。我很幸运，得到林业部、中国林业科学研究院领导信任，派我接待并参加此项中美农业科技合作项目，担任中方组长。从此开始了舞毒蛾天敌昆虫研究。舞毒蛾是世界性重要害虫，也是重要森林害虫。广布于我国除华南部分地区以外，包括台湾在内的所有省份，食性杂，各地灾情不断，此起彼伏。但因松毛虫压倒一切，舞毒蛾还未引起重视。1983 年 8 月我率林业部森林害虫综合防治考察组赴美进行科学考察，访问了 9 个州 19 个科研、教学和生产单位，结识了许多美国森林昆虫和天敌昆虫专家教授，并开展学术交流。

20 世纪 80 年代末期，美国森林学家针对森林病虫害问题提出了“森林保健（Forest Health Protection）”科学理念。其技术要点是：要充分了解森林生物与森林结构、森林环境的协调性，充分利用林内各种生物相互依赖，彼此克制关系，尽量避免使用对环境和生物有害的化学药物，通过森林生态系统本身调控有害生物，达到森林生态系统的稳定和多种生态功能的持续发挥。

1991年，中美农业科技合作恢复，我受中国农业科学院生物防治研究所邀请委托，继续开展中美舞毒蛾天敌合作研究，前后在山东、辽宁、陕西、四川等地进行了多年野外调查研究工作。退休后还参与北京等地舞毒蛾天敌研究，并着手撰写《舞毒蛾天敌昆虫》书稿，断断续续，后因种种原因停笔，文稿束之高阁。当今世界，竞争激烈。我国在中国共产党领导下，在习近平新时代中国特色社会主义思想指引下，各项建设发展迅猛，国民经济总量位列世界第二，民生福祉不断改善。

2019年是新中国成立70周年，习近平总书记号召全国人民开展“不忘初心，牢记使命”主题教育活动，对我触动很大，教育很深。写了“初心颂”激励自己继续努力，了却心愿。同时献出书稿初稿，表达对伟大祖国的热爱和崇敬之情。我很幸运，中国林业科学研究院森林生态环境与保护研究所领导对此十分重视，组织力量全面完成书稿。

本书除了介绍舞毒蛾一般知识以外，着重介绍了我国已知舞毒蛾天敌昆虫109种，其中包括寄生性昆虫56种，捕食性昆虫53种。内容涉及种的检索、寄主、分布、形态特征，侧重介绍生物学特性，饲养繁殖和利用，以及天敌昆虫发生与环境的关系，天敌昆虫在害虫防治上的应用，等等。书中附有形态特征插图21版，彩色生态照片23版123幅，并列出了有关天敌昆虫的参考文献资料。

在本书编写过程中，王小艺研究员、曹亮明博士亲自参与工作，查阅了国内外近期文献资料，修改补充，增写了不少书稿内容，完成了图版收集制作、书稿统稿等方面大量工作。北京市西山试验林场是我多年从事野外科研工作的基地，我的北京西山油松毛虫研究、黑足凹眼姬蜂在松毛虫低密度下的种群动态和控制作用研究都是在西山试验林场完成的，彼此都有良好的邻居关系和协作关系。本书能够顺利付梓出版，西山试验林场马润国先生参与增写了部分书稿内容，并为本书打印、核对和出版付出了辛勤劳动。由于大家紧密合作，本书才能完成。本书是大家通力合作的结晶。

在此，我想起一起工作过的美国昆虫专家：P. W. Schaefer，W. E. Wallner，T. M. ODell，R. M. Weseloh，R. W. Pemberton，大家合作愉快，为了解我国舞毒蛾天敌昆虫给予了很多帮助。中国林业科学研究院原森林保护研究所昆虫研究二室姚德富先生、李广武先生，以及我的硕士研究生，现在美国工作的刘后平先生，一起共事合作研究舞毒蛾天敌，付出了智慧和辛勤劳动，并为本书添砖加瓦。

我还想到在科研工作中给予我帮助的国内外天敌昆虫与分类专家：赵建铭、梁恩义、何俊华、陈学新、杨忠岐、郑乐怡、任树芝、虞佩玉、王淑芳、黄大卫、康乐、谢为平；T. J. Spilman、T. J. Henry、E. E. Grissell、R. W. Carlson 等，为本书鉴定天敌昆虫标本。曾经一起到北京百花山调查的虞国跃，以及后起之秀赵萍、赵清、陈卓等热情相助，拨允提供照片，为本书加彩增光。邢晓珍、党英侨、魏可、张彦龙等同志也参与了文字录入、校稿等工作，付出了辛勤劳动。

值此本书即将付印出版之际，谨向上述有关领导、专家教授、同仁同事表示深切谢意！

最后，还想借助本书一角，表达我的想法，提些建议：①大力宣传天敌昆虫在森林害虫治理中的作用意义和重要地位；②宣传强调治理森林虫害必须遵循“有害生物综合治理”和“森林保健”的科学理念；③宣传呼吁国家加大投入，重视开展森林天敌昆虫生物生态学、发生与环境关系、益害关系、自然控制机理等基础研究；④宣传创建优良森林生态环境，实现森林虫害可持续控制的试验示范基地。我的想法如果不对，或者书中出现不妥和错误之处，热忱盼望批评指正，共同为祖国森林保护事业繁荣发展而奋斗！

受国家重点研发计划项目“森林生态系统重要生物危害因子综合防控关键技术研究（2018YFC1200400）”和林业公益性行业科研专项“重大森林害虫持续防控关键技术与体系研究（201504302）”资助，本书得以顺利出版，特此感谢。

严静君

中国林业科学研究院森林生态环境与保护研究所

2019年12月28日

English Brief

The gypsy moth. *Lymantria dispar* (Linnaeus) is one of the serious pests in the world.It is widely distributed all over the world and feeds on trees, fruit trees, crops and other plants. Gypsy moth has one generation per year in different regions of China, its larvae, which has completed embryonic development, overwinter in eggs covered with yellowish brown hair. Because of its different distribution and ecological environment in China, the developmental history of this pest is quite different.

In addition to the general introduction of gypsy moth, this book revise 109 species of known natural enemies of gypsy moth in China, including 56 parasitic insects and 53 predatory insects. The contents include the retrieval, host, distribution and morphological characteristics of each species, especially focusing on the biological characteristics, breeding and utilization, the relationship between the occurrence of natural enemies and the environment, and the application of natural enemies in pest control.

There are two kinds of parasitic insects of gypsy moth in China, one is parasitic wasps in Hymenoptera, including Ichneumonidae, Braconidae, Eupelmidae, Encyrtidae, Pteromalidae, Eulophidae, Torymidae and Chalcididae; the other is parasitic flies in Diptera, including Tachinidae and

Sarcophagidae.

Parasitic wasps are an important group of natural enemies of gypsy moth in China，which plays an important role on pest control. Through our investigation and research，29 species of parasitoids have been identified，which is 26.6% of natural enemies of gypsy moth. These parasitoids parasitize the eggs，larvae or pupae of gypsy moth respectively，and some of them have a wide range of distribution and a large number of populations，which shows that they are the dominant natural enemies of gypsy moth. For example，in the egg stage of *L. dispar*，*Ooencytus kuwanai*（Howard）and *Anastatus japonicus*（Ashmead）are important dominant species，which can be collected from the eggs of gypsy moth in many places. In the larva stage of *L. dispar*，Ichneumonidae，Braconidae are the most common parasitoids. There are species differences in common *Ichneumonid* species from different areas，in some areas of Heilongjiang and Jilin Provinces，the dominant species are *Phobocampe lymantriae* Gupta and *Hyposoter vierecki* Townes，but only *P. lymantriae* Gupta can be found in Dayi County，Sichuan Province.However，no Ichneumonidae parasitizing gypsy moth larvae has been found in Kunyu Mountain of Shandong Province.

In China，the parasitic insects of gypsy moth can be divided into four basic groups. The first kind of parasitic insects，whose lifecycle is completely consistent with that of gypsy moth，has few host species，such as *Phorocera assimilis*（Fallén），which is distributed in NE China.The second kind of parasitic insects can complete several generations each year，some of which are completed in the body of gypsy moth larvae，and some generations need to rely on other hosts to complete the development，such as *Glyptapanteles liparidis*（Bouche）. The third kind of parasitic insects，the gypsy moth is their alternate host. At the same time there are other hosts to choose， such as *Compsilura concinnata*（Meigen）. The fourth group of insects is hyperparasitic insect，sometimes a primary parasite，such as *Brachymeria lasus* Walker.

9 genera and 13 species of Ichneumonidae are recorded in this book，namely，*Coccygomimus disparis*（Viereck），*C. luctuosus*（Smith），*C. instigator*（Fabricius），*Iseropus*（*Gregopimpla*）*kuwanae*（Viereck），*I.*（*Gregopimpla*）*himalayensis*（Cameron），*Casinaria nigripes*（Gravenhorst），*C. tenuiventris*（Gravenhorst），*Phobocampe lymantriae* Gupta，*Itoplectis alternans spectabilis*（Matsumura），*Theronia atalantae gestator*（Thunberg），*Hyposoter vierecki* Townes，Momoi et Townes，*Ephialtes capulifera*（Kriechbaumer），*Campoletis* sp..

5 genera and 7 species of Braconidae are revised in this book，namely，*Glyptapanteles liparidis*（Bouche），*Cotesia melanoscela*（Ratzeburg），*C. schaeferi*（Marsh），*Dolichogenidea lacteicolor*（Viereck），*Meteorus pulchricornis*（Wesmael），*M. versicolor*（Wesmael），*Aleiodes lymantriae*（Watanabe）.

In Chalcidoidea，6 families，7 genera and 9 species are revised，including *Anastatus japonicus*（Ashmead），*Ooencyrtus kuwanae*（Howard），*Dibrachys cavus*（Walker），*Elachertus charondas* Walker，*Platyplectrus* sp.，*Monodontomerus minor*（Ratzeburg），*Brachymeria lasus* Walker，*B. intermedia*（Nees），*B. secundaria*（Ruschka）.

11 genera and 22 species of Tachinidae are listed in this book，namely，*Baumhaueria goniaeformis*（Meigen），*Austrophorocera hirsuta*（Mesnil），*Pales pavida*（Meigen），*Meigenia majuscula*（Rondani），*Phorocera assimilis*（Fallén），*Drino inconspicua*（Meigen），*Compsilura concinnata*（Meigen），*Blepharipa schineri*（Mesnil），*B. tibialis*（Chao），*Maculosalia grisa* Chao et Liu，*Exorista rossica* Mesnil，*E. sorbillans*

(Wiedemann), *E. japonica* (Townsend), *E. larvarum* (Linnaeus), *E. fasciata* (Fallén), *Carcelia* (*Senometopia*) *excise* (Fallén), *C.* (*Carcelia*) *gnave* (Meigen), *C.* (*Senometopia*) *dominantalis* Chao et Liang, *C.* (*Carcelia*) *lucorum* (Meigen), *C.* (*Senometopia*) *lena* Richter, *C.* (*Carcelia*) *nigrantennata* Chao et Liang, *C.* (*Carcelia*) *candidae* Shima.

3 subgenera and 5 species of Sarcophagidae are listed in this book, including *Sarcophaga* (*Lioproctia*) *beesoni* (Senior-White), *S.* (*Kramerea*) *schuetzei* Kramer, *S.* (*Liosarcophaga*) *portschinskyi* Rohdendorf, *S.* (*Liosarcophaga*) *angarosinica* Rohdendorf and *S.* (*Liosarcophaga*) *harpax* (Pandelle) .

Predatory insects are a very large group of insects. They belong to Coleoptera, Hymenoptera, Diptera, Neuroptera, Mantodea and Odonata. The predatory insects of gypsy moth listed in this book are observed by the author and others in the field investigation.Some species are observed to be preying on the gypsy moth, and some are collected and fed to the gypsy moth indoors, which proves that they can prey on the gypsy moth, and some species are recorded according to the research and observation of other scholars.

Totally 10 families, 53 species of predatory insects are revised in this book, namely, *Calosoma maderae chinense* Kirby, *C. maximoviczi* Morawitz, *C. sycophanta* Linnaeus, *C. lugens* Chaudoir, *C. inguisitor cyanescens* Motschulsky, *C. investigator* Illiber, *Dolichus halensis* (Schaller), *Carabus lafossei coelestis* Stewart, *Ca. billbergi* Mannerheim, *Harpalus capito* Morawitz, *H. tinctulus* Bates, *Chlaenius micans* Fabricius, *Ch. costiger* Chaudoir, *Ch. circumdatus* Bruller, *Ch. posticalis* Moschulsky, *Ch. bioculatus* Chaudoir, *Curtonotus gigantus* (Motschulsky)

（Carabidae）;*Trogoderma variabile* Ballion（Dermestidae）; *Dendroxena sexcarinata* Motschulsky（Silphidae）; *Arma custos*（Fabricius），*Picromerus bidens*（Linnaeus），*P. lewisi* Scott，*Dinorhynchus dybowskyi* Jakovlev，*D. opulentus*（Distant），*Pinthaeus sanguinipes*（Fabricius）（Pentatomidae）; *Ectomocoris atrox*（Stål），*Agriosphodrus dohrni*（Signoret），*Epidaus nebulo*（Stål），*Isyndus obscurus*（Dallas），*Rhynocoris incertis*（Distant），*R. leucospilus*（Stål），*R. sibiricus* Jakovlev，*R. rubromarginatus* Jakovlev，*Sphedanoletes impressicollis*（Stål），*Sycanus sichuanensis* Hsiao，*Velinus nodipes* Uhler（Reduviidae）; *Himacerus apterus*（Fabricius）（Nabidae）; *Gampsocleis gratiosa* Branner vor Wattenwyl，*G. ussuriensis* Adelung，*G. sedakovii obscura*（Walker），*Atlanticus sinensis* Uvarov，*A. jeholensis* Mari（Tettigoniidae）; *Tenodera sinensis*（Saussure），*T. aridifolia*（Stål），*T. angustipennis* Saussure，*Mantis religiosa* Linnaeus，*Hierodula patellifera*（Serville）（Mantidae）; *Camponotus japonicus* Mayr，*Formica sinensis* Wheeler，*F. japonica* Motschulsky，*Lasius niger*（Linnaeus）（Formicidae）; *Polistes gallicus gallicus*（Linnaeus），*P.*（*Megapostes*）*rothneyi grahami* van der Vecht（Polistidae）.

目　录

第1章

舞毒蛾

舞毒蛾 *Lymantria dispar*（Linnaeus）是世界性重要害虫，分布地域十分广阔，危害树木、果树及农作物等各种植物。

1.1 形态特征（图1；图版Ⅰ、Ⅱ、Ⅲ、Ⅳ）

雌雄异型，色泽显著不同。雄虫体长6~21mm，翅展37~55mm。头部黄褐色，触角棕黄色，栉齿为褐色；下唇须棕黄色，外侧褐色。胸部、腹部和足为棕褐色，身体腹面棕黄色。前翅浅黄色，覆棕褐色鳞片，基线为2个黑褐色点，亚基线黑褐色，内线波纹状，黑褐色，中室中央有1黑点，横脉纹黑褐色，中线为黑褐色晕带，外线黑褐色，呈曲折的锯齿状，亚端线黑褐色，与外线并行，亚端线以外的色泽较浓，端线细，黑褐色，缘毛棕黄色、黑色相同，后翅为棕黄色，外缘和横脉纹色泽较暗，缘毛为棕黄色。前后翅反面呈棕黄色。

雌虫体长22~30mm，翅展58~80mm。体色为黄白色，微带棕色，后翅横脉纹与亚端线为棕色，缘毛黄白色，有棕黑色斑点。雄虫外生殖器的钩形突细长，弯曲。囊形突大，呈三角形。瓣较宽，末端有1长突起。

卵圆形，稍扁，中央凹陷，直径1.25~1.3mm。初产的卵为杏黄色，后渐变为棕褐色。卵粒密集成块状，卵块表面覆有一层黄褐色绒毛。

1龄幼虫头宽0.5mm，体长3.8~5.5mm。头部黑色，体棕褐色，足浅棕色，体背和体侧具毛瘤，毛瘤上有长刚毛和短毛丛（俗称风帆）容易被风吹起，有利于扩散蔓延。长刚毛长度2.5~3.0mm，深色长刚毛粗而长，浅色长刚毛细而短。2龄幼虫头宽1.0mm，体长7.0mm左右。头部黑色，体棕黑色，胸腹部显现出2块黄色斑纹。3龄幼虫头宽1.8mm，体长15.0mm。头部黑灰色，胸腹部花纹明显增多。4龄幼虫头宽3mm，体长25mm。头部褐色，开始显现出"八"字形黑色斑纹。体色开始明显变化，有黄色、黑色、黄灰色和灰色等色型。5龄幼虫头宽4.4mm，体长30.0mm，头部黄褐色，体色、花纹等与4龄幼虫近似。6龄幼虫体长50~85mm，头部黄褐色、黄色或棕色，散生黑、黄、棕色斑点，"八"字形黑色斑纹宽大。背线灰黄色或黄色，各节的亚背线、气门上线、气门下线部位均具毛瘤，排列成6纵列，背面2列毛瘤色泽鲜艳，第1~5节和第12节背部毛瘤为蓝色，第6~11节背部毛瘤为橘红色。

雌蛹体长26~34mm，雄蛹体长19~22mm。纺锤形，腹部末端尖。红褐色或黑褐色，腹部各节背后有锈黄色毛丛，臀棘末端有钩状突起。

舞毒蛾幼虫的颜色、斑纹变化较大，分别为鲜黄色、黄色、黑色、黄灰色和灰色5种色型，现将色斑型检索表列出，供参考。

舞毒蛾幼虫色斑型检索表

1. 胸斑大，其宽度等于1对蓝色瘤突之间的距离……………………………2
   胸斑缺，或其宽度为1对蓝色瘤突之间距离的1/3……………………3
2. 生殖斑大，中纹宽，黄色至全为白色 ……………………………鲜黄色型
   生殖斑小或缺，具中纹，浅黄色或橘黄色 ……………………………黄色型

3. 中纹和胸斑缺，体背表面侧纹之间为黑色……………………………………黑色型

中纹狭窄或几乎缺，胸斑小或缺，体背表面侧纹之间是灰色………………………4

4. 侧纹宽，黄灰色……………………………………………………………黄灰色型

侧纹窄，灰白色……………………………………………………………灰色型

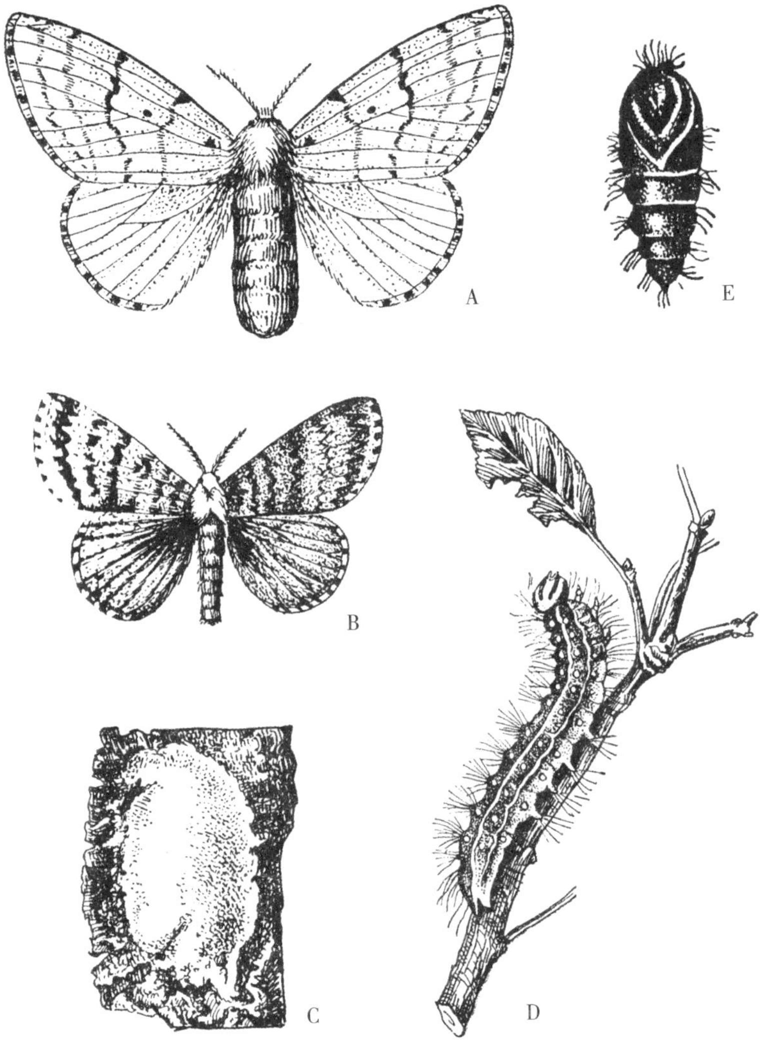

图1 舞毒蛾形态（仿巴比等，1965）

A雌成虫；B雄成虫；C卵块；D幼虫；E蛹

1.2 生物学特性

1.2.1 生活史

舞毒蛾在我国不同地区一年均发生1代，以完成胚胎发育的幼虫在覆盖有黄褐色绒毛的卵块的卵内越冬。由于该虫在国内分布地域不同，生态环境的差异，越冬卵孵化的起止时期各不相同。在同一个地区，由于产卵场所不同，卵孵化日期差异也很大。经野外调查，发现舞毒蛾喜欢在大树主干上部的弯曲部、大枝丫下侧、树干裂缝和石块下、岩洞、桥梁涵洞内、屋檐下等场所产卵。卵孵化日期与产卵场所温暖程度有关：产在向阳面场所的卵，卵的孵化日期要早些；产在背阴面、石块下、涵洞内的卵，其孵化期比较晚。据作者等在辽宁鞍山、山东昆嵛山、四川大邑及北京等地的调查，即使在同一个地区，舞毒蛾卵的孵化期前后可相差30多天。

我国地域广阔，舞毒蛾的发生时期在不同地区有很大差异。在黑龙江省，舞毒蛾的大致发生时期是：5月上旬越冬卵孵化为幼虫，7月上旬老熟幼虫化蛹，7月下旬成虫羽化。1985年在密山市用性信息素进行测报观测，观察到舞毒蛾成虫从7月14日开始羽化，羽化盛期为8月3—8日，羽化末期为8月15日，羽化期为33天；1986年舞毒蛾从7月18日开始羽化，羽化盛期为8月7—14日，羽化末期为8月20日，羽化历期为34天。

在辽宁鞍山地区，舞毒蛾越冬卵于4月下旬开始孵化，5月上旬为孵化盛期，5月下旬孵化结束。幼虫发育历期，雄性幼虫约为36天，雌性幼虫约需45天，至6月上旬老熟幼虫开始化蛹，蛹期12~17天。成虫羽化期为6月上旬到7月中旬，6月中旬为羽化盛期。在辽阳地区的河栏和吉洞，舞毒蛾越冬卵于4月中旬开始孵化，4月下旬为孵化盛期，卵的孵化末期两地分别为4月末和5月中旬。幼虫发育历期为49~57天，平均52天，6月上旬始见老熟幼虫开始化蛹，蛹的发育历期：雌蛹为11~14天，平均12.8天；雄蛹为13~16天，平均14.4天，成虫羽化期在6月中旬至7月下旬，7月上旬为羽化盛期（闻连仁等，1989）。

在山东省烟台市昆嵛山地区，4月下旬舞毒蛾越冬卵开始孵化，5月上、中旬为孵化盛期，6月初为孵化末期。雄性幼虫期约39天，雌性幼虫期平均为51天。6月中旬老熟幼虫开始化蛹，蛹期11~16天。成虫羽化期为6月下旬至7月中旬，7月上旬为羽化盛期。

在北京地区，舞毒蛾越冬卵一般多在4月上旬开始孵化，4月中旬为孵化盛期，4月底至5月初为孵化末期。幼虫发育历期，雄性为37~51天，平均45天，雌性为43~66天，平均56天。南部平原地区通常比北部山区、半山区发生时期要早些：如据1996年观察，在北京大兴平原地区的半壁店乡，舞毒蛾老熟幼虫于5月21日开始化蛹，至6月15日绝大多数幼虫已经化蛹，雌蛹蛹期为9~10天，平均9.9±0.3天，雄蛹为9~12天，平均10.6±0.8天。成虫羽化最早在6月4日，6月下旬全部羽化，发生时期相对比较集中。在海淀区西山白家疃，舞毒蛾幼虫于5月25日开始化蛹，6月中旬为化蛹盛期，6月底至7月初化蛹结束，雌蛹蛹期为9~11天，平均9.7±0.6天，雄蛹为10~14天，平均12.0±0.7天。6月5日成虫开始羽化，6月下旬为羽化盛期，7月中旬全部羽化。在北京昌平高崖口乡，舞毒蛾老熟幼虫开始化蛹日期比西山白家疃迟4天，成虫羽化迟3天。蛹的发育历期，雌蛹为9~13天，平均10.7±0.9天，雄蛹为10~15天，平均12.6±0.8天。总的来看，南部平原比北部山区半山区发生时期要早7~10天，并有愈往北发生期愈推迟的趋势。

在四川省大邑县，该县位于成都平原与川西高原接壤地带西部边缘，气候温和，年平均温度16.1℃，春季气温回暖早，舞毒蛾越冬卵于3月中旬即开始孵化，3月下旬为孵化盛期，4月上旬孵化结束。4月10

日前后大多数幼虫进入2龄末期，幼虫历期，雄性为40天，雌性幼虫为52天，5月上旬始见老熟幼虫开始化蛹，5月下旬达化蛹盛期。成虫羽化期为5月下旬至6月中旬，6月上旬为羽化盛期（陈秀蓉，1988；朱宗良，1989）。

舞毒蛾幼虫的龄期，因雌雄性别不同而有差异，寄主植物不同也可影响幼虫龄期。一般说来，雄性幼虫为5~6龄，雌性幼虫为6~7龄。在北京昌平，1龄幼虫发育历期12~14天，平均12.8天；2龄幼虫5~7天，平均6.03天；3龄幼虫5~7天，平均6.36天；4龄幼虫4~7天，平均6.0天；5龄幼虫5~7天，平均6.43天；6龄幼虫6~9天，平均7.36天；7龄幼虫6~15天，平均11.36天（张显川等，1985）。在辽宁辽阳地区的饲养观察，1龄幼虫为5~9天，平均14天；2龄幼虫5~9天，平均7天；3龄幼虫6~10天，平均8天；4龄幼虫6~11天，平均7天；5龄幼虫6~10天，平均8天；6龄幼虫9~16天，平均12天（闻连仁等，1989）。在山西省大同地区的金沙滩，1龄幼虫平均为7天；2龄9天；3龄5天；4龄5天；5龄4天；6龄7天；7龄8天。

早在20世纪50—60年代，Nagasawa等（1957—1958，1965—1968）在日本的不同地区从野外采集舞毒蛾幼虫，在室内25℃条件下，用不同寄主植物如光叶榉、早樱、苹果、柿树的叶片进行饲养，结果雌雄两性幼虫的虫龄均有一定差异，雌性幼虫有的为5~6龄，也有的为5~7龄，雄性幼虫有的为4~5龄，但大多数情况下是5~6龄。

1.2.2 生活习性

1.2.2.1 幼虫

舞毒蛾幼虫孵化时先用口器咬破卵壳，头先钻出卵壳外，左右摇摆，然后依靠胸足向卵壳外爬动，当虫体爬出一半时，头才全部脱出卵壳。新孵化的幼虫，当遇到阴雨或冷空气，气温低于7℃时，群集停留在卵块表面或卵块附近。幼虫离开卵块开始扩散时，陆续向卵块上方的枝干上爬行，一边移动一边吐丝。产在树上的卵块，孵化的幼虫开始扩散时向上爬行至枝条顶端，借助风力和吐丝扩散。产在石块下、屋檐下、坝台阶缝、桥梁涵洞下物体上的卵块，孵化出来的幼虫扩散时先爬向该物体顶端开阔处，然后依靠风力将幼虫迁移到附近的寄主植物上。大多数幼虫具有扩散迁移的特性，扩散迁移是舞毒蛾幼虫生物学的重要特性之一。

1龄幼虫体重4.0~4.1mg。初孵化的幼虫群聚在卵块表面棕黄色绒毛层上，在室内一般群集5~6天后开始分散。在林内群集静伏2~4天后开始爬行分散，每分钟可爬行17cm左右，一般多向上方爬行扩散，在刚萌发的嫩芽的绒毛上取食，然后取食嫩叶表皮的叶肉，将嫩叶吃成小孔，最后再到叶脉处取食。1龄幼虫取食高峰在白天，特别是在气温转暖后的清晨，另一个取食高峰是在傍晚时分。经观察在天气变冷时，在卵块附近小枝芽上的幼虫仍然可爬回到卵块表面的绒毛层上停留，待气温转暖时再爬上枝条取食嫩叶。1龄幼虫受到惊扰或振动，常吐丝悬挂，风吹飘动。状似秋千，故又名秋千毛虫。在叶片上取食的幼龄幼虫受惊扰或受到震动时则迅速吐丝下垂，靠长丝缠绕到寄主植物上，第一次扩散当寻找到适宜寄主植物后，一般不再吐丝迁移，如果寄主植物不适宜或受到突然振动则还会吐丝下垂，再次借风力迁移扩散。当风速在0.3~0.5m/s时，吐丝长度可达到15m而不断，风速大于0.5m/s时，幼虫静伏不活动，停止扩散。如风速超过10.5m/s时，处在风口处的幼虫则被强行吹走。

1龄幼虫可借助虫体上的细长毛和毛丛（俗称风帆）随风飘移扩散，传播到很远的树木上。据国外报道，舞毒蛾幼虫能被风吹送至10km以外。1龄幼虫大部分时间在叶片背面静伏或取食嫩叶，无上下树的生活习性。1龄幼虫耐饥力很强，可耐饥饿6~8天；在气温–5℃下冷冻10h，其仍可复活。

2龄幼虫体重12.7~16.6mg，生活习性与1龄幼虫相似，只是虫体增大，爬行活跃，触动虫体即可跳跃落地，受惊扰迅速吐丝下垂，并随风飘移。白天一般多在树皮裂缝或树上枯叶内或在叶片背面静伏。2龄幼虫抗水性很强，将2龄幼虫浸泡在13℃水中，4h后取出仍然照常活动，浸泡5h后，死亡率仅为20%。因此在我国的舞毒蛾分布区，不会因2龄幼虫处于低温或连续阴雨天气而减少虫口数量。从2龄幼虫开始，可以将嫩叶咬成缺口。

3龄幼虫体重57.5~66.7mg，从此龄幼虫起，开始出现不取食时寻找隐蔽场所的习性，通常在清晨沿树干爬下树，在石块下、树干裂缝中、老树皮下、树下枯叶、树洞中及大枝的近干处隐伏，傍晚从隐蔽场所沿树干爬上树，并能整夜取食，但大的取食高峰出现在晚上上树后不久，另一个小的取食高峰出现在黎明前，清晨又沿着枝干爬向隐蔽场所。幼虫3龄后取食量开始显著增加。根据此习性，为了便于定期采集幼虫、进行试验研究，可以人为设计诱集场所，作者曾在舞毒蛾发生地的树干上，于胸高处树干上捆扎1条10~15cm宽的旧麻袋片或旧报纸，引诱舞毒蛾入内隐蔽静伏，采集时翻开麻袋片或报纸即可采集到不同龄期的幼虫。采集蛹时也可采用此法诱集。

4龄幼虫体重140.6~188.1mg，取食量大增，体色变化明显。此龄幼虫善于爬行，每分钟爬行距离最远可达2~3m。

5龄幼虫体重281.3~439.8mg，此龄幼虫开始暴食，爬行迁移能力更强，在食料缺乏时，能较长距离迁移，以寻找寄主植物，扩大危害范围。

6龄幼虫生活习性与5龄幼虫相似，取食量大，爬行力强，老熟后寻找适宜场所准备化蛹。此龄幼虫食量最大，是危害寄主植物的最严重时期。

据试验，舞毒蛾幼虫的食叶量随着虫龄增加而增多，以取食栎树叶为例，1龄幼虫时期，1头幼虫一天可取食栎树叶2.4~9.5mm^2，总食叶量为64.3mm^2；2龄幼虫一天可取食18.5~73.4mm^2，总食叶量为333.7mm^2；3龄幼虫1天可取食1030.7~1242.3mm^2，总食叶量为1135.4mm^2；4龄幼虫1天可取食1483.0~1520.3mm^2，总食叶量为10528.3mm^2；5龄幼虫1天取食1656~2360mm^2，总食叶量为15832mm^2；6龄幼虫1天取食2364~2865mm^2；总食叶量为32736mm^2。整个幼虫期1头幼虫可取食栎树叶66347.3mm^2，若以1枚栎树叶面积为6000mm^{2}计算，1头幼虫一生可取食叶片11.5枚。1~2龄幼虫取食量小，仅占总食叶量的0.6%，3~4龄幼虫取食量占26.1%，5~6龄幼虫取食量大，占总食叶量的73.3%。雌性幼虫取食量大于雄性幼虫，1头雌性幼虫的食量约为雄性幼虫的1.8倍。从幼虫食量趋势来看，防治幼虫工作应在4龄幼虫之前进行为宜。

老熟幼虫通过爬行寻找到大枝杈、叶丛、树干裂缝、老树皮下、树洞、石块下、坝台阶缝、屋檐下、涵洞内侧壁等适宜化蛹场所后，停止取食并吐少许丝固定其虫体，此时虫体开始收缩，逐渐变为短粗，呈弯曲状，活动力减弱，经3~4天的预蛹期即可化蛹。化蛹时，先从老熟幼虫胸部背中线处裂开一缝，经10min左右，蛹体从头至尾就依次脱出。新鲜蛹体为淡绿色，头胸两侧附肢为白色，各节具黄色绒毛，经过1~2h，蛹体变成黑褐色。在野外，化蛹率差异很大，低的只有30%~40%，高的可达70%以上，一般情况下化蛹率为50%~60%。蛹体大小与寄主受害程度有很大关系，据观察，轻灾区舞毒蛾虫口密度小，食料充足，蛹体大，而重灾区蛹的个体小。重灾区和轻灾区的雌蛹重量分别为1.17g、1.87g，雄蛹重量分别为0.52g、0.96g，相差显著。雌蛹体重与成虫产卵量也有密切关系，雌蛹愈重成虫的产卵量愈大，雌蛹重为1.8g、2.0g、2.2g、2.4g、2.6g、2.8g、3.0g时，产卵量分别为395、407、

445、485、519、609、667 粒。

根据国外报道，不同生态地理类型的舞毒蛾种群，即使在试验条件完全相同条件下，其幼虫的成活率、雌雄蛹的蛹重和雌成虫的产卵量，明显是不一样的，而且由于所采用的饲料植物不同，上述各项数据也表现出显著差异。例如，用杨树作为饲料来饲养舞毒蛾的中西伯利亚种群和欧洲种群，结果中西伯利亚种群的幼虫成活率为 29%，雄蛹重为 603（350~760）mg，雌蛹重为 1055（800~1290）mg，雌成虫产卵量为 169（117~218）粒；欧洲种群的幼虫成活率为 86%，雄蛹重为 394（247~708）mg，雌蛹重为 1022（528~1560）mg，雌成虫产卵量为 239（57~365）粒。

1.2.2.2 成虫

白天黑夜都可以羽化，但白天羽化的数量比较多。在天气晴朗的早晨 7:00—8:00，羽化约占总羽化数的 80%。成虫羽化时，先在蛹壳背中线外裂开一缝，然后从头到尾部依次脱出。羽化初期翅软体弱，不能飞翔，经 2~3h，翅完全伸展后，即可飞翔。雄蛾羽化一般比雌蛾羽化早 1~2 天，雄蛾主要在白天飞翔，特别是在晴朗天气，常围绕着树干上下左右飞舞，似跳舞状，寻找雌蛾，故称舞毒蛾。雌蛾一般不大飞翔，因此可避免飞行中的能量消耗而提高其繁殖能力。但有时也可借助风力飞翔，寻找适宜的产卵场所。雌蛾羽化后离开蛹壳爬行一段距离，同时伸展双翅。几个小时后，靠近身体腹部末端的小腺体开始释放性外激素。释放性外激素时，腹部末端几节常作有节奏的起伏运动，这两种相互作用的行为称为“招引”，性外激素是在性“招引”行为暴发时释放出来的化学物质。雌蛾羽化后第 3 天，吸引雄蛾的能力明显下降，其原因可能是性外激素已经耗尽。舞毒蛾性外激素化学结构为顺式 –7，8–环氧 –2– 甲基 – 十八烷。雄蛾擅长飞舞，在无性外激素引诱下的飞行行为只决定了多数雄蛾的扩散能力，而在有性外激素引诱下的飞行行为才是交配飞行。据记载，雄蛾一般飞行距离为 800m，最远飞行距离 3.72~16.06km。雌雄蛾均有趋光性，在城、镇、农村发生舞毒蛾的地区，在电灯杆、屋檐下常见舞毒蛾飞舞。

1.2.2.3 交配产卵

雌蛾羽化后当天或第 2 天即可交配，交配时间一般约 1h，短的为 30~40min，长的可达 4~5h。受精通常是在交配的最初 10min 内完成，交配结束后雌蛾即摆脱雄蛾，离开交配地点，爬向遮阴处。一头雄蛾能成功地与多头雌蛾交配，但一头雌蛾很少能与多头雄蛾交尾。

雌蛾交配后一般不再远飞，在交配场所附近爬行寻找产卵场所，历经 9~11h 后可以开始产卵，但当天羽化当天交尾产卵的数量较少。1 头雌蛾一般只产 1 个卵块，产卵时分泌液体被在卵块上，产完 1 块卵约需 2~6 天。雌蛾产完卵后经 1~2 天即在卵块附近死亡。舞毒蛾雌蛾的产卵量因个体发育程度不同而有差异，在北京延庆大庄科村，由于该地区连续 3 年发生舞毒蛾灾害，幼虫营养不良，羽化的雌蛾虫体很小，其产卵量仅为 92~412 粒，平均仅 212 粒；而在北京昌平十三陵地区，由于幼虫营养充足，发育良好，平均产卵量达 516 粒，比延庆多 304 粒。1988 年在北京圆明园采集的雌蛾产卵量最高可达 1127 粒，平均为 555 粒；1993 年在山东昆嵛山地区观察产卵量为 445~1302 粒，平均为 715.8 粒。

1.2.2.4 寿命

舞毒蛾成虫的寿命一般为 7 天左右，在北京昌平十三陵地区雌蛾寿命为 2~12 天，平均为 7.1 天，雄蛾寿命为 2~11 天，平均为 5.9 天；在北京延庆区大庄科村，雌蛾寿命为 2~14 天，平均为 6.6 天，雄蛾寿命为 2~9 天，平均为 5.3 天。

1.3 发生与气候的关系

气候因子包话温度、湿度、降水、光照及风等。它们不仅可以单独对舞毒蛾的发生起到作用，而且还可相互影响对舞毒蛾的发生起综合作用，或者直接影响到舞毒蛾的生长、发育、活动、繁殖及分布。同时也可通过对舞毒蛾寄主植物和天敌的影响而对舞毒蛾的发生起到间接影响作用。

1.3.1 温度

温度对舞毒蛾产生的影响最为明显。这是因为舞毒蛾是变温动物，其体温的变化常受制于周围的环境温度，温度的变化可直接影响舞毒蛾新陈代谢的速度，因而对舞毒蛾的生命活动和行为发生起到重要作用。适于舞毒蛾进行正常生命活动的温度范围称为适温区或有效温度。舞毒蛾的分布是长期自然选择的结果，卵有很强的抗寒力，在黑龙江佳木斯地区和吉林长白山地区，冬季低温可达 –30℃，滞育的卵不会因低温而致死。另据报道，1950 年列宁格勒冬季温度降到 –50℃时，还看不出低温对舞毒蛾有什么负影响。将卵置于 –25℃条件下，给以不同时间处理，随着时间的延长，累积死亡率就会增加，放置 5 天后，卵的致死率达到 92.4%。将俄罗斯东部的舞毒蛾卵置于 –10.5℃条件下，放置 110 天的死亡率为 50%，150 天后死亡率达 100%。雪具有导热率低的特性，舞毒蛾卵块被雪覆盖时，大雪能保护地面上或地面附近的卵，提高其存活率，因面使种群数量增加。舞毒蛾卵在被雪覆盖的条件下，可以忍耐 –53℃的低温。在我国，舞毒蛾以完成胚胎发育的幼虫在卵内（滞育期）越冬，越冬期间的温度范围为 –30~5℃，都可正常存活。但舞毒蛾成虫在 –4℃时经过 30min 即可死亡。

1.3.2 湿度

湿度是反映空气中水汽含量的指数，湿度大小与降水量多少有密切关系，湿度的作用在于影响昆虫虫体的含水量。水分是舞毒蛾进行新陈代谢作用不可缺少的溶剂。虫体内营养物质代谢和运送，废物排除和激素传递，以及各种生物化学反应均在溶液状态下进行。同时通过吸收和挥发水分来调节虫体体温，水分不足将会影响舞毒蛾的生理活动，甚至导致死亡。舞毒蛾虫体的含水量通常为体重的60%~90%，其所需的水分主要从食物中获得。但在不活动的（完成胚胎发育的幼虫）冬眠、滞育期间，则是利用体内贮存的营养物质气化产生的代谢水分。舞毒蛾常在雨雪少的年份猖獗，天气干旱还能使其猖獗期延长，例如，1981—1984年舞毒蛾在北京的昌平、房山、延庆等地大发生，1992—1995年北京大兴半壁店乡舞毒蛾的连续大发生，可能主要是由于天气干旱所造成。降水可提高大气和土壤的湿度，从而影响舞毒蛾的发育和繁殖，大雨和暴雨还可把树上的幼虫冲刷下来随地表径流冲走。连下几天的大雨会影响到舞毒蛾的化蛹、羽化、交配和产卵。在自然状态下，温度和湿度总是相互影响，对舞毒蛾产生综合作用，在适温范围内常因湿度的变化而发生变化，相反，在适宜的湿度范围内，也随温度的变化而变化。高温高湿和高温低湿天气对舞毒蛾的生长发育是不利的。

1.3.3 光

光是太阳辐射到地面上的一种能量，光的性质、光的强度和光周期对舞毒蛾均可产生一定程度的影响。如幼虫孵化后，常常是由卵块处向上移动，大部分幼虫由于光的反应在树上爬行前，常在卵块上及其附近静伏10~24h，刚孵化的幼虫经2~4h变为黑色，黑色虫体可使其吸收太阳辐射热能，从而使虫体温度上升到6~10℃，这样可为幼虫在早春当周围环境处于10℃时提供活动的条件。4龄幼虫起，舞毒蛾幼虫喜欢在傍晚沿着树干上树取食，清晨又下树寻找隐蔽场所。光照强度对舞毒蛾幼虫的昼夜活动节律有一定影响，光照对舞毒蛾不同虫期活动的影响也是不一样的。

据研究，光照对护田林带舞毒蛾的行为和分布能起到很重要的影响，而且雌雄蛾对光的反应是不一样的。雄蛾在白天飞舞活动，但只在有雌蛾栖息的林带地段可以观察到。而雌蛾是在稀疏的林带地段内飞翔，在毗邻密林的地段，难以观察到雌性舞毒蛾的活动。在温暖天气的黄昏时刻，林带光照度在 180~490Lx 时，雄蛾十分活跃，飞来飞去，寻找雌蛾。而雌蛾只在不高的空中进行缓慢飞翔。在早晨，或在晴天和气温在 18℃以上时，在林带边缘无风的一面，在离地面不同高度上，常可见到雄蛾飞翔活动。中午，太阳辐射强度加强，气温增高，雄蛾进入林带内。太阳下山前不久，雄蛾又重新回到林缘活动，在林带内只剩下已寻找到雌蛾的雄蛾。太阳下山后，虽然气温仍高于 18℃，但在空中已无雄蛾飞翔活动。由此可以看出，由于受光的影响，舞毒蛾雄蛾常有从林缘迁到林带活动，再由林带迁回到林缘的迁移习性。

很多研究结果表明，郁闭度为 0.2~0.3 的林带对舞毒蛾的发生最为有利，其生存条件随着郁闭度的增大而恶化。舞毒蛾卵块在林带边缘和中央不同部位的分布曲线与透入冠下的光照强度曲线几乎完全一致。在林带之间的开阔地上，光照度强，光照亮度百分比为 21%~50%，舞毒蛾发生数量多。在光照度低的林带内舞毒蛾数量很少，而在光照亮度 3% 以下的林带内，舞毒蛾几乎不会发生。由此可以看出，保护好森林生态环境，提高森林和林带的郁闭度，是预防舞毒蛾大发生和防止其危害的最好办法。

1.3.4 风

风对舞毒蛾的生长发育无直接作用，但可影响空气湿度，从而对舞毒蛾的发生产生间接的影响。风可帮助舞毒蛾扩散迁移，扩大其危害范围。当舞毒蛾幼龄幼虫在树冠处爬行时，它们也常吐丝下垂。但当阵阵微风吹动时，幼虫体变成弓形，自叶片或枝条处沿着丝线下垂。如丝线不被风吹断，幼虫可沿着丝线反复爬上爬下。当中午出现水平风和风力增大时，沿着丝线下垂的幼虫大多数会被风吹散，那些在树冠上方或从林缘被风吹走的幼虫，有可能被上升气流带到较高的空中，并扩散到数十米甚至数千米远的地方，造成长距离扩散迁移。扩散方向及距离与风向、风速及风的频率有关。

1.4 发生与林分的关系

舞毒蛾不是在任何林分都能引起严重危害，而只是在环境条件对舞毒蛾生长发育极为有利的林分内造成严重危害。它的发生首先是形成虫源基地，然后通过增殖和扩散过程，逐步猖獗成灾。在这个过程中，林分状况与舞毒蛾的发生有着密切关系。

纯林和混交林是两个林分结构截然不同的森林生态系统。昆虫群落组成与林分结构、植物种类、地理环境及气候条件密切相关。一般说来，在纯林里树种比较单一，昆虫群落组成简单，天敌种类及其数量都比较少，因此在纯林里，舞毒蛾一旦发生，种群数量增殖很快，容易造成灾害，而且猖獗期延长。例如北京大兴半壁店、红星两乡部分地区，1991 年舞毒蛾猖獗成灾，主要是发生在公路两侧农田防护林的杨、柳树上，树种比较单一，植被稀少。从 1991 年开始大发生至今，连年猖獗已有多年，不少地段树叶全被食尽，似临冬季。在混交林内，由于树木种类较多，昆虫群落结构比较复杂，舞毒蛾的发生容易受到各种天敌的制约，在各虫期被天敌捕食的数量较多，或寄生物的寄生率较高，因此通常不易造成灾害，即人们常说的有虫不成灾。混交林的面积愈大，树种愈多，林分结构愈复杂，对减轻舞毒蛾危害的作用愈显著。这主要是混交林不适于舞毒蛾形成虫源基地，阻碍了食物信息的传递，复杂的森林环境有利于鸟类栖息，有利于天敌昆虫和昆虫病原微生物多样性及其繁衍，从而提高森林对舞毒蛾的自然控制能力。据作者等研究，1993 年在四川大邑的马尾松栎类（麻栎、栓皮栎、枹栎）混交林内，郁闭度 0.7~0.8，从舞毒蛾卵期到蛹期，共收集到天敌昆虫约 30 种，有约 87.6% 的舞毒蛾个体被寄生性天敌昆虫和病原菌寄生致死，其中寄生昆虫累计致死 40.83%，其存活率仅为 12.4%，如果加上其他天敌的作用，舞毒蛾的存活率则更低。实际发生情况是，舞毒蛾卵期的卵块密度较大，幼龄幼虫期虫口密度很高，随着虫龄增加，发生数量逐渐减少，到幼虫老熟大量化蛹时，还没有达到对树木造成严重损害的程度。这个例子说明混交林可提高对虫害的抗御能力。树种多样性与昆虫种类多样性是密切相关的，以害虫为生的天敌因为有了丰富的中间寄主（转主寄主），其种类和密度可以随之增大。在树种复杂的林分内，昆虫种类较多，各种害虫不同虫态的出现期相互交错，不仅为捕食性天敌提供了充足的食物来源，也给寄生性天敌随时有寄主可寻，为多种天敌繁衍创造了有利条件。另外，树种复杂的林分，各种树木的开花期也不一样，而且有丰富的蜜源植物，这些蜜源都是寄生性昆虫成虫补充营养的主要来源，对延长寄生蜂、寄生蝇成虫寿命，促进性腺成熟，提高产卵量等都具有重要作用。

灌木林是林分类型中的另一种生态系统，一般多为天然林遭受破坏后由各种原生灌木发展而成，或通过封山育林培育而成，这类灌木林都属于薪炭林，经营管理很少，一般以分片皆伐或定期轮伐方式取得薪炭材，伐后天然更新。这类林分阳光充足，昼夜温差变化大，食叶害虫种类较多，也是发生舞毒蛾的适生地，并由此处迁移扩散到附近的森林和果园中，使许多林木和果树受害。在我国东北和华北地区，舞毒蛾常危害以栎类为主的灌木林，灌木林中混生有针、阔叶乔木树种的称为乔灌混交林。一般说来，在这种林分里灌木种类愈多，郁闭度愈大，对舞毒蛾的抑制作用愈明显。在灾害较轻的年份，这种林分舞毒蛾虫口密度一般比纯林内小，受害程度也较轻。即使在大暴发年份，由于天敌种类多，各虫期天敌寄生率高；虫口密度迅速下降，也不易造成虫灾。在辽宁海城东部山区和黑龙江桦南县孟家岗地区，一些以栎、榛类为主的乔灌混交林，经常出现舞毒蛾有虫不成灾的现象。

1.5 发生与天敌的关系

在自然界，舞毒蛾及其天敌是一种极其复杂的相互依存又相互制约的关系，在生物因子中，天敌是影响舞毒蛾种群数量变动的重要因素，也是用来作为生物防治害虫的手段。因此世界各国都很重视对昆虫天敌的研究。在北京地区，寄生性昆虫平均降低舞毒蛾种群数量30%，在延庆白草洼林地达到44.5%（冯继华等，1999）。此外还有舞毒蛾核型多角体病毒、虫霉菌、白僵菌和寄生螨等寄生。从我国舞毒蛾分布地区来看，除华南和华东的部分地区外，全国绝大部分地区几乎都有分布，并且造成不同程度的危害。因此，可以预料，如果深入各地进一步开展调查研究，会有大量的舞毒蛾天敌昆虫种类被发现。另外，在捕食舞毒蛾的鸟类和哺乳类动物方面，还需要进行专项专门研究。根据国外报道，在自然界一些鸟类和哺乳类动物对舞毒蛾种群数量也有抑制作用，也值得引起人们的重视和关注。

根据作者等在辽宁、吉林、黑龙江、山东、四川和北京等地研究舞毒蛾天敌昆虫所获得的资料，进行综合分析，结果可以看出舞毒蛾之所以在不少地方不会经常成灾，与该地的森林生态环境和天敌的抑制作用有密切关系。有些地方，舞毒蛾卵块密度和幼龄幼虫种群数量很高，但到发育后期，特别是到蛹期，种群数量明显自然凋落，甚至使人难以发现，不会造成灾害。也有一些地方，舞毒蛾种群数量并不很多，但到后期却出现灾害，树木严重失叶。这是因为该地天敌种类较少、天敌数量不多。

就舞毒蛾天敌昆虫来说，它们对舞毒蛾种群数量的抑制作用，不是靠一种寄生昆虫或捕食昆虫即可发挥出很大的作用，而是依靠舞毒蛾各个发育阶段多种寄生昆虫和捕食昆虫共同发挥的综合作用，即天敌综合体联合发挥的综合抑制作用。但是，也不能排斥在舞毒蛾的不同发育阶段，有几种寄生物是常见的优势种，对降低舞毒蛾某个发育阶段的数量具有重要作用。按照寄生昆虫的生物学特性，以及它们对舞毒蛾生活史和生活习性的适应程度，可把我国舞毒蛾的寄生昆虫分为四个基本类群：

①第一类寄生昆虫。它们的年生活史与舞毒蛾的年生活史完全吻合，寄生昆虫寻找寄主产卵寄生时，正是适合这种寄生昆虫产卵的舞毒蛾适宜虫态的出现时期。而且这类寄生昆虫，它的寄主范围狭窄，一般只能寄生少数几种寄主。当舞毒蛾以卵的状态越夏越冬时，寄生昆虫也以合适虫态进入越夏越冬状态。这类寄生昆虫对舞毒蛾种群数量的抑制作用，取决于两者繁殖率的对比关系和实际存在的数量，以及寄生昆虫和舞毒蛾对森林生态环境的适宜程度。如在我国东北黑龙江、吉林、辽宁等地从舞毒蛾上饲养出来的勺肛蜉寄蝇 *Phorocera assimilis*（Fallén）就属于这一类。

②第二类寄生昆虫。其年发生世代中的某 1 个或 2 个世代，与舞毒蛾某个虫态的出现时期正好吻合，而且这个虫态（虫龄）正是寄生昆虫喜欢的或适于其产卵的合适寄生虫态，并且具有适于寄生昆虫生存的森

林生态环境，同时存在着合适的转主寄主，可以保证该种寄生昆虫能顺利完成一年中几个世代的生长发育和繁殖，在自然界能够经常保持较大的种群数量。而且它的分布范围广，生态可塑性较强。在这种情况下，这种寄生昆虫对舞毒蛾的寄生率一般都比较高，能够很好地发挥出它对舞毒蛾的控制作用。但是，如果到下半年，缺乏维系其发育和繁殖的转主寄主或者转主寄主数量不足时，它们在这段时期的继续发展就会受到限制，就会降低和减少这种寄生昆虫的数量，或者因为受到重寄生昆虫的侵害，而使数量明显凋落。如毒蛾刻绒茧蜂 *Glyptapanteles liparidis*（Bouche）就属于这一类。它一年可发生4代，在舞毒蛾上完成2代，转主寄主是松毛虫。在黑龙江镜泊湖、孟家岗和山东烟台昆嵛山等地，每代绒茧蜂对舞毒蛾的寄生率都在11.5%以上，最高寄生率达39.8%，而在辽宁鞍山地区和四川大邑调查，由于采集地附近缺乏转主寄主松毛虫或松毛虫数量极少，绒茧蜂的寄生率很低，最高只有1.3%。

③第三类寄生昆虫。这类寄生昆虫在其发生的某个季节把舞毒蛾作为它们的转主寄主，在此期间自然界还存在着适于其产卵寄生的其他转主寄主，在同一个时期内，可有几种寄主供其选择寄生，在它们的某个生活史中没有与之相同的固定寄主。如寄生舞毒蛾初龄幼虫的斑痣悬茧蜂 *Meteorus pulchricornis*（Wesmael），在北京、山东等地，同时可以寄生折带黄毒蛾的幼龄幼虫，在山东昆嵛山林场调查，斑痣悬茧蜂对舞毒蛾的寄生率为6.8%~7.4%。在四川大邑松栎混交林内寄生率不超过1%，但在发生舞毒蛾的李树园内，其寄生率高达13.1%。其他如平庸赘寄蝇 *Drino inconspicua* Meigen、康刺腹寄蝇 *Compsilura concinnata*（Meigen）等都可包括在这一类群里。这类寄生昆虫对舞毒蛾种群数量的抑制作用，与自然界该种寄生昆虫的繁殖状况与数量增长程度有关，特别是与在同一个时期内当地存在的转主寄主种类的多和少有密切关系。

④第四类寄生昆虫。是指寄生于另一种寄生昆虫体内或体表的昆虫即重寄生昆虫。这类重寄生昆虫都是寄生蜂，它们是寄生舞毒蛾卵、幼虫和蛹的寄生蜂，发生数量很多时，常常引起原寄生昆虫的大量死亡。在寄生舞毒蛾幼虫的绒茧蜂、悬茧蜂蛹中，以及在带有原寄生昆虫的舞毒蛾卵和蛹中，都曾饲育出重寄生蜂。如次生大腿小蜂 *Brachymeria secundaria*（Ruschka）、苹果毒蛾跳小蜂 *Tyndarichus navae* Howard、黑青金小蜂 *Dibrachys cavus*（Walker）、松毛虫埃姬蜂 *Itoplectis alternans spectabilis*（Matsumura）等。据在四川大邑调查，在寄生舞毒蛾幼虫的斑痣悬茧蜂蛹中，有多种重寄生蜂寄生，寄生率高达 37.54%，对下代悬茧蜂种群数量的增长有很大影响。虽然重寄生蜂的存在，对抑制当代舞毒蛾种群数量似乎不会受到影响，但对自然界寄生蜂种群数量增长的影响是显而易见的。因此，在应用有益昆虫防治舞毒蛾时，必须采取必要措施防止重寄生昆虫的存在，在释放寄生昆虫时，必须释放成虫，以排除重寄生蜂的传入和侵害。

综上所述，在寄生舞毒蛾的多种寄生昆虫中，它们的寄生特性是有明显差异的，有的对舞毒蛾比较专一，有的则是某个时期中多种转主寄主之一。在舞毒蛾的捕食性昆虫中，也有相类似的情况。因此在进行人工饲养繁殖和释放天敌昆虫之前，最好能在天敌昆虫的生物学特性，对外界环境因子的适应性，以及它们与寄主昆虫的相互关系等方面，做些必不可少的了解，或做一些试验研究，对所利用的天敌昆虫有所了解，才能做到有的放矢，取得比较满意的结果。但是，根据现有研究报道已经得到证实，单一依靠某种寄生昆虫来抑制舞毒蛾的大量繁殖，是很难奏效的，必须依赖于不同时期的多种寄生昆虫，特别是多种比较专一的寄生昆虫，以及其他类群天敌的协调合作，发挥综合作用，才能最有效地降低害虫数量，控制舞毒蛾的发生成灾。

1.6 舞毒蛾的寄主植物

舞毒蛾是杂食性的害虫，寄主范围十分广泛。据文献资料记载，可以取食 500 多种植物，在我国已知的寄主植物有：

壳斗科 Fagaceae

麻栎 *Quercus acutissima* Carr.

柞栎 *Q. dentata* Thunb.

蒙古栎 *Q. mongolica* Fisch.

栓皮栎 *Q. variabilis* Bl.

枹栎（枹树、青岗木、柞木）*Q. serrata* Murray

大叶栎 *Q. griffithii* Hook.

白栎（白皮栎、青冈树）*Q. fabri* Hance

板栗 *Castanea mollissima* Bl.

茅栗（锥栗、野栗）*C. seguinii* Dode

锥栗（珍珠栗）*C. henryi*（Skan）Rehd.

水青冈 *Fagus longipetiolata* Seem.

米心水青冈 *F. engleriana*

亮叶水青冈 *F. lucida* Rend. et Wils.

枹丝锥（枹丝栗、大叶枹）*Castanopsis calathiformis*（Skan）Rehd. et Wils.

罽蒴锥（大叶锥、大叶枹、大叶栎）*C. fissa*（Champ. et Benth.）Rehd.

杨柳科 Salicaceae

毛白杨 *Populus tomentosa* Carr.

银白杨 *P. alba* L.

北京杨 *P. beijingensis* W. Y. Hsu

河北杨（串杨、椴杨）*P. hopeiensis* Hu et Chow

美杨（钻天杨）*P. nigra* var. *italica*（Moench）Koehne

小青杨 *P. pseudosimonii* Kitag.

钻天柳 *Chosenia arbutifolia*（Pall.）A. K. Skv.

旱柳（柳树）*Salix matsudana* Koidz.

垂柳 *S. babylonica* L.

腺柳（河柳）*S. glandulosa* Seem.

蔷薇科 Rosaceae

杏 *Prunus armeniaca* L.

梅 *P. mume*（Sieb.）Sieb. et Zucc.

洋李 *P. domestica* L.

李 *P. salicina* Lindl.

桃 *P. persica*（L.）Batch

榆叶梅 *P. triloba* Lindl.

樱桃 *P. pseudocerasus* Lindl.

樱花 *P. serulata* Lindl.

稠李 *P. padus* L.

野山楂 *Crataegus cuneata* Sieb.et Zucc.

橘红山楂 *C. anrantia* Pojark.

辽宁山楂 *C. sanguinea* Pall.

山楂 *C. pinnatifida* Bunge

毛山楂 *C. maximowiczii* Schneid

甘肃山楂 *C. kansuensis* Wils.

苹果 *Malus pumila* Mill.

花红（沙果）*M. asiatica* Nakai

海棠果 *M. prunifolia*（Willd.）Borkh.

山荆子（山丁子）*M. baccata*（L.）Borkh.

白梨 *Pyrus bretschneider* Rend.

沙梨 *P. purifolia*（Burm. f.）Nakai

杜梨 *P. betulaefolia* Bunge

河北梨 *P. hopeiensis* Yu.

胡桃科 Juglandaceae

核桃（胡桃）*Juglans regia* L.

麻核桃（河北核桃）*J. hopeiensis* Hu

核桃楸（山核桃）*J. mandshurica* Maxim.

薄壳山核桃 *Carya illinoensis*（Wangenh.）K. Koch.

桦木科 Betulaceae

白桦（桦木）*Betula platyphylla* Suk.

棘皮桦 *B. dahurica* Pall.

硕桦 *B. costata* Trautv.

辽东桤木 *Alnus sibirica* Fisch. et Turcz.

日本桤木 *A. japonica*（Thunb.）Steud.

榛（榛子）*Corylus heteropylla* Fisch. et Bess.

川榛 *C. heterophylla* Fisch. et Bess var. *sutchuenensis* Franch.

毛榛 *C. mandshurica* Maxim.

华榛（榛子树）*C. chinensis* Franch

虎榛子 *Ostryopsis davidiana* Decne.

鹅耳枥 *Carpinus turczaninowii* Hance.

天台鹅耳枥 *C. tientaiensis* Cheng

陕西鹅耳枥 *C. shensiensis* Hu

柿树科 Ebenaceae

柿树 *Diospyroskaki* L. F.

黑枣 *D. lotus* L.

豆科 Leguminosae

刺槐（洋槐）*Robinia pseudoacacia* L.

毛刺槐 *R. hispida* L.

黄檀（白檀、不知春）*Dalbergia hupeana* Hance

南岭黄檀 *D. balansae* Prain

桑科 Moraceae

桑（家桑）*Morus alba* L.

蒙桑 *M. mongolica* Schneid.

华桑 *M. cathayana* Hemsl.

黑桑 *M. nigra* L.

鸡桑 *M. australis* Poir.

柘桑 *Cudrania tricuspidata*（Carr.）

漆树科 Anacaridiaceae

毛黄栌 *Cotinus coggygria*（Scop.）var. *pubescens* Engler

光叶黄栌（红叶）*C. coggygria*（Scop.）var. *cinerea* Engler

槭树科 Aceraceae

元宝槭（华北五角枫）*Acer truncatum* Bunge

三角槭（三角枫）*A. buergerianum* Miq.

五角槭（地锦槭）*A. mono* Maxim.

细裂槭 *A. stenolobum* Rehd.

鸡爪槭 *A. palmatum* Thunb.

秦岭槭 *A. tsinglingense* Fang et Hsieh

东北槭 *A. mandshuricum* Maxim.

椴树科 Tiliaceae

糯米椴 *Tilia henryana* Szysz.

糠椴 *T. mandschurica* Rupr. et Maxim.

大叶椴 *T. platyphyllos* Scop.

紫椴 *T. amurensis* Rupr.

山柳科 Clethraceae

山柳 *Clethra barbinervis* Sieb. et Zucc.

松科 Pinaceae

白杆 *Picea meyeri* Rehd. et Wils

青杆 *P. wilsonii* Mast.

日本云杉 *P. polita*（Sieb. et Zucc.）Carr.

兴安落叶松 *Larix gmelini*（Rupr.）Kuz.

华北落叶松（红杆）*L. principis-rupprechtii* Mayr.

黄花落叶松 *L. olgensis* Heny

日本落叶松 *L. kaempferi*（Lamb.）Carr.

油松 *Pinus tabulaeformis* Carr.

华山松 *P. armandii* Franch.

红松 *P. koraiensis* Sieb. et Zucc.

黑松 *P. thunbergii* Parl.

赤松 *P. densiflora* Sieb. et Zucc.

樟子松 *P. sylvestris* L. var. *mongolica* Litv.

马尾松 *P. massoniana* Lamb.

杉科 Taxodiaceae

柳杉 *Cryptomeria fortunei* Hooibrenk ex Otto et Dietr.

日本柳杉 *C. japonica*（L. f.）D. Don

榆科 Ulmaceae

榆（白榆、榆树、家榆）*Ulmus pumila* L.

旱榆 *U. glaucescens* Franch.

大果榆 *U. macrocarpa* Hance

春榆 *U. davidiana* var. *japonica*（Rehd.）Nakai（*U. propinqua* Koidz.）

刺榆 *Hemiptelea davidii*（Hance）Phanch.

另外，在四川灌县，曾发现有 2 株桉树 *Eucalyptus* sp. 遭舞毒蛾幼虫危害。在舞毒蛾大发生年份，在上述寄主植物叶片全部被吃光情况下，幼虫还可取食禾本科 Gramineae 的多种杂草及麦类植物等（Mosher，1915；Baker，1941；Doane et al.，1981；Anderson，1982；陈秀蓉，1988；朱宗良，1989；兰星平等，1996；石娟等，2003；杜松华，2004；王琳，2004；王丽珍等，2006；侯雅芹等，2009；王宇飞，2008；崔保成，2010）。

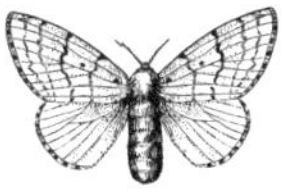

第2章

寄 生 蜂

中国舞毒蛾的寄生昆虫共有两大类：一类是寄生蜂，属于膜翅目 Hymenoptera，有姬蜂、茧蜂和小蜂；另一类是寄生蝇，属于双翅目 Diptera，有寄蝇和麻蝇。

舞毒蛾寄生性昆虫分科检索表

1. 翅 1 对，后翅退化成平衡棒。双翅目 Diptera，蝇类 ……………………………2

   翅 2 对，或者翅极微小，难以确定翅的数量。膜翅目 Hymenoptera，蜂类 …3

2. 触角芒刚毛状；后小盾片发达，在小盾片下方呈垫状向后方突出 ……………… ……………………………………………………………… 寄蝇科 Tachinidae

   触角芒裸，或仅在基部一半处呈羽毛状；后小盾片不发达，在小盾片下方不呈垫状突出……………………………………………… 麻蝇科 Sarcophagidae

3. 翅脉发达；前翅翅痣通常为三角形；少数细长或线形；翅的纵脉和横脉组成几个翅室 ………………………………………………………………………4

   翅脉退化；前翅无翅痣，仅有 1 纵脉，在其近末端处有 1 短的肘脉，无翅室…5

4. 前翅有 2 条回脉，第 1 盘室与第 1 肘室不分开 …………姬蜂科 Ichneumonidae

前翅有 1 条回脉，第 1 盘室与第 1 肘室一般分开…………茧蜂科 Braconidae

5. 体无金属光泽；后足腿节特别膨大，腹面具齿，后足胫节弧状；腹部无黄色斑纹 ……………………………………………………………小蜂科 Chalcididae

体有金属光泽；后足腿节正常……………………………………………………6

6. 中胸三角片前端前伸，超过翅基联线，跗节 4 节；肘脉或后缘脉发达；触角少于 10 节…………………………………………………姬小蜂科 Eulophidae

中胸三角片前端不超过翅基联线……………………………………………7

7. 后足基节膨大，明显大于前足基节；中胸盾纵沟深，刻纹稠密，网状或皱状；腹部卵圆形 …………………………………………长尾小蜂科 Torymidae

后足基节正常，不明显大于前足基节；胸部隆起不显著；中胸侧板不完整，由侧脊沟分割为前侧片和后侧片……………………………………………8

8. 前胸背板短，横形；体有金属光泽 ……………………金小蜂科 Pteromalidae

前胸背板长，长方形或前端稍狭窄；中足胫节距无齿；触角 11~13 节……9

9. 中胸背板平整或隆起，无盾纵沟，中胸盾片与小盾片间的横沟直；前翅缘脉较短；触角无环状节，索节少于 7 节 …………………跳小蜂科 Encyrtidae

中胸背板有凹陷或平整，有不明显的盾纵沟，如果中胸背板隆起，盾纵沟深，则中胸侧板分裂；前翅缘脉较长；触角有 1 环状节，索节常为 7 节 …………………………………………………………………………旋小蜂科 Eupelmidae

寄生蜂是我国舞毒蛾天敌中的一个重要类群，占有极其重要的地位。通过调查研究，已经查明寄生舞毒蛾的寄生蜂有 29 种，约占舞毒蛾天敌昆虫总种数的 26.6%。这些寄生蜂分别寄生舞毒蛾的卵、幼虫或蛹，有些种类分布范围很广，种群数量较多，并与舞毒蛾出现的适宜虫态同步，是舞毒蛾的优势天敌种类（图 2）。例如在舞毒蛾卵期，主要是小蜂类寄生蜂，大蛾卵跳小蜂 *Ooencyrtus kuwanae*（Howard）和舞毒蛾卵平腹小蜂 *Anastatus japonicus*（Ashmead）是重要优势种类，在很多

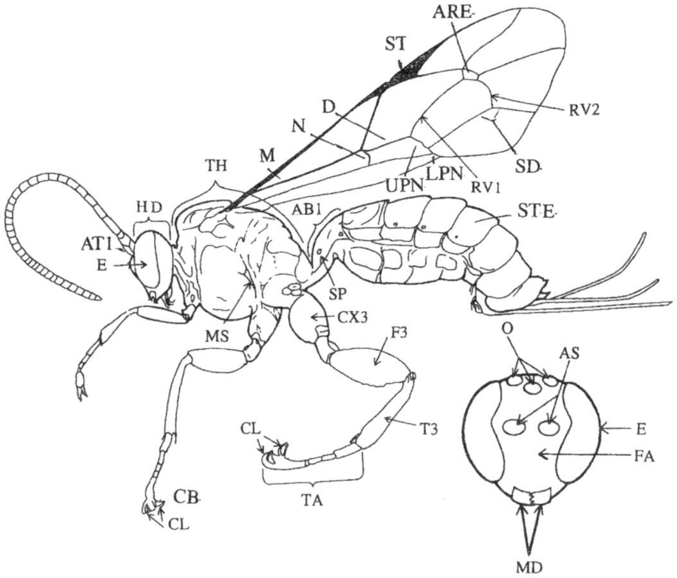

图2 寄生蜂示意图（仿 Simons 等，1979）

AB—Abdomen 腹部
AB1—First abdominal segment 第1腹节
AB2—Second abdominal segment 第2腹节
ARE—Areolet 小翅室
AS—Antennal sockets 触角窝
AT1—First antennal segment 第1触角节
CB—Claw bristle 爪鬃
CL—Claw 爪
CX3—Hind coxa 后基节
D—Discoideus 盘脉
E—Eye 复眼
F3—Hind femora 后足腿节
FA—Face 颜面
HD—Head 头部
LPN—Lower abscissa of postnervulus 外小脉下横线
M—Medius 中脉
MD—Mandibles 上颚
MS—Mesopleural suture 中胸侧沟
N—Nervulus 小脉
O—Ocellus 单眼
ST—Stigma 翅痣
RV1—First recurrent vein 第1回脉
RV2—Second recurrent vein 第2回脉
SD—Subdiscoideus 亚盘脉
SP—Spiracle 气门
STE-Sternite 腹板
TA—Tarsus 跗节
TE—Tergite 背板
TH—Thorax 胸部
UPN—Upper abscissa of postnervulus 外小脉上横线

地方从舞毒蛾卵块中都可收集到。舞毒蛾幼虫期的寄生蜂主要是茧蜂和姬蜂，其中以茧蜂类数量最多，最为常见的是刻绒茧蜂 *Glyptapanteles* spp.、悬茧蜂 *Meteorus* spp. 的一些种类。寄生舞毒蛾幼虫的姬蜂，由于发生地区不同，常见姬蜂种类有些差别，如在黑龙江和吉林一些地区，其优势种是舞毒蛾惊蠋姬蜂 *Phobocampe lymantriae* Gupta 和毒蛾镶颚姬蜂 *Hyposoter vierecki* Townes，而在四川大邑只发现毒蛾镶颚姬蜂一种。

但在山东昆嵛山却一直没有发现寄生舞毒蛾幼虫的姬蜂。在舞毒蛾蛹期的寄生蜂中，广大腿小蜂 *Brachymeria lasus*（Walker）是优势种，寄生蛹的姬蜂以黑瘤姬蜂 *Coccygominus* spp. 较为常见。

2.1 姬蜂科 Ichneumonidae

在我国，寄生舞毒蛾的姬蜂共9属，其中属于长尾姬蜂亚科 Pimplinae 的有5属，寄生舞毒蛾的蛹或预蛹；属于低缝姬蜂亚科 Porizontinae 的有4属，多为舞毒蛾幼虫寄生蜂。

寄生舞毒蛾的姬蜂科昆虫分属检索表

1. 第1背板气门位于背板中部附近；第1背板方形至窄梯形，基部不细长；腹部扁平；雌虫跗爪不呈梳角状，有时跗爪基部有1大齿（长尾姬蜂亚科 Pimplinae）……2
   第1背板气门位于背板中部之后；第1背板柄状，基部细长；腹部侧扁；并胸腹节有隆线，形成分割区；唇基与颜面会合；后足腿节下方无齿（低缝姬蜂亚科 Porizontinae）……7
2. 中胸侧沟直，无明显的角；中胸侧板前区不凹陷。如果后足胫节有带，端部和基部带黑色，中部带灰色，腿节基部黑色……3
   中胸侧沟中部附近有不明显的角；中胸侧板凹点区凹陷。如果后足胫节有带，端部和亚基部带黑色，中部和基部带灰色，胫节基端灰色……5
3. 眼内缘在触角窝处稍凹陷；雄虫颜面黑色；雌虫跗爪基部无齿……黑瘤姬蜂属 *Coccygomimus* Saussure
   眼内缘在触角窝对面处明显凹陷；雄虫颜面白色、黄色或黑色；雌虫前跗爪基部有1大齿……4
4. 产卵器直；雌雄虫颜面和眼眶黑色……埃姬蜂属 *Itoplectis* Föerster
   产卵器顶端钩状；雄虫颜面大部分或全部为白色或黄色；雌虫眼眶有额处稍带白色……长尾姬蜂属 *Ephialtes* Gravenhorst
5. 雌虫跗爪或至少额爪有1基齿；雄虫下生殖板宽于长；体黑色或具黑色条纹

………………………………………………………………………………………6

雄虫跗爪无基齿；雄虫下生殖板长于宽；体黄色或黄褐色…………………………………………………………………黄瘤姬蜂属 *Theronia* Holmgren

6. 雄虫颜面白色或黄色；雌虫唇基常为红色。唇基亚基部稍凸出，端部稍扁平；后小脉在其 1/3 处附近截断；产卵器长度为前翅长的 1/2；单眼窄三角形；单眼间距稍小于单复眼距离（0.8~0.9 : 1）……………………………………………………全瘤姬蜂亚属 *Iseropus*（*Iseropus*）Gupta

雄虫颜面和雄虫唇基黑色。唇基亚基部显著凸出，端部扁平；后小脉在其 0.4 和中央之间截断；产卵器长度为前翅长的 0.6~0.8；单眼宽三角形；单眼间距稍大于单复眼距离（10 : 8）… 聚瘤姬蜂亚属 *Iseropus*（*Gregopimpla*）Gupta

7. 腹柄横截，基部 1/3 附近成四角形或棱柱形；缝从腹板中高处以下部位将背板分隔开，缝存在或不明显；第 1 节背板在气门前有侧凹或无侧凹………8

腹柄横截，基部 1/3 附近呈椭圆形或环形；缝从背板中高处或以上部位将腹板分隔开，缝始终明显；第 1 节背板在气门前无侧凹，偶有 1 个侧沟………………………………………………………………凹眼姬蜂属 *Casinaria* Holmgren

8. 后小脉截断，后盘脉不具色素；小室在其中部近基部处接纳第 2 回脉；唇基端缘中部具 1 短齿，有时极不明显；有腹柄侧凹

………………………………………………………………毁螨姬蜂属 *Campoletis* Föerster

后小脉不截断，小室在中部处或远离中部处接纳第 2 回脉；唇基中部无任何凸出物；有或无腹柄侧凹………………………………………………………………9

9. 后小脉远离基室脉，约为其长度的 0.3，与盘脉明显倾斜成 70° 角。唇基稍宽，平坦，端缘平截；腹柄无显著的侧凹点或腹柄侧凹…………………………………………………………………惊螨姬蜂属 *Phobocampe* Föerster

后小脉交叉状或稍远离基室脉，几乎呈直线或稍成弓形；唇基短而凸出；腹柄有一明显的侧凹点或腹柄侧凹………………镶颚姬蜂属 *Hyposoter* Föerster

2.1.1 黑瘤姬蜂属 *Coccygomimus* Saussure，1892

根据文献记载及作者等的调查采集，我国寄生舞毒蛾的黑瘤姬蜂属寄生蜂有3种，其中以舞毒蛾黑瘤姬蜂最为常见，在有些地区，其寄生率可达20%以上，是舞毒蛾蛹期的重要寄生昆虫之一，对调节舞毒蛾种群数量有重要意义。

寄生舞毒蛾的黑瘤姬蜂属昆虫分种检索表

1\. 全部足包括基节均为黑色；体上的短柔毛白色或金黄色；面部和中胸侧板具明显刻点；腹部第5节背板刻点粗糙；后足基节具刻点；并胸腹节有皱纹，中部的皱纹呈网状；整个身体暗淡，具粗刻点；体长15~20mm……………………………………………………野蚕黑瘤姬蜂 *Coccygomimus luctuosus*（Smith）

全部足不全为黑色，基节或腿节和胫节为红色或橘黄色……………………………2

2\. 体上的短柔毛褐色；中胸侧板刻点不密集，间隔约为刻点直径的1~1.5倍；后足胫节和腿节全为浅红色，无白色环；第1节背板瘤突凸出，侧面为角锥状；翅基片黑色，缘折窄；第4背板折缘长约为宽的3倍以上；体长8~18mm ……………………………古北黑瘤姬蜂 *Coccygomimus instigator*（Fabricius）

体上的短柔毛白色；前胸背板后角无黄色斑，仅后气门骨片为黄色；腹部刻点较小，不粗糙；后足胫节全为黑色；后足腿节端部有1明显的黑色环，宽为腿节长度的1/4~1/5；第1节背板短，侧面不呈角锥状，无清晰的瘤突；缘折宽，第4背板折缘最宽，宽度约为长的2.5倍；体长8~19mm……………………………………………舞毒蛾黑瘤姬蜂 *Coccygomimus disparis*（Viereck）

（1）舞毒蛾黑瘤姬蜂 *Coccygomimus disparis*（Viereck，1911）

本种是鳞翅目Lepidoptera昆虫蛹期的重要寄生蜂，已知至少可寄生鳞翅目14个科的40多种昆虫。一些重要林木食叶害虫，如松毛虫 *Dendrolimus* spp.、舞毒蛾 *Lymantria dispar* Linnaeus、美国白蛾 *Hyphantria cunea*（Drury）、天幕毛虫 *Malacosoma neustria testacea* Motsch.、侧柏毒蛾 *Parocneria furva*（Leech）、臭椿皮蛾 *Eligma narcissus*（Gramer）、杨扇舟蛾 *Clostera anachoreta*（Denis et Schiffermüller）、樗蚕 *Philosamia cynthia* Walker et Felder、丝绵木金星尺蠖 *Calospilos suspecta* Warren、大袋蛾 *Clania vartegata* Snellen、山楂粉蝶 *Aporia crataegi* Linnaeus. 等都可以被寄生。对舞毒蛾蛹的寄生率通常都在 3% 以下，但 1997 年 6 月 12 日在北京延庆永宁镇南关村采集的大量舞毒蛾蛹中，舞毒蛾黑瘤姬蜂的寄生率高达 24.3%。在国内，除广东、海南、广西还没有记载外，全国其他省份都有分布。国外分布于日本、朝鲜、韩国、俄罗斯、蒙古、印度以及欧洲和北非。

形态特征（图版 V：21~23）：成虫体长 9~18mm，体黑色，密布刻点和白色细毛。颜面基半部分脊状隆起，唇基端半光滑，颚眼距约为上颚基部宽度的 0.6。触角梗节端部赤褐色，雄虫触角第 6、7 节具角下瘤。中胸盾片稍隆起，密布刻点，无盾纵沟。并胸腹节刻点粗糙，基部中央有 2 条短纵脊，其余部分刻点较细密。翅基片黄色，翅脉及翅痣黑褐色，翅痣两端角为黄色。小翅室不呈正菱形，后小脉在中央上方截断。腹部扁平，无柄。腹背各个关节具小刻点，后缘光滑。前、中足腿节、胫节及跗节赤褐色，后足腿节末端黑色，其余为赤褐色。雌虫前足第 4 跗节端部有深缺口。产卵管褐色，深出部分稍短于腹部 1/2，鞘黑色。

卵：乳白色，长 2mm，宽 0.35mm，一端圆，另一端锥形。

幼虫：淡黄色。体扁宽，1 龄幼虫体长 2.5mm，老熟幼虫体长 7~13mm，宽约 4.5mm，头部内缩。眼部具色斑。背腹板两侧纵褶，背板中线处具隐约的纵纹。前胸和第 1~8 腹节各具 1 对气门。

蛹：离蛹，12~13mm，羽化前为深黑色。雌蛹产卵管浅褐色，向背面弯曲。

生物学特性：舞毒蛾黑瘤姬蜂为多化性种类，单寄生，以幼虫在鳞翅目寄主蛹内越冬，其越冬寄主随地区不同而异。在韩国首尔和我国渤海湾的辽宁大连、营口、辽阳、沈阳、兴城等地，以美国白蛾蛹为越冬寄主；在山东烟台、日照和江苏南京等地以臭椿皮蛾为越冬寄主；在上海则以菜粉蝶为越冬寄主。也有报道可在大蜡螟蛹内越冬。

该蜂一年可以完成4~5代。在日照市越冬代寄主是臭椿皮蛾，第1代转主寄主是大袋蛾，第2代是赤松毛虫，第3代转主寄主是凤蝶的蛹。越冬代成虫于9月下旬至10月上旬产卵于皮蛾的蛹，11月上旬以幼虫在寄主蛹内越冬，12月中旬在寄主蛹体内化蛹，次年1月为化蛹盛期，3月上旬越冬代开始羽化出蜂，4月上旬羽化结束（王昌贵等，1996）。在江、浙一带，此蜂越冬幼虫于3月上旬化蛹，4月上中旬成虫开始陆续羽化。在烟台市成虫于4月下旬开始羽化。第1代成虫于5月底至6月上旬羽化，此后在7月中下旬、8月中下旬和9—10月间均可看到该蜂的成虫。在北京通州，成虫于6月9—22日被寄生的舞毒蛾蛹内羽化。在北部的延庆区，从舞毒蛾蛹内羽化的日期是6月21日至7月1日，晚10天左右。雌性比69.1%。

舞毒蛾黑瘤姬蜂的发育历期，越冬代约170天。其中卵期8.4（6~11）天，幼虫期83（67~87）天，蛹期68（57~80）天；第1~4代卵历期约8天，幼虫期9~11天，蛹7~8天（宋明辉等，2016）。成虫寿命很长，在室内喂饲蜂蜜和水食料充足条件下，在25℃，雌蜂可生活35~73天，平均52.5天；雄蜂可活28~57天，平均40.7天。在室温27~30℃时，雌蜂可生活8~40天，平均30.4 ± 6.8天，雄蜂寿命5~32天，平均21.9 ± 7.5天。

舞毒蛾黑瘤姬蜂成虫飞翔能力很强。雌蜂羽化后不久就可与雄蜂交配，交配时间35~60s不等。雌蜂产卵时拱起腹部，将产卵管刺入寄主蛹内，通常在1个蛹内只产1粒卵，寄生1头蜂子。

产卵过程约需7~8s。该蜂很少产卵寄生预蛹，但被该蜂刺过的舞毒蛾预蛹通常不能再继续存活，而在预蛹时死亡。寻找寄主时对寄主蛹龄要求并不严格，化蛹 1~9 天的蛹一般多可寄生。1 头雌蜂的最大产卵量可达 199 粒。产卵后雌蜂常取食蛹体刺孔处的溢出液。

从已知的生物学特性来看，该蜂具有分布地域广，适应性强，寄主种类多，单寄生，成虫个体大，寿命长，产卵量大等诸多特点，值得引起重视和进行深入研究。

饲养与繁殖：在室内，作者等用自制的 30cm × 30cm × 40cm 木架玻璃养虫笼，门为细目绢纱，将蜂蜜用毛笔涂在玻璃内壁上，笼内放入盛满水用脱脂棉塞口的广口瓶，可以正常饲养舞毒蛾黑瘤姬蜂成虫。在黑瘤姬蜂成虫交配后的第 5 天，将寄主蛹放入饲养笼内接蜂。接种 24h 后将寄主蛹取出，移到另一个养虫笼内，待黑瘤姬蜂羽化出蜂后再进行接种繁殖，在室内温度 27℃左右，相对湿度 50%~60%，每天保持 12h 光照条件下，可以获得比较理想的接蜂率，如要试用大蜡螟蛹饲养繁殖，可用蜜蜂的巢脾直接饲养，也可用下述配方的人工饲料饲养。或直接购买获得。

配制方法：先将玉米粉、面粉、米糠、奶粉混合均匀，放在 60℃干燥箱内烘烤 2h。甘油和蜂蜜也同时烤热，待蜂蜡融化后，将各种配料加在一起，充分搅拌均匀后备用。配方一：玉米粉、面粉、米糠、奶粉、甘油、蜂蜜各 1 份，蜂蜡 1.5 份，酵母粉适量（据中国科学院动物研究所）。配方二：Hi-pro 婴儿谷物 227g，蔗糖 100g，727 复合维生素 1g，甘油 100mL。配方三：Hi-pro 婴儿谷物 65g，蔗糖 26g，722 复合维生素 0.5g，山梨酸 28.5g（陈宗懋等，1983）。魏建荣等（2013）在室内用美国白蛾蛹作为寄主，人工大量繁殖舞毒蛾黑蛾姬蜂，已获得成功，并申请了发明专利。

（2）野蚕黑瘤姬蜂 *Coccygomimus luctuosus*（Smith，1874）

1993 年作者在四川大邑从野外采集的舞毒蛾蛹内育出此蜂，单寄生，寄生率很低。此寄生蜂其他寄主还有赤松毛虫 *Dendrolimus spectabilis* Butler、杨扇舟蛾 *Clostera anachoreta*（Fabricius）和樗蚕 *Philosamia cynthia* Walker et Felder 等。国内分布于北京、辽宁、上海、江苏、浙江、福建、台湾、江西、河南、湖南、广西、四川、贵州、云南、陕西等地。国外分布于日本、朝鲜、韩国、俄罗斯（东部地区）。

形态特征：体长 15~20mm。体黑色。前足腿节上表面、前足胫节和跗节、中足胫节和跗节暗黄色；翅浅，黄色，翅脉黄褐至暗褐色；产卵管红褐色，产卵鞘黑色。头部横宽，约与胸部等宽。触角短于体长，雌虫触角 36 节，第 1 鞭节长约为宽的 8 倍，稍短于第 2、3 鞭节之和。复眼内缘在近触角窝处凹陷，单复眼间距约为单眼直径的 0.6 倍。额面刻点粗，中线平滑，略隆起。中胸盾片刻点粗，无盾纵沟。并胸腹节中央具粗的网状皱纹，中央基部有 2 条短纵脊。小翅室较大，四边形，后角尖。后小脉在中央上方曲折。后足基节粗大，近三棱形。腹部略扁，略长于头胸部之和，第 1 腹节背板基部微凹陷，平滑，端半部刻点粗。第 2~8 腹节背板刻点粗，后缘光滑，有光泽。产卵器鞘长度约为腹长的 0.5 倍。

生物学特性：为多化性种类，其生物学与舞毒蛾黑瘤姬蜂近似。

（3）古北黑瘤姬蜂 *Coccygomimus instigator*（Fabricius，1793）

本种是多种鳞翅目昆虫的蛹寄生蜂，已知寄主至少有 60 种。国内文献记载寄生舞毒蛾蛹，但作者没有从舞毒蛾蛹获得此蜂。国内分布于北京、河北、吉林、黑龙江、内蒙古、宁夏、青海、甘肃、新疆、河南、湖南、台湾。国外分布于日本、朝鲜、韩国、俄罗斯、伊朗、英国、德国、罗马尼亚、塞尔维亚、波兰、摩洛哥、美国。

形态特征：体长 8~18mm，全体密布细刻点，颜面和并胸腹节具黑色或褐色柔毛。雄虫触角鞭节第 6~11 节有条状角下瘤。前足第 4 跗节缺刻较深。中胸侧板刻点粗而稀，刻点间的距离大于刻点直径。并胸腹节中央的纵脊较短，端区光滑外，中央后方多横皱纹。第 1 腹节背板中央明显隆起，基半与端半有明显的角度，各腹节背板后缘有光滑条带。第 2、3 腹节背板折缘甚窄，第 4~5 节折缘稍宽，长约为宽的 3 倍以上。产卵管鞘长为后足胫节长的 1.1 倍。体黑色，有光泽，触角鞭节黑褐色，翅带烟黄色，翅基片褐色，前端带浅黄色斑点，翅痣黑褐色。基角黄褐色，翅脉大部分为黑褐色。足赤黄色，各足基节、转节为黑色，后足胫节暗赤渴色，后足跗节黑褐色。

生物学特性： 在俄罗斯，古北黑瘤姬蜂的老熟幼虫在菜粉蝶 *Pieris rapae*（L.）和大菜粉蝶 *Pieris brassicae* L. 蛹内越冬，次年早春羽化出成虫，此时在野外还没有适于寄生的菜粉蝶蛹或其他害虫蛹。由于该蜂需要补充营养，常可见到该蜂蜇刺一些害虫蛹，并吸食体液。据实验室观察结果，在不提供任何食料情况下，成虫寿命不超过 14 天。但在喂食条件下，雄虫平均可生活 25 天，雌虫可活 60 多天。雌蜂产卵于寄主蛹内，幼虫蜕皮 4 次，共 5 龄。从卵至成虫羽化的发育历期，因受温度高低的影响，需 23~86 天不等，该蜂对舞毒蛾的寄生率很低，单寄生，一年中依靠转主寄主可以完成几个世代。

2.1.2 聚瘤姬蜂属 *Iseropus* Föerster，1868

据文献记载，在我国寄生舞毒蛾的聚瘤姬蜂有 2 种，为老熟幼虫和预蛹的寄生蜂，寄生数量不多，不是常见种。

寄生舞毒蛾的聚瘤姬蜂属昆虫分种检索表

1. 颜面光滑，无纵隆起，并胸腹节中央 2 条细纵脊伸至其长度的 3/5 处，且向两侧稍分开；腹部第 1 节背板后方中央隆起不甚高；小翅室底边在第 2 回脉着生处曲折角度稍大。体长 5~10mm，前翅长 5~7mm ……………………………………………………桑蟥瘤聚姬蜂 *Iseropus*（*Gregopimpla*）*kuwanae*（Viereck）

颜面具刻点，中央有纵隆起，并胸腹节中央2条纵脊仅伸至其长度的1/2处；腹部第1节背板后方中央隆起甚高；小翅室底边在第2回脉着生处曲折角度甚小。体长10~12mm，前翅7~9mm…………………………………………………………喜马拉雅聚瘤姬蜂 *Iseropus*（*Gregopimpla*）*himalayensis*（Cameron）

（4）桑蟥聚瘤姬蜂 *Iseropus*（*Gregopimpla*）*kuwanae*（Viereck，1912）

此虫已知林业害虫寄主有桑蟥 *Rondotia menciana*（Moore）、松毛虫 *Dendrolimus* spp.、杨扇舟蛾 *Clostera anachoreta*（Denis et Schiffermüller）、杨二尾舟蛾 *Cerura menciana* Moore 等。1984 年程慕棕等在北京延庆辛庄堡采集的舞毒蛾预蛹中获得此蜂。其中有桑蟥聚瘤姬蜂寄生，其寄生率不详。国内分布于北京、黑龙江、辽宁、河北、山东、江苏、浙江、安徽、江西、福建、台湾、广东、广西、湖南、湖北、河南、云南、贵州、四川、陕西。国外分布于日本、朝鲜、韩国。

形态特征：雌虫体长 9~10mm，触角 25 节。雄虫体长 5~8mm，触角 23 节。前翅长 5~6.5mm。头、胸部黑色。触角柄节、鞭节基部背面黑褐色，下面至端半部黄色至黄褐色。前胸背板后上角及翅基片为黄色，翅浅黄色，透明，翅痣浅黄色，翅脉黄褐色。足浅黄色，中后足基节，后足转节和腿节红黄色，前足基节基部，后足胫节近基部和末端及各跗节末端和爪黑褐色，腹部赭褐色至全黑色，有黑色后缘。产卵器赤褐色，产卵器鞘黑色。颜面光滑，无纵隆起，胸腹节中央有 2 条明显细纵脊，伸至长度的 2/3 处，稍向两侧分开，其间前方光滑，后方有细皱。前翅小翅室四边形，底边在第 2 回脉着生处曲折角度稍大。腹部第 1 节背板后缘宽度大于长度，后方中央不甚高。产卵器长约为后足胫节的 1.7~2 倍，约为腹部长度的 0.8 倍。

生物学特性：此蜂为多寄主寄生蜂。茧灰黄色，结茧时常多茧聚集在一起。最适于此蜂寄生的虫态是即行化蛹的老熟幼虫。据在南京观察，该蜂在桑螨茧内结茧过冬，次年4月上旬羽化出成虫，雌性约占60%，成虫羽化当天即可交配，交配后次日开始产卵，卵多产在寄主幼虫节间膜处，在1个寄主体上可产多卵粒。卵发育5天后孵化；幼虫营容性寄生，在寄主体外吸取体液，被寄生的桑螨幼虫仍能吐丝结茧，但不能化蛹。姬蜂幼虫经7天开始老熟，在桑螨茧内作灰黄色茧化蛹，约经1个星期羽化出成虫，成虫寿命很长，雄蜂为12~43天，雌蜂可生活19~64天，成虫活动期从4月上旬至11月下旬。完成1个世代历时约1个月，一年中依靠转主寄生可以完成3~4个世代。

（5）喜马拉雅聚瘤姬蜂 *Iseropus*（*Gregopimpla*）*himalayensis*（Cameron, 1899）

国内文献报道寄主有赤松毛虫 *Dendrolimus spectabilis* Butler、油松毛虫 *D. tabulaeformis* Tsei et Liu、马尾松毛虫 *D. punctatus* Walker 和舞毒蛾幼虫等。作者没有从舞毒蛾幼虫收集到此蜂。国内分布于黑龙江、吉林、辽宁、河北、陕西、浙江、江西、湖南、广西。国外分布于日本、朝鲜、韩国和印度（北部）。

形态特征（图版V：24~26）：体长10~12mm，前翅长7~9mm，雌虫触角31~32节，雄虫29节。头胸部为黑色。唇基黄褐色。触角黑褐色，鞭节基部几节下面带黄色；前胸背板后上角及翅基片黄色。翅浅黄色，透明，翅痣及翅脉暗褐色至褐色。足的基节、转节和腿节红黄色，胫节和跗节浅黄色，后足胫节近基部和端部的1/3及各跗节末端和爪均为黑褐色。腹部黑色，第2~4节略带暗褐色。产卵管红褐色，鞘为黑色，复眼内缘近触角窝处稍凹陷。颜面刻点浅而稀疏，中央有纵隆起。唇基较光滑，端缘凹陷较深，上颚2端齿近于等长，触角短于体长。盾纵沟短，不明显，小盾片隆起。并胸腹节中央有2条纵隆起，不呈脊状，仅延伸到中央。其间稍凹陷，平滑，外侧刻点大而稀疏。小翅室四边形，底边在第2回脉着生处曲折角度甚小；腹部稍扁，第1节背板前半部有自前斜向中部的脊，再向后延伸逐渐消失，背板后缘宽度与其长度相等，第1~6节背板密布刻点，各节后缘及第2节前缘光滑，第2~6节背板两侧各具1个不甚明显的瘤状突起。产卵器约与腹部等长，约为后足胫节长的2倍。

生物学特性： 喜马拉雅聚瘤姬蜂在黑龙江、吉林东部地区，一年发生1~2代。发生1代的以蛹越冬，于次年6月中旬羽化，寄生松毛虫幼虫，然后以蛹在茧内越冬。发生2代的以幼虫越冬，于次年5月中旬羽化出蜂，寄生天幕毛虫、舞毒蛾、山楂粉蝶幼虫，6月中下旬出现第1代成虫，产卵于落叶松毛虫老龄幼虫体表，被寄生的松毛虫幼虫结茧后虫体萎缩变粗，不能化蛹而死亡。7月下旬以后，该蜂幼虫老熟，在寄主幼虫体外密集结茧，以蛹在松毛虫茧内越冬。被寄生的松毛虫，常可在松毛虫茧内看到有多个蜂茧紧密聚集在一起。寄生舞毒蛾幼虫时，从蛹内羽化出寄生蜂成虫。

成虫在中午羽化，以14:00羽化最盛。羽化后30min左右即可交配，交配时间最长达2h，雌雄性比3∶2。雌蜂喜欢寻找老龄幼虫，产卵于幼虫体背前端，1头被寄生的天幕毛虫幼虫，可以羽化出蜂6~11头；1头落叶松毛虫幼虫出蜂量达39头。在针阔混交下木、杂草种类多的林地，食料丰富，种群数量较多，寄生率高。成虫寿命与温度、光照强弱有关，在17℃弱光条件下，雌虫寿命平均19天，最长28天，雄虫最短16天；在17℃强光条件下，雌虫寿命平均9.5天，最长14天，雄虫最短7天。在24℃弱光条件下，雌虫寿命平均16天，最长21天，雄虫最短14天；在24℃强光条件下，雌雄虫只能生活5~6天。照射光越强，成虫寿命越短。

广肩小蜂、金小蜂是重寄生蜂，寄生率高达7%~11%，对该蜂种群数量有抑制作用（张贵友，1992）。

2.1.3 凹眼姬蜂属 *Casinaria* Holmgren，1859

在我国，根据作者等的调查和采集，已知寄生舞毒蛾的凹眼姬蜂 *Casinaria* 属寄生蜂有2种，均为幼虫期寄生蜂，其寄生数量一般都较少。但在有些地区，窄腹凹眼姬蜂 *C. tenuiventris*（Gravenhorst）的寄生率较高，是幼虫期的重要寄生蜂。

寄生舞毒蛾的凹眼姬蜂属昆虫分种检索表

1. 腹部全为黑色。足的基节和转节全为黑色，腿节和胫节全为红褐色（除后足腿节有时稍黑外），体 6~8mm ……………………………………………………………………………………窄腹凹眼姬蜂 *Casinaria tenuiventris*（Gravenhorst）

 腹部至少第 3 和第 4 节为红褐色。中足和后足几乎全为黑色。胫节基半部色较浅。体长 8~10mm…………黑足凹眼姬蜂 *Casinaria nigripes*（Gravenhorst）

（6）黑足凹眼姬蜂 *Casinaria nigripes*（Gravenhorst，1829）

中文名曾用两色瘦姬蜂、黑侧沟姬蜂。其寄主为枯叶蛾科 Lasiocampidae 和毒蛾科 Lymantriidae 的一些昆虫的幼虫，如松毛虫 *Dendrolimis* spp.、舞毒蛾、栎舞毒蛾 *Lymantria mathura* Moore、古毒蛾 *Orgyia antiqua*（Linnaeus）、角斑古毒蛾 *O. gonostigma*（Linnaeus）和苹毒蛾 *Dasychira pudibunda*（Linnaeus）等。在野外对舞毒蛾幼虫的寄生率一般都很低，作者等 1993 年在四川大邑从采集的舞毒蛾幼虫获得此蜂。但对松毛虫，特别是对越冬代松毛虫来说，则是极为重要的幼虫期寄生蜂，在北京市西山试验林场，平均寄生率一般多在 16.8% 以上，最高寄生率可达 60%。国内分布于北京、河北、山西、内蒙古、黑龙江、吉林、辽宁、山东、安徽、江苏、浙江、江西、湖南、广东、广西、云南、陕西等地。国外分布于日本、朝鲜、俄罗斯、德国、法国、波兰、奥地利。

形态特征（图版 VI：27~32）： 成虫体长 8~10mm，前翅长 5~7mm。头、胸部密布细刻点和白毛。头横宽，下方渐狭，复眼在触角窝处凹陷，触角与前翅长度几乎相等，约为体长的 2/3。中胸盾片隆起呈球面状，无盾纵沟。中胸侧缝中段凹陷明显，中胸侧板凹陷呈沟状凹槽，槽内多细横脊。并胸腹节长于中胸盾片，多长毛，中央纵凹槽明显。小翅室近于三角形的四边形，有短柄，第 2 回脉从中央伸出，后小脉不截断。腹部向末端渐呈棒状，稍侧扁。第 1 腹节基部柄状，侧缝不达基部上缘，无腹柄侧凹。第 2 节背板与第 1 节背板等长，长为后缘宽的 2 倍，窗疤呈陀螺形。第 3、4 节背板等长。产卵器短，不伸出腹部末端。体黑色。上颚齿红褐色，下唇须黄色。翅透明，翅痣及翅脉黑褐色。前足腿节、胫节及跗节、中足腿节末端、胫节（除末端外）及跗节、后足胫节中段黄褐色，后足胫节基部浅黄色，足的其余部分为黑褐色。腹部第 2 节背板窗疤及近后缘以及第 3~4 节背板为红褐色，腹面黄色。有黄褐色至暗褐色斑。

茧：长椭圆形，两端钝圆，长 7~9mm，宽 3~4mm。灰白色，两端有黑色花斑，并有不相连接的黑色环纹。

生物学特性： 据作者等 1985—1991 年在北京西山观察结果，黑足凹眼姬蜂一年可以完成 5 个世代，即在松毛虫上可以完成 2 个世代，在天幕毛虫、舞毒蛾、榆毒蛾 *Ivela ochropoda*（Eversmann）等幼虫上完成 3 个世代。以幼虫在油松毛虫 *Dendrolimus tabulaeformis* Tsai et Liu 越冬幼虫体内越冬。次年 3 月下旬至 4 月下旬从松毛幼虫体内出来结茧化蛹，繁殖后代，一直到 10 月下旬第 5 代成虫产卵寄生为止，活动期前后历时 7 个月。根据多年考查，在 2~3 月间自野外采回越冬松毛虫后，通常经过 20 天左右即可见到该蜂幼虫从寄主体内出来结茧化蛹，其预蛹期在 14~15℃时为 7 天，16~17℃时为 5 天，温度愈高，历时越短。卵—幼虫发育历期在变温情况下，随温度升高而缩短，在平均温度为 17.7 ± 1.6 ℃时，其发育历期为 20.64 ± 1.5 天，20.0 ± 2.0 ℃时为 17.22 ± 1.8 天，24.0 ± 2.1 ℃时为 15.03 ± 2.2 天。茧蛹发育历期也与温度有关，在 14.2 ± 1.7 ℃时雌虫茧蛹期为 21.92 ± 1.3 天，雄虫为 21.62 ± 1.2 天；16.1 ± 1.1℃时，雌虫为 14.98 ± 0.7 天，雄虫为 13.85 ± 1.1 天；21.6 ± 1.4 ℃时，雌虫为 9.50 ± 0.69 天，雄虫为 9.08 ± 0.7 天；在 25.5 ± 1.7℃时，雌虫茧蛹历期为 8.33 ± 0.6 天，雄虫为 7.0 ± 0.9 天。4 月中下旬成虫开始羽化，但到 5 月 18 日还有从越冬幼虫体内出来结茧的。在喂蜂蜜和水条件下，成虫寿命一般为 10~20 天，雌虫最长可生活 45 天，雄虫最长可活 34 天。断食情况下可存活 3~4 天。

在南方，据作者 1973 年在湖南韶山的观察结果，该蜂可在不同世代的马尾松毛虫 *D. puctatus* Walker 幼虫上繁殖几个世代。越冬代的茧一般多结在松树的老针叶上，3 月底成蜂开始羽化，羽化期约 1 个月，至 4 月下旬羽化结束，羽化高峰不明显，晴暖天气羽化较多，活动较盛；4 月底还可在林内看到成蜂在生长发育缓慢的越冬代松毛虫幼虫上产卵的情形。该代成虫寿命在喂白砂糖时为 4~11 天，以生活 10 天死亡的居多数。黑足凹眼姬蜂第 1 代茧一般多结在马尾松的当年生新针叶上，茧蛹期 9~11 天；第 1 代成虫于 5 月 9 日开始羽化，5 月底为羽化末期，此时林内已有第 1 代松毛虫卵和幼虫出现。第 1 代成蜂寿命为 6~19 天，平均 13 天。第 2 代成蜂的羽化期是在 6 月上旬至 7 月中旬，主要寄生松毛虫第 1 代幼虫。8 月间由于重寄生蜂寄生等的影响。松林内很难见到蜂茧。此后在 9 月中旬，又在松林内采集到少量蜂茧，于 9 月下旬羽化出蜂。此时正是第 3 代松毛虫卵开始孵化的时候，主要寄生以第 2 代越冬的松毛虫幼虫，也可寄生第 3 代松毛虫幼虫。

在江苏南京地区，该蜂一年可完成 5 个世代，4 月上中旬、5 月中旬、7 月上旬、8 月中旬和 10 月中旬是各代成虫的羽化期，11 月下旬以幼虫在松毛虫幼虫体内越冬。

黑足凹眼姬蜂的越冬寄主是松毛虫，一般都在3龄松毛虫幼虫体内越冬，被寄生的幼虫与正常幼虫很难区别。次年春季越冬松毛虫幼虫开始活动取食后继续在寄主体内发育一段时间，在松毛虫幼虫蜕皮前从寄主体内出来结茧化蛹的约占72.7%~75.5%，寄主蜕皮后出来结茧化蛹的占24.5%~27.3%。此蜂幼虫老熟时，从松毛虫幼虫胸腹部的下表皮处，咬一近圆形的孔，先钻出一半身体在松树针叶或细枝条上吐丝，然后幼虫钻入茧内继续吐丝做成丝茧。松毛虫幼虫尸体像脱下的外皮一样附着在茧的附近，经过1~2天干缩后掉落。在松树上的结茧部位因世代不同稍有差别，春季世代其结茧部位一般多在针叶基部的细枝上或靠近针叶基部的针叶上，秋季世代的茧通常多结在暴露的针叶上，明显可见。这与结茧期气温逐渐下降，该蜂喜欢温暖阳光有关，成虫羽化、活动及交配产卵等多在白天，但在气温降至14℃以下时，成虫静伏不动，雄蜂羽化一般比雌蜂早2~3天，雌蜂怀卵量几十粒到200多粒不等。

在野外，由于茧蛹期重寄生蜂很多，重寄生率高达47.8%，因此成蜂羽化率一般都不超过50%。常见的重寄生蜂有次生大腿小蜂 *Brachymeria secundaria*（Ruschka）、松毛虫埃姬蜂 *Itoplectis alternans spectabilis*（Matsumura）、脊腿囊爪姬蜂 *Theronia atalantae gestator*（Thunberg）、沟姬蜂 *Gelis areator* Panzer 和金小蜂 *Pteromalus* sp. 等，其中以次生大腿小蜂寄生数量最多。寄生率高达35.1%~60.4%。

饲养与繁殖：黑足凹眼姬蜂种蜂可于2月间从野外采来的松毛虫越冬幼虫经过饲养获得，蜂茧可放在玻璃瓶内。待成蜂羽化后移入镶有玻璃的木制养虫笼内，用小广口瓶盛水，瓶口处塞脱脂棉，以供给水分。玻璃内壁上可不定期涂刷蜂蜜原液作为饲料。所用舞毒蛾幼虫一定要在卵期进行卵粒消毒，先用镊子清除卵块表面的绒毛，放入细目塑料小网纱袋中，封口后，用3.7%福尔马林浸泡，消毒1h再用流水冲洗。接蜂时可用1龄末至3龄舞毒蛾幼虫，以2龄幼虫接蜂最为适宜。接蜂2天后取出舞毒蛾幼虫，另行饲养，可用杨树、柞树的树叶饲养，也可用人工饲料进行饲养。据试验，该蜂卵—幼虫的发育历期，除与温度有密切关系外，还与接蜂用的寄主虫龄大小有关，用1龄末幼虫接蜂，其发育历期明显长于用2龄幼虫接蜂的发育天数。1头雌蜂的有效繁殖后代数平均为10.1±3.8头成蜂，最多可繁殖出15头成蜂。

（7）窄腹凹眼姬蜂 *Casinaria tenuiventris*（Gravenhorst，1829）

本种为幼虫期寄生蜂，已知寄主有舞毒蛾和栎舞毒蛾。据作者等调查，该蜂对舞毒蛾的寄生率一般不超过3%，如1982年在黑龙江省亚布力、镜泊湖为2.01%~2.18%，吉林省蛟河、敦化不到1%；1992年在辽宁鞍山、岫岩为1.34%~1.65%。但在辽宁海城东部山区孤山的栎类林内，该蜂对舞毒蛾幼虫的寄生率可达6.07%~12.31%，是幼虫期的重要天敌之一。国内仅知分布于黑龙江、吉林、辽宁。国外分布于德国、法国、捷克、波兰、保加利亚、伊朗、俄罗斯以及北非。

形态特征：体长6~8mm。前翅长3~4mm。颜面近似方形，有微皱。唇基狭窄，稍凸出，具颗粒，其顶缘凸出并有刻痕。上颚短而宽。颚眼距长度为上颚基部宽度的0.75~0.85，额具颗粒，无中隆线；眼间距为复单眼距离长度的1.4倍。侧单眼直径大约等于复单眼距离。后头隆线明显，单眼以下部分成波纹状，并在上颚基部处汇合成口后脊。中胸盾片凸出，有细皱。小盾片有微皱，稍凸出，前端2/5处有侧隆线。中胸和后胸侧板有颗粒和微皱。并胸腹节侧区刻纹比后胸侧板的更显著，通常有细皱。并胸腹节背面有皱，中央具浅而宽的纵凹槽，镶有短横隆线。雄虫并胸腹节比雌虫粗糙，特别在槽的中部和侧面。并胸腹节顶端窄，伸至后足基节基部1/3处。后足基节有颗粒。小翅室大小适中，具短柄，在中部连接第2回脉；后小脉不截断，外斜。腹部第1节背板为第2节背板长度的 1.2 倍，短于后足腿节。腹部不明显侧扁，棒状或末端成圆形。雄虫抱器较宽，顶端圆形。产卵器短，几乎不伸出腹部末端。鞘似棒状。体黑色。翅基黑色至黄褐色。足的基节和转节黑色，其余部位和跗节红褐色，后足胫节顶端 0.3~0.5 处稍带深褐色。有时后足腿节和胫节为深褐色或黑色，胫节有不明显的带。腹部全为黑色，中足腿节基部可能有黑色斑纹。

生物学特性：据在辽宁鞍山观察，该蜂寄生舞毒蛾初龄幼虫，并于 5 月 21 日开始从舞毒蛾幼虫体内外出结茧化蛹，5 月 28—29 日为化蛹盛期，6 月 19 日结束。茧蛹历期 6~11 天，雌蛹平均为 8.6 ± 1.8 天，雄蛹 7.1 ± 1.7 天。5 月 29 日成蜂开始羽化，至 6 月 26 日结束，6 月 5—15 日为羽化盛期。由于当地舞毒蛾卵的孵化期极不整齐，从 4 月底开始孵化，直到 6 月中旬还可见到刚孵化的舞毒蛾幼虫，因此该蜂有可能在舞毒蛾幼虫上发育 2 代。在室内用羽化出来的成蜂继续接种舞毒蛾幼虫，能顺利获得后代。

2.1.4 蠋姬蜂属 *Phobocampe* Föerster（1869）

（8）毒蛾惊蠋姬蜂 *Phobocampe lymantriae* Gupta（1983）

在国内，于 1982 年由中美舞毒蛾天敌合作研究组在黑龙江和吉林考察时，首次从采集的舞毒蛾幼虫中获得此蜂。据观察，该蜂对舞毒蛾的寄生率，在亚布力为 4.2%~10.6%，平均为 7.5%，在镜泊湖为 5.9%，是当地舞毒蛾幼虫期的重要寄生昆虫之一，较为常见。1997 年在北京延庆旧县调查，该蜂对舞毒蛾的寄生率为 3%。寄主已知有舞毒蛾和栎舞毒蛾。国内分布于北京（延庆、密云、昌平）、黑龙江（亚布力、镜泊湖、孟家岗）、吉林（蛟河、敦化）。国外分布于日本、韩国、西班牙、捷克、匈牙利、塞尔维亚、波兰、奥地利和法国。

形态特征（图版 VII：33~36）：体黑色，体长 5.1~7.5mm，触角鞭

节26~30节。颜面稍有微皱。颚眼距较短，为上颚基部宽度的0.33 ± 0.1；雌虫通常为0.25，雄虫为0.35~0.4。单眼间距较长，为单复眼距离的1.8 ± 0.1。单复眼距略小于单眼直径，并胸腹节具颗粒，端区和中区扁平，凹陷，无条纹。有时仅在端区和中区连接处有少许条纹。中区宽，向下开放，有分脊，顶端不狭缩，中纵隆线不明显。并胸腹节隆线通常不太明显，基部的横隆线中部弓成圆形。翅的小室较大，比较倾斜，在其外角处有1短柄和第2回脉。小脉通常远离基室脉，为其长度的0.25。盘肘脉不明显弓起。后腹柄从腹柄处突然变宽。腹柄和后腹柄之间出现狭缩。腹柄侧沟较深，较显著。后腹柄宽于长，边缘圆形弓起，形成1条隆线。后腹柄中部最宽。第2背板较宽，其长度不到基部宽度的2倍。雄虫第2背板稍窄。后腹柄具颗粒，表面粗糙。第4背板折缘具密毛，沿其端缘的密毛呈簇状。下生殖板毛较少。上颚、须、前中足转节和翅基片黄色。柄节和腹柄腹面，前胸背板后角，前中足大部和后足转节淡黄色。后足基节和后足腿节末端斑纹为黑色。后足胫节基部色较浅。雌虫第2背板末端1/4处有1窄的黄色带。第1背板末端不是黄色。雄虫第1、2背板无黄色或橙色带，第2背板末端常为褐色。

茧：椭圆形，浅褐色，长5.2~7.1mm，平均5.87 ± 0.63mm，宽3.5~5.0mm，平均4.16 ± 0.34mm。茧的两端各1/3为黑色或浅黑色，中部1/3为白色或灰白色。

生物学特性：毒蛾惊蠋姬蜂为多化性种类，一年可完成多个世代。据观察，在北京延庆，该蜂于4月中下旬产卵寄生舞毒蛾1~2龄幼虫，1个寄主幼虫体内通常可产下多粒卵，但最终只有1头幼虫完成发育，达到成熟。幼虫共5龄，老熟幼虫于5月17日至6月1日从舞毒蛾4龄幼虫体内出来结茧，茧多结在被寄生的幼虫尸体附近的叶片或树枝上，该蜂的茧似蛋形，形状特殊。根据茧的形状就可认出是毒蛾惊蠋姬蜂。经过1~2天茧脱离叶片或树皮落到地面。在23~24℃条件下，茧蛹历期为雌虫 14~17 天，平均为 15.7 ± 1.1 天；雄虫 13~15 天，平均为 14.1 ± 0.8 天。成虫在同一个季节内羽化，羽化日期为 6 月 1—16 日。在室温为 22~27℃，喂蜂蜜和水条件下饲养，成虫寿命雌虫平均为 13.7 ± 9.2 天，雄虫平均为 12.2 ± 6.9 天。雌雄成虫最长可生活 31~33 天。雌性比为 37.5%。另据报道，该蜂对舞毒蛾的寄生率在林木稠密林地较稀疏地段明显要高。

2.1.5 埃姬蜂属 *Itoplectis* Föerster，1869

（9）松毛虫埃姬蜂 *Itoplectis alternans spectabilis*（Matsumura，1926）

此蜂为多主寄生，已知寄主昆虫有 40 多种，除寄主赤松毛虫、舞毒蛾外，也可寄生脊茧蜂、凹眼姬蜂、镶颚姬蜂和绒茧蜂。国内已知分布于黑龙江、吉林、辽宁、内蒙古、山东、山西、陕西、甘肃、河南、湖北、湖南、江苏、浙江、四川、云南、贵州。国外分布于日本、朝鲜、韩国、蒙古。

形态特征：体长 5~8mm，雌蜂体黑色。触角柄节棕褐色，梗节和第 1 鞭节腹面黄白色，其余各节棕黄色。足赤褐色，前足转节、腿节、胫节腹面黄白色，中足腿节末端、胫节端部，后足胫节亚端部及跗节基半部黄白色，后足胫节端部及末端 2/3、跗节末端黑褐色。前胸背板后角及翅基片黄白色。翅透明，翅痣烟褐色，翅脉褐色。腹部 2~7 节背板后缘黄褐色。产卵管鞘黑色，产卵管赤褐色。头部方形，颜面具较密的白毛和刻点，额光滑。复眼内缘近触角窝处有 1 个三角形凹陷。触角 25 节。中胸盾片稍隆起，具细毛和刻点，无盾纵沟。并胸腹节无脊和分区，仅中央有 1 条无毛的光滑区，前端有 2 条微弱的凹痕，两侧密被白色长毛。小翅室五边形，后小脉中部上方曲折。足粗壮。腹部扁平，密布刻点。第 1 节背板前半部具 2 条纵脊，自前角伸向中央，从中央有 2 条伸向后缘的平行脊突。产卵管直，粗壮，伸出腹末部分约与后足胫节等长。雄虫触角柄节、梗节腹面黄色，背面褐色。后足基节大部为黑色。

生物学特性：松毛虫埃姬蜂为幼虫期寄生蜂，单寄生。每年约可完成 3 个世代。6 月上中旬越冬代成虫开始从松毛虫脊茧蜂寄生的松毛虫僵死幼虫体内羽化出来，羽化期一直可延续到 7 月下旬，成虫羽化一般多在傍晚黄昏时候，羽化后不久雌雄即行交配。在野外，该蜂常寄生被脊茧蜂幼虫寄生的新鲜松毛虫僵死幼虫，产卵前雌蜂先用粗壮的产卵器刺穿松毛虫僵死幼虫和寄生蜂幼虫表皮，舔食脊茧蜂幼虫溢出的血淋巴液，然后进行第二次螫刺，并产卵在脊茧蜂幼虫体内。据观察，在实验室内，从成蜂产卵到羽化出成虫完成 1 个生活周期一般需要 20~21 天。在野外，松毛虫埃姬蜂第 1、2 代成虫可以作为初寄生蜂产卵寄生其他昆虫的幼虫。8 月底至 9 月初，第 2 代成虫羽化出来后，又开始寄生松毛虫脊茧蜂，并以幼虫在脊茧蜂幼虫体内越冬。在自然状态下，该蜂虽然也能寄生舞毒蛾幼虫，但以重寄生蜂身份出现的可能性较大，因此经济意义不大。

2.1.6 囊爪姬蜂属 *Theronia* Holmgren，1859

（10）脊腿囊爪姬蜂 *Theronia atalantae gestator*（Thunberg，1822）

又名脊腿匙鬃瘤姬蜂、脊腿姬蜂、黄瘤姬蜂，是多种鳞翅目昆虫的寄生蜂，包括舞毒蛾，也可重寄生舞毒蛾黑瘤姬蜂。1982 年 6 月从北京延庆大庄科乡采集的舞毒蛾蛹中获得此蜂。1993 年在四川大邑该蜂对舞毒蛾蛹的平均寄生率为 2.20%，最高 3.77%。1997 年 6 月下旬又从北京延庆永宁镇采集的舞毒蛾蛹内收集到此蜂，为单寄生。国内分布于北京、黑龙江、辽宁、陕西、江苏、浙江、江西、四川、贵州、云南。国外分布于日本、朝鲜、韩国、欧洲。

形态特征（图版 VII：37，38）：体长 8~15mm。触角短于体长。上颚下端齿不向内扭曲。小盾片在基角处有侧脊，后胸侧板下缘脊向中足一端逐渐变高，不形成叶状突。并胸腹节光滑，隆脊发达，中区长方形，长约为宽的1.3倍，其后方的脊完全。爪扩大，各爪都有1根与爪等长的扩大的鬃，鬃的末端呈匙状。后足腿节端半部下方有脊和钝齿，后小脉在中央上方截断。腹部近于光滑。产卵管鞘短于腹长之半。体橘黄色，有光泽。复眼、单眼区、后头，上颚端齿、前胸背板侧方中央、中胸盾片中央纵带及后缘、中胸侧板及腹板大部分，后小盾片两侧、并胸腹节基部、腹部第1背板中央大部分、第2~5背板基部两侧的1条横纹或相连成的横带，均为黑褐色或黑色。触角深橘黄色，近基部各节下面橘黄色。中胸盾片两侧有时有褐色纵纹。足橘黄色，中、后足腿节下方有黑褐色斑纹，后足基节外侧有黑纹。翅透明，黄色，翅痣及缘脉黄色，其余翅脉为黑褐色。

幼虫：1龄幼虫虫体细长，乳白色，长约2mm。2龄幼虫头部短而圆，体表覆有短刺，尾叶缩短。3龄幼虫上颚和尾叶易于辨认。4龄幼虫尾叶消失。5龄幼虫体上可见二节状下唇须，上颚沟刺状，内具平行齿。

生物学特性：本种为多化性种类，在一年中依靠转主寄主可以完成几个世代。在四川大邑，该蜂于5月上、中旬寄生舞毒蛾蛹，并于6月3日开始从舞毒蛾蛹内羽化出来，羽化盛期在6月13—15日，6月19日为羽化末期。在收集到的55头成蜂中，雌蜂35头，雄蜂20头。在北京延庆，作者等曾先后两次从舞毒蛾蛹中收集到此蜂，羽化期在6月下旬。而在北京南部的大兴和通州调查时，没有从采集的舞毒蛾蛹中获得此蜂。从1997年在北京延庆的调查来看，在永宁镇南关采集的790头舞毒蛾蛹中，共羽化出舞毒蛾黑瘤姬蜂192头，脊腿囊爪姬蜂10头。在舞毒蛾黑瘤姬蜂寄生数量极少的北京延庆旧县白草洼，没有从舞毒蛾蛹内收集到脊腿囊爪姬蜂。因此，对舞毒蛾来说，脊腿囊爪姬蜂既是初寄生蜂，也有可能是寄生舞毒蛾的舞毒蛾黑瘤姬蜂的重寄生蜂。

2.1.7 镶颚姬蜂属 *Hyposoter* Föerster，1869

（11）毒蛾镶颚姬蜂 *Hyposoter vierecki* Townes（Momoi et Townes, 1965）

1982 年 6 月上旬中美舞毒蛾天敌合作研究组在黑龙江桦南县孟家岗林场考察时，首次从采集的舞毒蛾幼虫中获得此蜂，为单寄生，寄生数量很少，其寄生率只有 0.04%。1993 年在四川大邑调查，该蜂对舞毒蛾幼虫的寄生率为 0.91%~1.79%。国内仅知分布于黑龙江、湖南、四川。国外分布于日本。

形态特征（图版 VIII：39）：体长 6~7.5mm。颜面和唇基具颗粒。颚眼距为上颚基部宽的 0.65 倍，单眼间距为单眼直径的 2 倍。额和头顶颗粒分布均匀。胸部具颗粒，前胸背板及中胸侧板具少许条纹，间有颗粒。小盾片刻纹稍粗。并胸腹节颗粒大，端区和第 3 侧区微皱，具颗粒；中区长方形至近似方形，其四周隆线由明显至渐弱，顶端闭合的隆线中央成角状。中区微皱至具颗粒，分脊不完全，雄虫并胸腹节刻纹粗糙，中区和端区内刻纹更粗糙。后腹柄及第 2 腹节颗粒分布均匀。其余腹节粗糙逐渐过渡至半光滑。体黑色。上颚、翅基片、前、中足基节和转节浅黄色，前中足其余部位黄褐色。后足基节黑色，转节浅黑色。雌虫足的转节黄褐色，腿节浅黄褐色，胫节黄褐色，端部有暗褐色斑纹，跗节暗褐色。有时后足腿节端部和后足胫节基部也为暗褐色。

生物学特性：据在四川大邑观察，该蜂于 3 月中下旬产卵寄生舞毒蛾 1 龄幼虫，当寄主幼虫发育到 2~3 龄时，从幼虫体内出来结茧。据对 54 头被寄生幼虫的统计，其中从 2 龄幼虫体内出来结茧的占 11.1%，3 龄的占 88.9%。茧暗褐色。椭圆形，结在寄主幼虫胸部至第 2~4 腹节内，茧下的寄主幼虫表皮裂开，但整个皮壳覆盖在蜂茧的上方，颇为特殊，容易识别（图版 VIII：40）。该蜂的结茧期在 4 月 18 日至 5 月 4 日，茧蛹发育历期 4~6 天，平均为 4.63 ± 0.7 天。羽化期在 4 月 23 日至 5 月 9 日，羽化率为 54.8%，未羽化的蜂约有 26.2% 被重寄生蜂寄生。雌雄性比为 1∶1.2。在喂蜂蜜和水条件下，成虫寿命较长，雌虫可生活 6~42 天，平均 21.85 ± 8.6 天，雄虫寿命为 5~37 天，平均 14.60 ± 10.2 天。

2.1.8 长尾姬蜂属 *Ephialtes* Gravenhorst，1829

(12) 黑基长尾姬蜂 *Ephialtes capulifera*（Kriechbaumer，1887）

1982 年作者用从山楂粉蝶 *Aporia crataegi* Linnaeus 蛹中羽化出来的雌蜂在室内接种舞毒蛾蛹，能顺利寄生，并获得成蜂。国内分布于黑龙江、吉林、辽宁、河北、山西、甘肃、台湾、湖南、四川。国外分布于日本、朝鲜、韩国、俄罗斯。

形态特征：成虫体长 12~18mm，前翅长 10~13mm。颜面除下端外，具粗糙稀疏的刻点，中央纵脊低而宽，并胸腹节的中纵脊伸至基部 1/2 处，脊的外侧方具粗刻点，沿脊的内方有不规则皱纹。各足的跗节均具基齿。腹部第 1 节背板背中脊在中央之后呈均匀弧形，不特别隆起。产卵管鞘约为后足胫节长的 0.9 倍。体黑色。触角梗节和鞭节下面（其背面及节间为褐色）眼眶内缘、小盾片后缘和后小盾片均为黄色。翅基片暗褐色。翅透明，带烟黄色，翅脉及翅痣除基部外均为黑褐色，足的基节和转节黑色，前基节前方具黄斑。腿节赤褐色，后足腿节端部黑色。前、中足胫节和跗节为污黄色，中足胫节外侧和基跗节带褐色。后足胫节和跗节黑至黑褐色，胫节亚基部环斑及距为污黄色，各爪端半部赤褐色。

2.1.9 毁螨姬蜂属 *Campoletis* Föerster，1869

(13) 毁螨姬蜂 *Campoletis* sp.

1982 年 6 月上旬在黑龙江桦南县孟家岗林场从采集的舞毒蛾幼虫获得此蜂，寄生数量极少。

形态特征：体长 5.5~6.0mm，黑色。雄虫颜面具颗粒和刻点，颜面和唇基无明显分界线。唇基顶缘凸出，具 1 尖的发达中齿。颚眼距宽度约为上颚基部的宽度。单眼区具刻点。单眼间距为复单眼距的 1.4 倍。复单眼距相当于单眼直径。后颊稍凸出，在单眼处不降低。胸部颗粒较大。中区具颗粒，向后开放，在与端区汇合处稍收缩，分脊明显。端区具细线，稍凸，中部略宽。并胸腹节隆线完整，腹柄和后腹柄颗粒明显。腹柄侧凹成一深凹点。第 2 腹节背板超过基部宽度的 2 倍，无光泽。以后各节背板稍有光泽。上颚、须、前足和中足灰黄褐色。翅基片黄色，后足腿节桔褐色。胫节中部浅黄色，后足跗节基部黄白色。腹部第 2 和以后各节背板侧面红褐色。第 2、3 节背板端部具不太清晰的红色带纹。

茧白色，细长，圆柱形，茧长约为茧中部宽的 3 倍。

2.2 茧蜂科 Braconidae

在茧蜂科中，我国寄生舞毒蛾的茧蜂已知有绒茧蜂类的3属，以及悬茧蜂属和脊茧蜂属，其中以绒茧蜂类最为重要。

寄生舞毒蛾的茧蜂科昆虫分属检索表

1. 前翅脉序退化，只有1个肘室；为小型种，黑色，体长不超过4mm；茧小，长度不超过3.5mm，白色或黄色，单寄生或聚寄生（绒茧蜂类）……………3

   前翅有3个肘室；为褐色或黄色种，体长在4mm以上，单寄生………………2

2. 腹部有腹柄，第1节基部很窄，后端迅速变宽；唇基凸出，大颚不呈开放状；茧大，长度超过4mm，椭圆形，暗褐色，茧一端有长丝线悬挂………………………………………………………………………………悬茧蜂属 *Meteorus* Haliday

   腹部无腹柄；第1节后端稍宽于基部；唇基凹陷，大颚闭合，呈环形开放状；茧紧贴在僵死的寄主幼虫体内………………脊茧蜂属 *Aleiodes* Wesmael

3. 产卵器短，很少伸出肛下板，无毛（Cotesiini.）…………………………………4

   产卵器较长，长于后足胫节的一半，具毛（Apanteli）………………………………………………………………………………长绒茧蜂属 *Dolichogenidea* Viereck

4. 腹部第1节背板后端渐变窄……………刻绒茧蜂属 *Glyptapanteles* Ashmead

   腹部第1节背板两侧缘平行或后端渐变宽………盘绒茧蜂属 *Cotesia* Comeron

在我国，寄生舞毒蛾的绒茧蜂已知有4种，其中毒蛾刻绒茧蜂 *Glyptapanteles liparidis*（Bouche）最为常见，其次是黑腿盘绒茧蜂 *Cotesia melanoscela*（Ratzeburg），而乳色长绒茧蜂 *Dolichogenidea lacteicolor*（Viereck）和夏氏盘绒茧蜂 *Cotesia schaeferi* Marsh 寄生数量很少。

寄生舞毒蛾的绒茧蜂类昆虫检索表（雌虫）

1. 第1腹节背板端部窄于基部，基部2/3两边平行，顶端1/3渐窄；前翅中室和亚中室的毛较密；茧白色，聚寄生……………………………………………………………毒蛾刻绒茧蜂 *Glyptapanteles liparidis*（Bouche）
   第1腹节背板端部等宽或宽于基部……………………………………………2
2. 并胸腹节有粗皱纹和分脊；产卵器与第1腹节背板等长或较长；茧白色，单寄生…………………………乳色长绒茧蜂 *Dolichogenidea lacteicolor*（Viereck）
   并胸腹节无粗皱纹，光滑或有中脊；产卵器几乎没有伸出……………………3
3. 肛下板向腹部底部伸出，超过腹部末端的顶端；前翅中室和亚中室沿中脉和翅基处无毛；中胸背板有光泽，刻点不明显；体长超过3mm；茧白色或浅黄色，有时有"晕圈"，单寄生……黑腿盘绒茧蜂 *Cotesia melanoscala*（Ratzeburg）
   肛下板伸出，但不超过腹部顶端，平截；前翅中室和亚中室的毛较稀；中胸背板阴暗，刻点粗糙，连成盾纵沟；体长不超过2.5mm；触角黑色，柄节和1~3鞭节有时为黑褐色；前足基节和后足转节为褐色或黑色；茧黄色，聚寄生……………………………………夏氏盘绒茧蜂 *Cotesia schaeferi* Marsh

2.2.1 刻绒茧蜂属 *Glyptapanteles* Ashmead，1904

（14）毒蛾刻绒茧蜂 *Glyptapanteles liparidis*（Bouche，1834）

又名枯叶蛾绒茧蜂。该蜂是毒蛾科和枯叶蛾科昆虫的重要寄生昆虫之一。据作者等在国内调查，对舞毒蛾寄生率很高，是幼虫期的重要天敌。在黑龙江桦南县孟家岗林场，1982年的寄生率高达15.3%~39.8%，在镜泊湖为11.5%。1991年在山东昆嵛山林场3、4分场，第1代毒蛾刻绒茧蜂对舞毒蛾的寄生率为18.8%±4.2%，第2代刻绒茧蜂的寄生率11.5%±5.5%。但在辽宁鞍山和四川大邑，该蜂对舞毒蛾寄生率很低，一般不到1.3%。另据报道，1976—1977年在河北丰宁县调查，该蜂对油松毛虫的寄生率平均为16.7%，最高达39.3%；对落叶松毛虫平均寄生率为 15.6%，最高寄生率 23.6%。国内已知分布于北京、河北、山西、内蒙古、黑龙江、吉林、辽宁、山东、浙江、河南、湖南、四川、新疆、陕西、台湾及广西等地。国外分布于日本、韩国、朝鲜、伊朗、印度、法国、德国、波兰、英国、塞尔维亚、西班牙、俄罗斯（西伯利亚）、澳大利亚以及北非。

形态特征（图版 VIII：41~44）：成虫体长 2.5~3.5mm，体黑色具光泽。上唇与上颚黄褐色；须白色；触角黑褐色。足黄褐色，中足基节黑褐色；后足基节黑色；后足腿节端部、后足胫节端部 1/3 及跗节黑褐色。翅透明，前缘脉、翅痣、翅后脉深褐色，其余翅脉色淡。第 1~5 腹节及背板侧缘褐黄至暗褐色。颜面具细小刻点，头顶和后头平滑，具光泽。中胸盾片密布细小刻点，小盾片具细小较浅的刻点，后胸背板粗糙，具不规则褶皱、并胸腹节具粗刻点。前翅径脉第 1 段与肘间脉相接处不成角；回脉长约为基脉的 1/2；翅痣长约为宽的 2 倍；痣后脉比翅痣长；小脉后叉式。后足基节具细小刻点，腹部第 1 背板两边平行，向顶端渐窄，第 2 背板端部为基部宽的 2 倍，比第 3 背板短，第 1、2 背板具纵褶皱，第 3 背板及其后各背板平滑，具光泽。产卵管鞘长于后足跗节基节。肛下板略伸出腹部末端。

卵：初产时长 0.12mm 左右，棒状微弯，细端有 1 短柄。临近孵化时卵长 0.52mm 左右。

幼虫：初孵化幼虫体透明，老熟幼虫变为浅黄色，末节有 1 大液泡。老熟幼虫体长 4mm 左右。

蛹：离蛹；头胸部浅黄色，腹部乳白色。茧白色，绒毛状，长椭圆形，长 3.8~4.2mm 宽 1.0~1.3mm，数个或数十个茧疏松地群集在寄主幼虫体上及其周围。

生物学特性：在我国北方地区，毒蛾刻绒茧蜂一年可发生 4 代，以 2~3 龄幼虫在松毛虫幼虫体内越冬，被寄生的幼虫虫体明显肥大。在北京地区，该蜂前 2 代寄生舞毒蛾，后 2 代寄生松毛虫，越冬后老熟幼虫于 3 月下旬至 4 月上旬从松毛虫幼虫体内钻出，结茧化蛹，羽化出来的成虫产卵寄生幼龄舞毒蛾幼虫，5 月中下旬第 1 代刻绒茧蜂幼虫从 3~4 龄舞毒蛾幼虫体内钻出，化蛹羽化后继续产卵寄生初、中龄舞毒蛾幼虫，6 月下旬至 7 月初第 2 代成虫羽化后以松毛虫作为转主寄主，产卵寄生早期孵化的松毛虫幼虫。9 月中下旬羽化的第 3 代成虫继续寄生越冬前的 2~3 龄松毛虫幼虫，并随寄主幼虫一起越冬。

毒蛾刻绒茧蜂的发生期因地区不同而有差异，在辽宁海城市，该蜂于 4 月下旬从松毛虫幼虫体内出来结茧，5 月上旬开始羽化。在日本东京附近，5 月中下旬从赤松毛虫体内出来结茧化蛹，5 月上旬成虫羽化。在俄罗斯该蜂越冬幼虫于 6 月中旬前后从松毛虫体内钻出，6 月底出现成虫。而在四川大邑发生期很早，4 月 26 日至 5 月 10 日寄生舞毒蛾的第 1 代成虫就羽化出来，第 2 代刻绒茧蜂的羽化期在 5 月 21 日至 6 月 5 日。但有一个规律，该蜂越冬代老熟幼虫结茧化蛹期都发生在松毛虫越冬幼虫上树活动后不久，成虫羽化和产卵则与舞毒蛾幼龄幼虫的出现期相一致。

据福泉（1971，1973）报道，在自然状态下，毒蛾刻绒茧蜂寄生的幼虫虫龄因寄主不同而异，可寄生舞毒蛾 1~4 龄幼虫，亦可寄生松毛虫 1~3 龄幼虫，寄生赤腹舞毒蛾 *Lymantria fumida*（Butler）1~4 龄幼虫。幼虫发育天数也因寄主不同而异，在舞毒蛾和赤腹舞毒蛾幼虫体内，完成幼虫发育约需 21~30 天，在赤松毛虫体内需 46~54 天，在天幕毛虫 *Malacosoma neustria*（L.）体内需 30~42 天。

据作者等在北京观察，在平均温度 19℃寄主为舞毒蛾时，毒蛾刻绒茧蜂各虫态发育历期为：卵期 5~6 天，卵—幼虫期 29.7 ± 5.2 天，茧蛹期 7.3 ± 1.1 天。成虫寿命雌虫为 10.8 ± 3.2 天，雄虫为 6.8 ± 2.5 天。幼虫共 3 龄，在寄主体内发育时，在 10~25℃之间其发育速率随温度升高而加快，相对湿度影响不大。萨哈罗夫（1991）观察了该蜂在舞毒蛾幼虫不同阶段体内寄生发育情况，发现在寄主蜕皮期间产卵寄生的，产卵后3~5 天孵化为幼虫，经 11~13 天蜕皮成为 2 龄幼虫；在 3 龄幼虫中期产卵寄主的，5~7 天后孵化。绒茧蜂幼虫的体重增加 75% 以上集中在 3 龄期间，在 20℃条件下在寄主体内完成发育平均需要 27 天，与寄主幼虫第 2 次蜕皮时间相一致。说明毒蛾刻绒茧蜂幼虫的发育变化来自寄主的刺激。在舞毒蛾幼虫体内，该蜂卵—幼虫期的发育起点温度为 15.5℃，有效积温为 71.7 日度，蛹发育起点温度为 5.5℃，有效积温为 115.2 日度。成虫寿命随温度升高而缩短，在 16℃时，雌虫寿命平均 11.2 天，雄虫 12.1 天；20℃时雌虫 9.2 天，雄虫 8.8 天；24℃时雌虫 4.1 天，雄虫 3.5 天；28℃时，雌雄虫寿命平均只有 2.6 天。

该蜂可在舞毒蛾幼虫上繁殖 2 代，据在四川大邑观察，寄主虫龄小，该蜂寄生的数量少，寄主虫龄大则寄生蜂数量多。第 1 代刻绒茧蜂从舞毒蛾 3 龄幼虫出来结茧的占 65.9%，平均每头寄主 4.7 ± 1.9 茧（2~9 茧），从 4 龄幼虫外出结茧的占 34.1%，平均每头寄主 7.7 ± 3.8 茧（4~18 茧）。第 2 代刻绒茧蜂从 5 龄幼虫出来结茧的占 65.85%，平均每头寄主有茧 25.8 ± 13.3 个（5~59 茧）；从 6 龄幼虫出来结茧的占 34.15%，平均每头寄主有茧 34.6 ± 12.7 个（10~67 茧）。在山东昆嵛山林场观察，被寄生的舞毒蛾幼虫，每头寄主最多可出茧 134 个。

成虫羽化时，在茧的前端顶开 1 个圆形小盖钻出。雄虫比雌虫羽化略早，但寄生同一寄主的茧蛹，几乎都在 1~2 天内羽化。成虫白天黑夜都能羽化。从同一个寄主发育而成的茧只有一个羽化高峰，不同寄主的茧有各自的羽化高峰，但对整个蜂群而言，羽化高峰出现在 16:00—20:00，占总羽化数的 44.9%。在 16~28℃温度范围内，温度对该蜂羽化率有明显影响，表现出密切的曲线相关关系，22.2℃为成虫羽化的最适温度。另据 Fukaya（1938）报道，该蜂羽化极限温度在相对湿度超过

70% 时为 32℃。在温度 13℃以下，或在湿度 60% 温度超过 30℃就不羽化。成虫羽化率室内饲养繁殖的一般在 81.6%~95.5%，羽化率较高。但在自然状态下，由于受到重寄生蜂等的侵害，羽化率只有 44.8%~74.1%。

成虫雌雄性比，据在山东和四川观察野外种群，寄生舞毒蛾的第 1 代成虫为 1∶0.55 和 1∶1.14；第 2 代成虫为 1∶1.18 和 1∶1.73。在北京室内饲养的种群，所产后代成虫的雌雄性比差异很大，甚至有的后代全部为雄性，但总体看，雌雄性比 1∶1.14。成虫羽化不久即行交配，雌虫一生交配一次，雄虫可交配多次，未经交配的雌虫所产生的后代都为雄性。雌虫一生依次可产多次卵，产卵期最长可达 19 天，最短 9 天，平均 13.3 天，但绝大部分卵都在前 10 天产完，约占总数的 84%~95%。愈后接种，其繁殖后代数愈少。单雌繁殖后代数（指接种后的钻出寄生虫体的幼虫结茧数）最多为 953 头，最少 372 头，平均 636 ± 176 头。群雌接种时每头雌蜂平均繁殖后代数为 52 头，最多 77 头，最少 24 头。明显少于单雌接种的，这说明群雌接种时，雌蜂不能充分产卵。单雌繁殖最多可产卵寄生 36 头舞毒蛾 2 龄幼虫，平均为 27.1 头。雌蜂最喜欢产卵寄生 2 龄舞毒蛾幼虫，其产卵速率随蜂龄及寄主虫龄增高而减缓。

在野外，毒蛾刻绒茧蜂茧蛹期的重寄生蜂很多，据在四川大邑调查，约有 5~6 种。Miyamoto（1950）报道过在日本东京附近地区，从毒蛾刻绒茧蜂蛹内共收集到 17 种重寄生蜂，分别隶属小蜂总科 8 科，姬蜂总科 1 科和细蜂总科 1 科。值得注意的是其中有卵平腹小蜂 *Anastatus* sp. 和大蛾卵跳小蜂 *Ooencyrtus kuwanae*（Howard）。这些重寄生蜂对毒蛾刻绒茧蜂 1~2 代茧蛹的总寄生率分别为 38.6% 和 43.4%。绒茧蜂沟姬蜂 *Gelis apantelis* Cushman、沟姬蜂 *G. obscurus*（Cresson）、享姬蜂 *Hemiteles areator* Gravenhorst.、黑青小蜂 *Dibrachys cavus* Walker、金小蜂 *Pteromalus* sp. 和 *Habrocytus* sp. 等都有寄生。

饲养与繁殖：室内饲养繁殖毒蛾刻绒茧蜂，可用舞毒蛾幼虫作为寄主。在冬季从野外采集舞毒蛾卵块，放在20~25℃温箱使舞毒蛾幼虫提前孵化。或者将舞毒蛾卵块放入4~5℃冰箱中冷藏待用，需要时取出卵块加温催孵。蜂种可从有毒蛾刻绒茧蜂寄生记录的野外采集越冬松毛虫幼虫获得，放在室内饲养，待该蜂老熟幼虫自寄主幼虫体内钻出，结成白色绒茧后，将寄主幼虫和绒茧蜂茧一起移入2.9cm×11.7cm指形管中，用医用纱布封口，分别放在20~25℃恒温箱或室温下待其羽化。

在冬季舞毒蛾幼虫孵化后，可用冬小麦、油松针叶或提前置于室内催芽发叶的杨树叶等喂养，待生长到2~3龄幼虫时，放入装有玻璃的接蜂箱内接蜂，也可用玻璃瓶或大指形管进行接蜂。接蜂用的雌蜂要提前配对，第2天用来接种。也可将刚羽化的成蜂直接放进接种箱、任其自由交配接蜂。箱内玻璃上要涂上少许蜂蜜，并放入沾水的海绵或纱布条，以供成蜂补充营养。在夏末秋初可用松毛虫2~3龄幼虫进行接蜂繁殖。

用人工饲料饲养舞毒蛾幼虫，再接种绒茧蜂进行繁殖，已经获得成功，饲养繁殖技术如下：

①寄主卵消毒。根据饲养繁殖所需寄主数量，从冰箱中取出一定数量的卵块、用小镊子清除卵块表面绒毛，置于自制的细目塑料网纱小袋中，用订书机封口后。用3.7%福尔马林浸泡消毒1h，再用流水冲洗。然后，用镊子将消毒后的卵粒拨入玻璃瓶内滤纸上。玻璃瓶直径为9.5cm，高为10cm。用前放入2%~3%次氯酸钠溶液中消毒10min，取出用水洗净，再用消毒纱布擦干，经过消毒的卵粒、置于温度24±1℃、相对湿度90%±5%，16h光照3h黑暗的恒温箱中，待卵孵化后备用。

②人工饲料配制。饲料组分：麦胚120g、酪蛋白25g、混合盐8g、山梨酸2g、琼脂15g、甲基对苯甲酸1g、复合维生素10g及水900mL，可配制成1L人工饲料。配制时，先将琼脂和水倒入不粘锅内。用电炉加热，充分搅拌，至琼脂融化时，加入除维生素以外的所有其他组分，

1min 后加入维生素，充分搅拌，煮沸 10~20s 后，趁热分别装入饲料杯中备用。饲料杯容量 177.4mL。每杯装人工饲料约 25mL 左右，厚度不超过 1cm，充分凝固冷却后加盖，装入干净塑料袋内，置于 4~5℃冰箱中贮藏待用。使用的饲料杯及其纸盖，用前经过水洗，并用 0.13% 烷基二甲基苄基氯化铵消毒。

③成蜂饲养。饲养容器可用 9.5cm × 10cm 玻璃瓶。饲养时在瓶底部放 1 块 2cm × 2cm 的浸水海绵，瓶壁上涂少许纯蜂蜜作为饲料。该蜂雌雄较易辨别，雌蜂腹末平截，肛下板明显，且向后延伸，产卵器明显可辨，雄虫腹部末瑞圆滑，不平截，肛下板隐蔽，无针状物。

④接蜂繁殖。取消毒后的 9.5cm × 10cm 玻璃瓶及 5cm × 1.5cm 培养皿各 1 个，将培养皿放入瓶底，并用胶带固定于瓶壁处。取 1 块 $1cm^3$ 的人工饲料置培养皿中，用毛笔移入 5 条舞毒蛾 2 龄幼虫于饲料块上，然后接入新近羽化经过交配的绒茧蜂成虫 2 头（一雌一雄）。接蜂时间以 1 天为限，每天定时取出寄主幼虫并放入待接种的幼虫，逐日添加水和蜂蜜。接蜂后的寄主幼虫放在 24 ± 1℃恒温箱或在室温下用人工饲料饲养，待绒茧蜂外出结茧后，逐日收集蜂茧。

毒蛾刻绒茧蜂的茧蛹可放在 4~5℃冰箱中冷藏，茧龄 1~5 天的茧都可冷藏，冷藏 18 天其成虫羽化率均为 100%，冷藏 23 天最低羽化率为 80%，冷藏 40 天的成虫不能羽化。但冷藏刚结成的茧（茧龄不到 1 天），因正处于预蛹期，对成虫羽化有明显影响，冷藏 8 天的羽化率为 60%。从冷藏茧内羽化的成虫，其寿命与对照相比明显缩短，因此冷藏会降低成虫存活能力，从而影响雌虫的产卵量。从利用该蜂考虑，最好能在 4~5 天内积累一定数量的茧，就到林间释放。

被毒蛾刻绒茧蜂寄生的赤松毛虫越冬幼虫虫体明显肥大，与未被寄生的越冬幼虫极易区别。据试验，将被寄生的幼虫于 2 月 29 日放入 7℃冰箱冷藏，至 5 月 8 日取出，绒茧蜂幼虫均可正常结茧，但成虫羽化率只有 30%。

2.2.2 盘绒茧蜂属 *Cotesia* Comeron，1891

（15）黑腿盘绒茧蜂 *Cotesia melanoscela*（Ratzeburg，1852）

在国内，过去没有报道过这种绒茧蜂，1982年作者等与美国昆虫学家一起，首次在黑龙江亚布力、孟家岗及吉林蛟河等地从舞毒蛾幼虫饲养出该蜂，在亚布力，该蜂对舞毒蛾的寄生率达4.6%。随后几年，作者等在北京、山东昆嵛山、辽宁鞍山地区及四川大邑等地，从舞毒蛾幼虫上又收集到此蜂。在国内其寄主仅知舞毒蛾一种，国外报道，除舞毒蛾外，还可寄生柳毒蛾 *Stilpnotia salicis*（Linnaeus）和白斑古毒蛾 *Orgyia leucostigma* Abbott et Smith 等。国内已知分布于北京、黑龙江、吉林、辽宁、山东和四川。国外分布于日本、韩国、印度、德国、法国、波兰、塞尔维亚、保加利亚、西班牙、摩洛哥、澳大利亚等。

形态特征（图版 IX：45，46）：雌虫体长3~3.5mm。体黑色。前足和中足除转节外为黄色，中足腿节有时为褐色。后足胫节黄色，跗节褐色。翅透明，翅痣、径脉和肘间横脉暗褐色，翅脉其余部分浅褐色。头部和中胸背板具光泽，刻点不明显。盾纵沟不明显，小盾片光滑具光泽。并胸腹节有褶皱，中纵隆线明显。第1腹节背板后端宽于基部，除基部凹陷平滑外，其余部分有强皱纹，第2背板有粗糙皱纹，第3背板在中部一半处有明显褶皱。前足跗节的分跗节顶端内侧具弯曲的刺，后足基节光滑无刻点。前翅径脉与翅前缘脉呈直角，径脉比肘间横脉细，中室和亚中室沿中脉处无毛。肛下板向腹部底部伸出，呈尖角状。产卵管鞘和后足跗节的第3节等长。雄虫后足腿节为黄色到暗褐色或黑色。

幼虫：1龄幼虫头部宽大，胴部第1节无排列成行的刚毛，末端尾角变细，稍弯曲。2龄幼虫圆筒形，末端有尾端囊，囊的宽度与前一节相等或稍宽。第8腹节前端具第1蜕环，其后端下方有弯曲的尾角。3

龄幼虫分节明显，渐向末端变粗（图 3）。

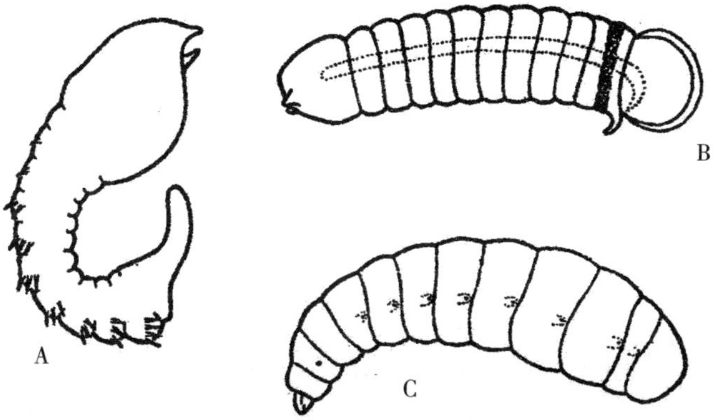

图3 黑腿盘绒茧蜂幼虫（仿 Crossman,1922）

A 1 龄幼虫；B 2 龄幼虫；C 3 龄幼虫

茧：第 1 代茧为浅黄色或白色，越冬茧为硫黄色。单寄生。茧周围有时有丝结成的晕圈。

生物学特性：黑腿盘绒茧蜂每年可在舞毒蛾幼虫上完成 2 个世代，以老龄幼虫在树干、树枝等处所结的茧内越冬。次年 4、5 月间越冬幼虫在茧内化蛹并羽化出成虫，此时正是舞毒蛾幼虫孵化时期，产卵寄生舞毒蛾 1~2 龄幼虫。这一代绒茧蜂生长发育很快，不会出现滞育现象。据作者等在四川大邑观察，这一代绒茧蜂于 4 月 18 日至 5 月 1 日从舞毒蛾幼虫体内出来结茧化蛹，其中从 2 龄末期幼虫出来结茧的占 41.2%，从 3 龄幼虫体内出来结茧的占 58.8%。茧蛹发育历期为 3~8 天，平均为 5.76 ± 1.1 天。4 月 22 日至 5 月 10 日为成虫羽化期，在饲喂蜂蜜和水的条件下，成虫寿命最短 5 天，最长 33 天，平均 22.3 ± 7.8 天。在室内羽化率为 73.5%，雌虫约占 72%。在北京地区，该蜂于 5 月中旬从舞毒蛾幼虫体内出来结茧化蛹，在 23~24℃条件下茧蛹发育历期 5~6 天。5 月下旬继续寄生后期孵化的 2~3 龄舞毒蛾幼虫，6 月间幼虫老熟从寄主幼虫体内出来结茧，以3龄幼虫在茧内进入滞育状态。滞育期长达11个月，直至次年4、5月间才羽化为成虫，其羽化期与舞毒蛾卵的孵化时期完全一致。

据在室内观察，雌蜂羽化后不久即行交配，经2~3h即开始产卵。该蜂未经交配也可产卵，但所产后代全为雄性。雌蜂一生一般可产卵200~300粒，最多可产卵500~1000粒。卵直接产入寄主幼虫体腔内，通常多产在虫体的后半部。此蜂为单寄生，1个寄主幼虫体内只产1粒卵，育出1头成蜂。卵期约2天。幼虫共3龄，各龄幼虫历期一般为2~8天。幼虫老熟后穿过寄主体壁外出，在寄主死体附近结茧，并在2天内化蛹。但第2代老熟幼虫结茧后以幼虫在茧内进入滞育状态，直到次年才化蛹。成虫羽化时顶开茧顶端的茧盖外出，茧盖有一段时间仍留在茧上。

黑腿盘绒茧蜂喜欢寄生舞毒蛾幼龄幼虫，4龄幼虫由于体毛较长，不易寄生。第2代幼虫由于在茧内滞育时间很长，容易遭受膜翅目一些寄生蜂寄生，包括姬蜂科 Ichneumonidae、金小蜂科 Pteromalidae、寡节小蜂科（姬小蜂科）Eulophidae、跳小蜂科 Encyrtidae、旋小蜂科 Eupelmidae 和广肩小蜂科 Eurytomidae 的一些种类，有时它们可以寄生80%~90%的黑腿盘绒茧蜂，因此对种群数量有明显抑制作用。最常见的寄生蜂有粘虫广肩小蜂 *Eurytoma verticillata*（Fabricius）和绒茧蜂沟姬蜂 *Gelis tenellus*（Say）。

（16）夏氏盘绒茧蜂 *Cotesia schaeferi*（Marsh，1979）

作者等在黑龙江桦南县孟家岗林场首次从舞毒蛾上采到该蜂的茧，但未获得成虫。此后在山东昆嵛山林场，辽宁鞍山地区和四川大邑，从舞毒蛾幼虫上都曾收集到此蜂，但寄生数量都很少。在韩国也有报道。寄主仅知舞毒蛾一种。

形态特征（图版 IX：47，48）： 雌虫体长 2.0~2.5mm。黑色。上颚和上唇褐色，触角柄节和鞭节基部 3 节有时带有褐色或黄色，基节黑色，前、中足基节黄色，中足第 1 转节有时为褐色，胫节黑色，后足第 2 转节，腿节和胫节黄色，后足胫节前端黑色，后足跗节黑色。腹部腹面基半部黄色。翅透明，翅痣和径脉褐色，其余翅脉为浅褐色，翅基部无毛。头部刻点适度，具光泽；触角 18 节，约与身体等长。前胸侧板有从纵沟延伸的背沟。中胸背板刻点粗糙，覆盖有向下弯曲的短白毛，刻点达盾纵沟线，小盾片刻点不明显，具光泽。中胸侧板在前部和腹面有刻点，背面光滑，具光泽。并胸腹节有皱纹，有时有较明显的中纵脊。第 1 腹节背板后端宽于基部，全体有皱纹。第 2 腹节背板有皱纹，短于第 1 腹节背板后端宽度。第 3 节背板与第 2 节等长，有皱纹，后端和侧缘光滑。第 2、3 节背板之间的沟宽，细圆齿状。肛下板向下伸出，不超过腹部顶端，平截。产卵器几乎不突出。前足跗节的跗分节顶端有弯刺，后足胫节的内距与外距等长，比后足跗节基部短 1/2。前翅径脉很细，长于肘间脉，后翅扇叶直，边缘无毛。雄虫除后足通常为暗褐色外，其余特征同雌虫。

生物学特性： 该蜂产卵寄生舞毒蛾初龄幼虫，当舞毒蛾幼虫达到 3 龄时，从寄主幼虫体内出来结茧。茧为黄色，聚寄生，常多个聚集在一起，附着在树木叶片或小枝上。1 个寄主幼虫体内，少的可出来 3 头幼虫，结 3 个茧，多的有 21 个茧。

2.2.3 长绒茧蜂属 *Dolichogenidea* Viereck，1911

（17）乳色长绒茧蜂 *Dolichogenidea lacteicolor*（Viereck，1911）

该蜂寄主较多，枯叶蛾科 Lasiocampidae 和毒蛾科 Lymantriidae 一些种类都可寄生，国内过去仅知寄生茶黄毒蛾 *Euproctis pseudoconspersa* Strand，1993 年 4 月下旬作者等在四川大邑从舞毒蛾幼虫上收集到这种绒茧蜂。国内已知分布于湖南、贵州、四川。国外分布于日本、阿富汗、印度、伊朗、欧洲、澳洲和北非。

形态特征：雌虫体长 2~3mm。黑色。前足的腿节（除基部或基半部外）、胫节和跗节，中足的腿节端部或端部 1/3 及胫节的基部或基半部，后足的胫节基部或基半部及跗节基节的基部均为红棕黄色。中足跗节色暗。下颚须及胫距色浅。翅透明，翅面微毛有色。翅痣、痣后脉、前缘脉、径脉第 1 段、肘间横脉及肘脉第 2 段有色部分均为褐色，其余的脉无色或透明，翅痣不透明。头部颜面、唇基和额有细刻点，侧单眼距离与侧单眼至复眼距离相等。触角鞭节等于或稍长于体长。中胸盾片刻点强而密，盾纵沟处刻点更强密，后端刻点细而分散。小盾片细刻点分散。后足基节基部上方有细刻点，其余部分完全光滑或有分散的极细刻点。后足胫距约等长，短于后足跗节基节之半。腹部第 1 背板基部凹陷，有微细皱纹或细线，端半部有皱纹，末端中央为光滑区。第 2 背板有皱纹，第 1 横沟明显。第 3 背板光滑，少有分散的极细刻点。产卵管鞘和后足跗节 1~2 节之和等长。产卵管和后足跗节等长。

雄虫：体长 2.0mm，触角明显长于体长，其余特征同雌虫。

茧：白色，单寄生。

卵：椭圆形，小蝌蚪状，末端有短柄。

生物学特性：乳色长绒茧蜂一年可发生多代，以幼龄幼虫在黄毒蛾 *Euproctis phaerorrhoea*（Donovan）幼龄寄主幼虫体内越冬。越冬代茧是在寄主幼虫结的丝网内形成的。4~5 月出现越冬代成虫，寄生舞毒蛾幼龄幼虫和其他一些种类的幼龄幼虫。夏季世代从卵到成虫完成 1 个周期需 19~20 天。夏季第 2 代成虫产卵寄生黄毒蛾 1~2 龄幼虫。该蜂为单寄生，在幼小的寄主幼虫体内生长发育，能全部消耗掉寄主幼虫体内的内含物，幼虫老熟时寄主幼虫死亡，然后从寄主体内钻出来，在其附近叶片结 1 个白色的绒茧化蛹。

2.2.4 悬茧蜂属 *Meteorus* Haliday，1835

在我国，通过作者等在很多地方的调查和采集，已经查明寄生舞毒蛾的悬茧蜂 *Meteorus* 属寄生蜂有 2 种，其中斑痣悬茧蜂 *M. pulchricornis*（Wesmael）在舞毒蛾发生区分布很广，有的地方寄生率很高，对自然控制舞毒蛾种群数量有重要意义。

寄生舞毒蛾的悬茧蜂属昆虫分种检索表

1. 腹柄（第 1 腹节）背板下缘在腹面有一段短距离相接。侧单眼间距稍大于单眼长度。腹柄通常全为黑色。翅痣褐色，其顶端、基部和沿前缘处黄色，下方有暗色斑……………………斑痣悬茧蜂 *Meteorus pulchricornis*（Wesmael）

腹柄（第 1 腹节）背板下缘在腹面几乎有 1/2 腹柄长度的距离相接。侧单眼间距等于或小于单眼长度。腹柄基部黄色、顶端褐色。翅痣黄色，无暗色斑……………………………………虹彩悬茧蜂 *Meteorus versicolor*（Wesmael）

（18）斑痣悬茧蜂 *Meteorus pulchricornis*（Wesmael，1835）

在国内该蜂是舞毒蛾幼龄幼虫期常见的寄生蜂，作者等在北京海淀、通州、延庆，黑龙江桦南，吉林蛟河和敦化，山东昆嵛山和四川大邑等地，都曾从舞毒蛾上收集到此蜂。1993 年在四川大邑近郊胜利山李园调查，该蜂对舞毒蛾的最高寄生率达 19.3%，平均为 13.1%。1991 年在山东昆嵛山林场调查，对舞毒蛾幼虫的寄生率为 6.8%~7.4%。其寄主较多，除舞毒蛾外，作者还发现可寄生折带黄毒蛾 *Euproctis flava*（Bremer）和花布灯蛾 *Camptoloma interiorata* Walker 的幼虫。国内分布于北京、河北、黑龙江、吉林、山东、江苏、安徽、浙江、江西、湖南、湖北、河南、四川、贵州、陕西、山西等地。国外分布于日本、韩国、伊朗、德国、法国、意大利、波兰、罗马尼亚、塞尔维亚、俄罗斯、澳大利亚、摩洛哥。

形态特征（图 4；图版 IX：49）：成虫雌虫体长 3.5~5.0mm。单、复眼间距及侧单眼间距分别为单眼长径的 1.6 倍及 2.0 倍。颜面下端宽大于其高。触角 29~32 节。并胸腹节具不规则网状刻纹，具细中纵脊。径脉第 2 段与第 2 肘间横脉约等长，均约为径脉第 1 段的 2 倍，第 1 肘间横脉与肘脉第 2 段、回脉约等长，长于第 2 肘间横脉，回脉多与第 1 肘间横脉对交，为对叉式，有时稍在前方，近于前叉式。腹部第 1 节背板气门与基部之间通常有 2 个凹洼，有时凹洼极小，不易看到，凹洼的后背板上具纵刻条，腹柄背板下缘在腹面有一段短距离相接，接触部位正与凹洼相对，在腹面基部的 2/7~3/7 处。产卵管鞘约为腹长的 1/2，或后足胫节长的 1/2。体黄褐色至赤褐色。复眼、单眼区、触角至端部、并胸腹节、第 1 背板及腹部后端、端跗节及爪，暗褐色或黑色。后足腿节端部及胫节端部色稍暗。翅透明，翅痣沿前缘黄色，下方为暗色斑，又其茧由丝悬挂，故名“斑痣悬茧蜂”。

卵：肾形，淡黄色，初产的卵末端有微弯曲的卵柄，卵壳薄而透明，表面光滑，卵长 0.35~0.4mm，其中卵柄长 0.13mm，宽 0.1~0.15mm。后期可看到卵内的胚胎。

幼虫：1 龄幼虫乳白色，13 节，尾器很长，体长 1.8~5.0mm，平均 3.8mm。2 龄幼虫体变粗变圆，体白色，半透明，尾器变短，体长 4.6~6.5mm，平均 5.4mm，宽 0.8~1.3mm，平均 1.2mm。3 龄幼虫乳白色，头部明显硬化，体粗壮，稍向前端弯曲，中胸的 1 对气门特别发达，前面 8 节的气门较小，体长平均 7mm。

蛹：近纺锤形，腹部稍宽，头部前端两侧各有 1 弯月形黑褐色斑纹。初化的蛹乳白色，复眼红色，单眼褐色，后变为黄色至褐色，复眼黑色，体变成浅灰黄色，触角长达腹部末端。蛹长 4.5~4.7mm，宽 1.4~1.6mm。茧纺锤形，黄褐色，羽化前呈深棕褐色。茧长 4.0~5.8mm，宽 1.9~2.6mm。茧的上端有 1 细线，将茧悬挂在枝干或叶片等处，茧丝长最短 1.4cm，最长 13.6cm，平均 5.4cm。丝端有黑斑，茧的下端有 1 灰白色茧盖。

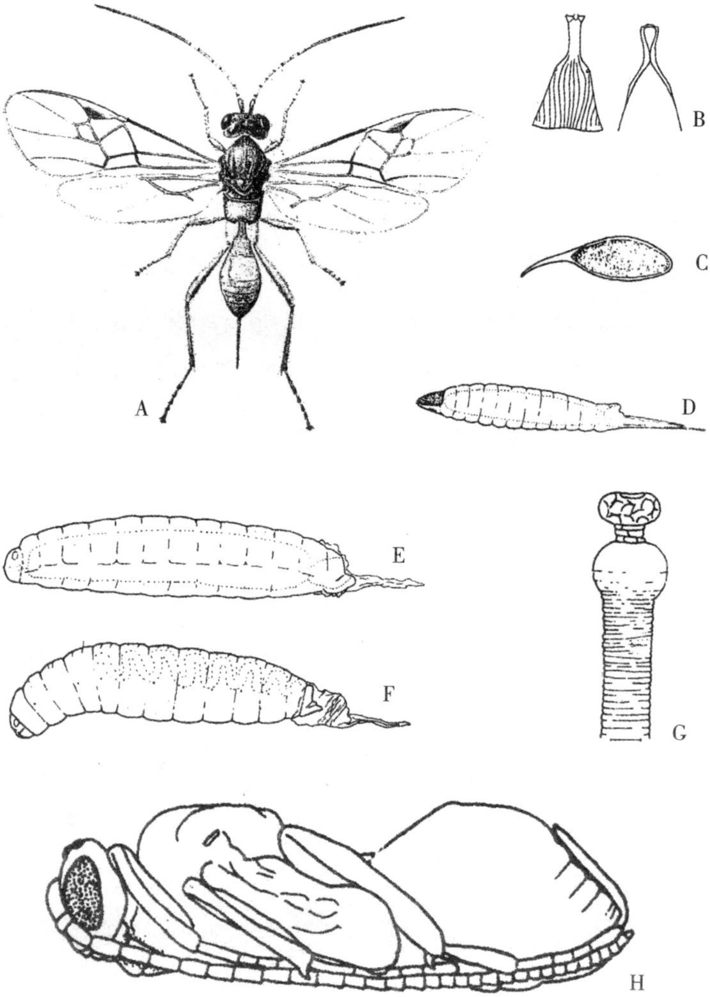

图 4　斑痣悬茧蜂（A 仿棉虫图册；B~H 仿 Askari 等，1977）

A 雌虫；B 腹部第 1 节背、腹面；C 卵；D 1 龄幼虫；E 2 龄幼虫；F 3 龄幼虫；G 3 龄幼虫中胸气门；H 雌蛹

生物学特性：斑痣悬茧蜂为多化性寄生蜂，单寄生，一年可发生几个世代，据在室内饲养接种，从5月15日至8月21日，可连续饲养繁殖4代。在室温24.5~26.7℃条件下，用棉铃虫 *Heliothis armigera*（Hubner）3龄幼虫接种饲养，卵和幼虫期为11~12天，茧蛹期6~9天，完成1个世代需要17~21天。在25℃条件下，用大蜡螟 *Galleria mellonella*（Linnaeus）幼虫作寄主，从产卵到成虫羽化平均需要16天，最短15天，最长19天，其中卵期3.2天，1龄幼虫3.2天，2龄幼虫1.8天，3龄幼虫2.1天，前蛹期1天，蛹期4.6天。成虫寿命很长，在喂蜂蜜和水情况下，雌虫可生活22~61天，平均41.4±11.0天；雄虫为17~52天，平均35.6±8.3天。

据在四川大邑观察，在野外斑痣悬茧蜂的春季世代大多产卵寄生舞毒蛾2龄幼虫，于4月25日当寄主幼虫处于3龄状态时，开始从寄主幼虫体内出来结茧化蛹，一直至5月3日化蛹结束。茧蛹发育历期为5~9天，雌虫平均为7.9±1.7天，雄虫平均为6.0±1.7天。4月底成虫开始羽化，5月5—7日为羽化盛期，5月14日结束羽化，整个羽化期为16天。但在山东昆嵛山地区，该蜂还有从4~5龄舞毒蛾幼虫体内出来结茧的，结茧化蛹期前后约1个月。成虫羽化时间多集中在10:00—20:00，约占总羽化数的70.7%。其中以10:00—14:00为羽化高峰，占18.2%，0:00—4:00羽化很少，20:00—24:00没有成虫羽化。成虫羽化时，在没有茧丝的一端顶开蛹盖，伸出触角，随后钻出身体，整个羽化过程历时10余秒。羽化后其蛹盖仍留在蛹壳上。该蜂飞翔力和搜索能力很强，在蜜源植物丰富，食料充足的自然环境下，寄主幼虫数量多、密度大，该蜂的寄生率就高。雌虫羽化后次日即可开始产卵，一生可产卵多次，随着体内卵的发育成熟，不断进行产卵寄生。产卵期长达15天，以第4~9天的产卵量最多，但在羽化后第17天还可以见到有刺人寄主幼虫的寄生行为。雌蜂产卵时，身体对着寄主幼虫体侧，腹部末端弯向前胸腹面，向前方伸出产卵管，缓慢地靠近寄主幼虫虫体，猛烈一刺，将卵产入幼虫体内，通常产卵1粒，为单寄生。被寄生的幼虫身体麻醉中毒，不再继续取食。成蜂常以被刺伤口处溢出的幼虫体液作为补充营养。欧洲品系营两性生殖，雌雄性比为1.25~1.6∶1，亚洲品系营孤雌生殖，有孤雌产雌生殖能力，1个雌虫繁殖的后代数约40~100个左右。幼虫共3龄，第1、2次蜕皮在寄主幼虫体内进行，第3次蜕皮在寄主体外，在茧内化蛹时进行。老熟幼虫钻出寄主虫体后，在寄主皮壳附近寻找合适部位开始吐丝下垂，然后结茧。茧很薄，纺锤形，初时透明柔软，乳白色，成茧后逐渐变硬，黄褐色。老熟幼虫在茧内化蛹前，先调转虫体，头部朝下，然后化蛹。茧的上端连着1根细丝，悬挂在树枝、树干、树叶背面或树下灌木、杂草叶片等处，随风摆动，如果茧丝被缠在附着物上，则不易被人发觉。7—9月该蜂常在棉田出现，尤以8—9月发生数量较多。

饲养与繁殖：斑痣悬茧蜂可用大蜡螟、棉铃虫或舞毒蛾作为寄主进行室内饲养繁殖。饲养室保持温度25±2℃，相对湿度80%±5%，8h光照，16h黑暗。用大蜡螟饲养繁殖时，寄主幼虫可放在7cm×13cm×23cm玻璃养虫笼内接蜂。用棉铃虫3~4龄幼虫接蜂时，可用普通养虫笼，也可用60筛目铁纱，固成高8cm，直10cm的圆形套笼，用培养皿或纱布作上下盖。饲养笼内要放入浸有蜂蜜液和水的棉球作为悬茧蜂成虫的食料。接蜂2天后取出寄主幼虫，另行饲养。用舞毒蛾繁殖时，最好用2龄初期幼虫。

（19）虹彩悬茧蜂 *Meteorus versicolor*（Wesmael，1835）

1982年6月作者等从黑龙江桦南县孟家岗林场及吉林蛟河、敦化两县柞树林内采集的舞毒蛾幼虫上饲养出该蜂。1992年6月在辽宁海城东部山区采集的舞毒蛾上也曾获得此蜂，但寄生率都很低。在鞍山市郊平原地区的农田防护林带（杨、柳林），没有从舞毒蛾上收集到该蜂。在山东海阳，据 2005 年 7 月调查，该蜂对柳毒蛾 *Stilpnotia salicis*（Linnaeus）幼虫的寄生率达 10%。在国外，其寄主还有黄毒蛾和柳毒蛾、天幕毛虫等约 50 种鳞翅目昆虫。国内分布于黑龙江、吉林、辽宁、内蒙古、浙江、湖南。国外分布于日本、欧洲、北非。引入美国和加拿大。

形态特征（图版 IX：50）：雌虫体长 4.0~4.5mm。头部在复眼之后几乎呈直线收窄，单眼大，其长径约为后单眼间距的 0.9 倍，稍长于单、复眼间距。颜面下窄，与高等长，密布细刻点。复眼大，其纵径不达横径的 2 倍。触角短于虫体，29~30 节。中胸盾片具皱状刻点，小盾片光滑。并胸腹节具皱纹，无中纵脊。翅略短于体，前翅径室稍长，上缘约为翅痣长的 2 倍，径脉第 1 段长约为第 2 段的 1/2~2/5，为第 2 肘间横脉的 1/3。回脉通常为前叉式，个别近于对叉式。腹部第 1 背板气门前方无凹洼，除基部外具明显刻条，背板下缘在腹面接触部位较长，近基部起至该节 2/5 处。产卵管鞘约为腹部长度的 2/3，与后足胫节等长。体黄褐色。单眼区、复眼、并胸腹节黑色。第 1 腹节背板基部及后缘淡黄色，其余黑色。以后几节腹节背板的色泽变化很大，从黄褐色至有黑斑，或几乎全黑。翅透明，翅痣黄色。

茧：纺锤形，黄褐色，两端色较深。茧长约 5.5mm，宽约 2.5mm。茧的上端有长丝，悬挂在植株上。

生物学特性：在国外，本种悬茧蜂在黄毒蛾幼龄幼虫体内越冬，次年春季完成发育，然后寄生舞毒蛾和一些其他鳞翅目昆虫的幼龄幼虫。在野外，每年至少可完成 3 个世代。据作者等在辽宁鞍山地区观察，采自海城东部山区孤山的舞毒蛾幼龄幼虫，于 5 月 31 日至 6 月 12 日，虹彩悬茧蜂从 4 龄幼虫体内出来结茧，单寄生。茧的一头有 1 细长的丝，将悬茧蜂的茧挂在枝干或叶片处，细丝长约 5cm。卵和幼虫在寄主幼虫体内发育历时约 17 天，茧蛹期 9~11 天，6 月 9—21 日为羽化期。

2.2.5 脊茧蜂属 *Aleiodes* Wesmael，1838

（20）毒蛾脊茧蜂 *Aleiodes lymantriae*（Watanabe，1937）

中文名又名毒蛾内茧蜂。作者等1982年在黑龙江镜泊湖、桦南县孟家岗林场和吉林蛟河首次从舞毒蛾幼虫上收集到此蜂，其寄生率很低，不到0.3%。1992年6月上中旬在辽宁海城东部山区孤山，也从采集的舞毒蛾幼虫上收集到，但寄生数量很少，其寄生率为1.49%，对控制舞毒蛾种群数量不能起到重要作用。国内目前仅知寄生舞毒蛾和栎舞毒蛾 *Lymantria mathura* Moore，分布于黑龙江、吉林和辽宁。国外报道还可寄生 *Orgyia* 属毒蛾，分布日本（北海道、本州）、韩国（京畿道、首尔）。引入美国。

形态特征：雌虫体长6~8mm。头部，胸部和腹部深褐色，颚眼距，上颚，翅基片和翅基为蜜黄色，腹部第1、2节背板在后端中央各有1黄色斑点，腹部腹面基部1/2为黄色，前足和中足全部为蜜黄色，后足胫节和跗节褐色，翅透明，翅脉褐色，翅痣基部和端部有小黄色区。全体有小颗粒，前胸侧板和并胸腹节后端有细微皱纹。腹部第1、2节背板和第3节背板基部有纵皱刻点。并胸腹节和第1、2节背板有明显的中纵隆线。单眼大，侧单眼与前单眼间距等于1/2单眼直径，单复眼间距为1/3单眼直径。产卵器几乎不伸出。跗爪基部有5根长刺。前翅小脉后叉式，为其长的2倍，胫脉第2节约为第1节长的2倍。雄虫中足胫节和跗节为浅褐色。

生物学特性：毒蛾脊茧蜂是舞毒蛾幼虫的内寄生蜂，卵到蛹期均在寄主幼虫体内生活，单寄生。据作者等在辽宁海城观察，该蜂于5月中旬产卵寄生舞毒蛾2~3龄幼虫，5月底至6月上旬，当被寄生的幼虫处于4~5龄时，脊茧蜂幼虫在寄主体内老熟，寄主幼虫虫体逐新变得僵硬，体毛竖直，僵尸粘着在落叶上。该蜂在寄主幼虫体内生活，卵和幼虫期约为 13~15 天。在寄主体内化蛹，从寄主僵硬到成虫羽化历时约 10~15 天。成蜂在喂蜂蜜和水条件下可生活 8~10 天。另据报道，该蜂以老熟幼虫在寄主幼虫体内越冬。发生世代数不详。

2.3 旋小蜂科 Eupelmidae

2.3.1 平腹小蜂属 *Anastatus* Motschulsky，1860

（21）舞毒蛾卵平腹小蜂 *Anastatus japonicus*（Ashmead，1904）

舞毒蛾卵的常见寄主蜂之一，分布极广，但在北京圆明园（1987）和四川大邑（1993）调查，发现其对舞毒蛾卵的寄生率不高。其他寄主有松毛虫 *Dendrolimus* sp.、天幕毛虫 *Malacosoma neustria* Linnaeus 和水青蛾 *Actias selene ningpoana* Felder 等，在我国已被用来防治荔枝蝽象 *Tessaratoma papillosa*（Drury）。另外也有报道可寄生黑腿绒茧蜂 *Cotesia melanoscela*（Ratzeburg）和松毛虫脊茧蜂 *Aleiodes dendrolimi*（Matsumura）。国内已知广泛分布于华北、东北地区及陕西、山东、江苏、江西、湖南、广东、云南等地。国外分布于日本、朝鲜、韩国、印度、伊朗、俄罗斯、罗马尼亚、保加利亚、波兰、匈牙利、捷克、西班牙、法国、意大利、德国、澳大利亚。引入北美。

形态特征（图 5；图版 X：51）：雌虫体长 2.2~3.0mm。头绿色，具紫色反光。触角柄节黄色，梗节及鞭节铜黑色。中胸盾片两侧片黑铜绿色。中叶之后紫蓝色，中叶闪耀金铜色；小盾片及三角片除略带绿色外其色泽与中胸侧板同为黄褐色。翅褐色，近基部透明，缘脉末端后方有 1 弯曲透明横带将翅分为基部、翅中及痣脉后方 3 个褐色横带，端横带甚宽，翅尖无色。腹部近墨绿色，第 1 腹节背板有 1 黄点。头部背面观横宽，侧单眼与复眼间距约等于单眼直径；单眼排列呈钝三角形。触角着生于复眼下端连线上或稍下方，柄节高达头顶；梗节不短于第 2 索节的 2/3；索节自第 2 节起逐渐变短变粗，第 6、7 节长不及宽；棒节 3 节，长度与索节末 3 节合并相等。中胸盾片中叶具强烈刻点，侧叶呈极轻微的线状网纹，有光泽；小盾片及三角片与中胸盾片的刻纹相同；中胸侧板具细线纹，有光泽；并胸腹节发亮。腹略短于胸，由基到端逐渐变宽，末端圆钝，腹基完全平滑，末端具细横线。产卵器微露出腹末。前翅亚缘脉与缘脉约等长，后缘脉长约为痣脉的2倍。

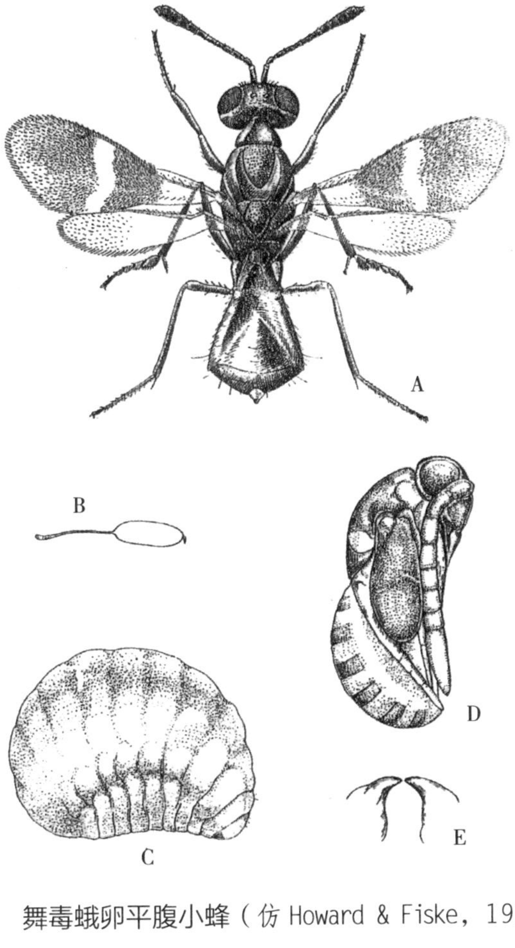

图5 舞毒蛾卵平腹小蜂（仿 Howard & Fiske，1911）

A 成虫；B 卵；C 幼虫；D 蛹；E 上颚

雄虫：体长1.8~2.0mm。头绿色；触角黑色、柄节下面黄色；胸缘黑色；翅透明无色。头横宽，宽约为厚的2倍。复眼具稀疏细毛；侧单眼与复眼间距不及单眼直径。触角着生于复眼下缘连线上，柄节短而宽，外侧微凹，高不及头顶；梗节很短，约为第1索节的1/3；索节长，粗细均匀，第1索节长为宽的2倍，长于等长的第2、3索节，第4节以下逐渐变短；棒节分节不明，与第4~6索节合并等长。中胸盾片、三角片及小盾片平坦，刻点细微；并胸腹节刻点细致发光，中央有纵脊。腹短于胸，基部狭窄，光滑。

卵：长卵形，长0.34~0.42mm，宽0.10~0.13mm，有一层透明卵膜。卵的前端有1管状长卵柄，卵柄长0.56~0.64mm；后端有实心的锥状突起，长0.03~0.04mm。

幼虫：1龄幼虫体乳白色，窄长，前端宽而后端尖细，13节。头部呈钝三角形，具口钩。胸部第2、3节和腹部第1~7节腹面后缘具1列硬而长的毛。腹部末端有尖而长的分叉。2龄幼虫虫体中部大两端尖细。胸腹部腹面刺毛逐渐消失，腹部末端有分叉。气门10对，其中胸部2对，腹部8对。3龄幼虫乳白色，虫体粗壮，中部十分膨大。体长长于寄主卵，沿寄主卵向腹面弯曲。腹部末端无尾叉。口钩棕黑色。头部较小略缩入胸部。头部有1对角状突起物和3对柱状突起，另有4对感觉毛。

预蛹：虫体缩短成囊状，腹部大，两端尖细，淡黄色。后期可见足芽，翅芽，外生殖芽及脑。

蛹：初期虫体逐渐伸长，头、胸、腹部分界明显，胸腹部各节间分界明显。复眼由淡褐色逐渐加深。触角分节明显。口器、足芽、翅芽、产卵器逐渐形成。体色由浅黄色变为棕黑色。

生物学特性：舞毒蛾卵平腹小蜂为单寄生，每年发生世代数因发生地区不同和受气候的影响而有很大差异。南方气候温暖，一年可以完成8个世代；北方春暖迟，入冬早，一年只有3~4代。以幼虫或部分以蛹在寄主卵内越冬。但在冬季温暖的地方，也可以成虫在隐蔽场所度过冬季。自然发生期在广州是从3月中下旬至11月中旬；在北京地区，一年可以寄生舞毒蛾卵完成2~3个世代，约有19%的平腹小蜂在舞毒蛾卵内越冬，发生期是5月下旬至9月下旬。对舞毒蛾卵块的寄生率因采集卵块日期不同而有差异，6月下旬采集的卵块没有收集到舞毒蛾卵平腹小蜂，7月中下旬采集的其卵粒寄生率为0.64%~0.66%，8月下旬到10月下旬分别采集的卵块，其卵粒寄生率都在0.01%~0.4%之间，寄生率很低；在沈阳的出现期是6月中旬至8月下旬。寄生舞毒蛾卵时，因卵块表面覆有一层绒毛状物，寄生蜂多产卵于外面一层卵内。在野外从产卵到成虫羽化完成1个世代，其发育历期为23~33天。在26~28℃条件下，完成1个世代需要18~21天，其中卵期2天，幼虫期5~6天，预蛹4~6天，蛹期6~8天。寄生舞毒蛾的平腹小蜂当年从卵内羽化的占81%，到次年羽化的占19%。在9月21日及以后采集的卵块中，平腹小蜂当年不再羽化而在舞毒蛾卵内越冬。越冬成虫要到次年5月22日才开始羽化出蜂，至6月23日结束，羽化期很长，约有1个月。成虫寿命长短不一，在喂食情况下，雌虫寿命通常有1个多月。温度对寿命有明显影响，在16℃时雌虫平均寿命87天，20℃时为71天，25℃为42天，30℃为48天；雄虫寿命较短，一般生活5~8天，长的可生活5~17天。成虫善于爬行和跳跃，也能短距离飞行，雌虫一生可多次产卵，产卵期长。被寄生的卵，卵粒大，蜂的发育历期长，羽化出来的蜂体较大。

在美国，通常在舞毒蛾卵内一年可寄生1~2代；在意大利中部地区，该蜂一年可完成2代，偶尔在9月出现第3代。以老熟幼虫在寄主卵内越冬。寿命雄虫1~17天，雌虫3~119天。6月羽化的成虫性比为1.4∶1，8月羽化的性比为1∶1。

成虫趋光性不强，但需在光线下才能活动，在光线微弱或黑暗时，一般多处于静伏状态。在野外一般以爬行方式扩散，但跳跃能力很强，风在扩散中起重要作用。据在5个释放点的调查，该蜂的平均扩散距离，第1年为61m，第2年平均扩散152.4m，第3年平均扩散271m，最远扩散 335m，第 4 年扩散到 768m，最远达 1097m，到第 5 年平均扩散距离可达到 1417m，最远扩散距离为 1463m。成虫以花蜜、开裂果的汁液为食料，也能用产卵管刺穿寄主卵壳，吸食从卵内流出的内含物。雌虫能营孤雌产雄生殖，但只需交配一次，一生都可产生两性后代。成虫产卵期长达 1 个月左右。在 25~32℃下，1 头雌蜂平均可产卵 228.2 粒，平均每天产 5.7 粒卵，最高可产 11 粒。在前 25 天每天产卵较多，25 天后产卵数量逐日下降。温度对该蜂产卵量有明显影响，16℃时平均一天产卵 1.9 粒，25℃为 4.7 粒，30℃为 7.0 粒。在相对湿度 40%~80% 范围内，日产卵量随湿度上升而增加，以 80% 相对湿度的产卵量最高。产卵最适宜的温湿度是 25~30℃和相对湿度 80%。在以蓖麻蚕卵为寄主时，产 1 粒卵约需 10min，长的可达 30min。子代雌性比与寄主卵种类和卵粒大小有关。以柞蚕卵为寄主，雌蜂占 86%，榆绿天蛾 *Callambulyx tatarinovi* 卵为 23%，杨枯叶蛾 *Gastropacha populifolia* 卵为 14%，而以舞毒蛾卵为寄主的，雌蜂很少。另外，雌性比与产卵时寄主卵的胚胎发育程度也有关系，产于新鲜卵的雌性比高，产于后期卵的，则雄性占绝对优势。一般情况下，1 粒寄主卵内只羽化出 1 头蜂，极少见有羽化 2 头蜂的。这是因为如果 1 粒卵内寄生 2 头以上寄生蜂，经常出现自相残杀现象，最后只有 1 头蜂完成发育而羽化出来。

在野外，产在不同树高处的舞毒蛾卵，被平腹小蜂寄生的情况也有不同，在离地面 1.8m 以下采集的卵粒，平均寄生率为 37.0%；在 6.1~16.8m 高处，采集的卵粒，其平均寄生率为 35.8%。据调查该蜂可以寄生大小不等的舞毒蛾卵块，但更喜欢寄生较小的卵块，小卵块的卵粒寄生率约比大卵块卵粒寄生率高 10% 左右。

在寄主卵内，平腹小蜂幼虫以口钩咬破自己的卵膜而出，取食寄主卵内物质，进入幼虫期。幼虫共 3 龄，1 龄幼虫历期 1~1.5 天，2 龄幼虫 1~1.5 天，3 龄幼虫为 2.5~3 天。幼虫在寄主卵内行动活泼，取食卵浆。

到3龄幼虫时虫体迅速增长，行动比较迟缓，食尽寄主卵内物质后即不食不动，虫体逐渐缩短，开始进入预蛹状态。预蛹约经4天变蛹。发育成熟的蛹已完全形成蜂的形状，再经一天后即咬破寄主卵壳羽化出蜂。

舞毒蛾卵平腹小蜂的发育起点温度，雌虫为12.94±0.17℃，雄虫为13.35±0.18℃；发育有效积温雌虫为338.88±3.66日度，雄虫为290.15±3.48日度（刘鹏程等，2015）。

饲养与繁殖：7月间从野外采集当年产的舞毒蛾新鲜卵块，放入广口瓶或大指形管内，瓶（管）口用绢纱或尼龙细网纱扎紧，收集舞毒蛾卵平腹小蜂成虫。将成虫接入大指形管，用海绵沾蜜糖或30%蔗糖液作为饲料，并接入经过冷藏的柞蚕卵或蓖麻蚕卵卡，放入的卵量要充足，每隔2天更换卵卡，直至成蜂死亡。接种过的卵卡编号后放入指形管，置于温度24~29℃，相对湿度55%~70%条件下培养，供研究观察用。大量繁蜂时，可采用长50cm、宽37cm、高35cm的小繁蜂箱。箱上层为一抽屉，抽屉内用白色硬胶纸分隔成40个小格，小格壁上有许多直径为5mm小孔。每格放入寄主卵卡2张。抽屉底部为铁丝网，接蜂时可从下层放入种蜂。蜂量充足时，一次可繁蜂6000~8000头。卵粒寄生率可达70%~90%。但事先一定要准备好供繁蜂用的大量寄主卵和蜂种。

利用人造寄主卵繁殖卵平腹小蜂已经获得成功。人造卵的培养液为柞蚕蛹血淋巴液44.4%，10%麦乳精33.3%，鸡蛋黄11.1%，尼氏盐11.1%，另加入青霉素及链霉素各200~400单位/mL；卵壳材料为32~36 μm的聚丙烯膜。提取昆虫血淋巴液，可将幼虫或柞蚕蛹浸于60℃温水中6~7min，然后在无菌条件下挤出血淋巴液备用。每张薄膜直轻为6~7cm，上有27~36个人工卵，卵大小为3mm×5mm×2mm的圆锥体。制成卵卡后，置于紫外光下两面照射灭菌30min，然后装入已灭菌的塑料环，在无菌条件下滴入3~5 μL培养液，轻轻盖上一层经灭菌的薄膜，再套上塑料环，然后按蜂卵比1∶2进行接蜂。经试验观察，用此法制成的人工培养液其所含氨基酸种类与柞蚕卵和蓖麻蚕卵相同，但含量比例不同。平腹小蜂在人造寄主卵上产卵所需时间比在蓖麻蚕卵上产卵要短，连代繁殖，其寿命、繁殖力与用柞蚕卵繁殖的相似或略增强。

为了更高效快速地繁殖舞毒蛾卵平腹小蜂，可采用屏膜繁蜂法，其方法是用木方或角铁制成 1 个长 160cm× 宽 60cm× 高 180cm 的长方形架，架的一面用白色尼龙绸作屏膜，顶部及两侧用黑布密封，屏膜相对的另一面用黑布做成中间重叠的剪刀门，以便于挂卵繁蜂操作。屏膜内拉 2 根相距 10cm 的横铁丝，用于挂卵卡。繁蜂时可先将正在羽化的种蜂放入屏膜内、待有适量的蜂分布在屏膜上，再将粘贴好寄主卵的八开纸卵卡，挂在有光源的屏膜内铁丝上。接蜂 24h 后，将卵卡取出，置于室内让蜂自行发育。据试验，用这种方法繁蜂，设备简单，操作方便，成本低，工效高。育出的平腹小蜂生命力强。

大量繁蜂时也可采用大柜式繁蜂，即把繁蜂箱改制成 1.4m×0.7m×1m 的繁蜂柜，另有 0.6m 的柜脚。柜顶及 2 个长的侧面用 120 目网纱封闭，横一侧用夹板钉住，另一侧设 2 个推门，作为更换繁蜂架喂加蜜糖用。柜内分两层，每层放 2 个繁蜂架。繁蜂时可放入 4 个架。繁蜂架为 68cm×61cm×21cm 的木架。在木架上部用铁丝均匀拉成 21 个栏，每栏放入卵卡 2 张，每卡卵量为 100g，即等于 1 个小繁蜂箱的繁蜂量。平腹小蜂有向上性和趋光性，繁蜂架可放在大柜的顶部，蜂种放在柜的低层。按 1∶20 蜂卵比接蜂，并加入充足的蜜糖棉花条，2 天换一次装新卵卡的繁蜂架，直至种蜂死亡。采用此法繁蜂，整个繁蜂比例为 1∶10，在冬、春季繁蜂，效果良好。繁蜂室面积为 $5m^2$，利用电热及电子控温仪控温，温差为 ±2℃。

舞毒蛾卵平腹小蜂幼虫可经历长时间冷藏。春季采集的带有平腹小蜂越冬幼虫的舞毒蛾卵块，放在 1℃冰箱内冷藏，它们可在冰箱内保存一年时间，至次年 7 月从冰箱内取出，放在实验室条件下，该蜂的雌雄成虫于8月间从舞毒蛾卵块内羽化出来，在低温条件下该蜂幼虫在寄主卵内可生活2年。经过冷藏羽化出来的雌蜂，可以顺利地产卵在新的舞毒蛾卵粒内，并于下一年夏季正常地羽化出它们的后代。

在室内进行大批量繁蜂时，需要关注和重视一些看起来并不十分重要的细节问题，以保证繁蜂质量，提高利用效果：

①要经常从野外收集寄主害虫卵，采集平腹小蜂种蜂，复壮种蜂，保证种蜂健壮，品质优良，以提高接蜂效率。

②以害虫卵作为寄主时，一定要严格清洗消毒，避免污染，确保安全。

③用柞蚕卵制作卵卡时，一定要选用羽化24h后的剖腹卵，选择粒大饱满卵粒，洗净阴干后及时密封冷藏，以保证卵质新鲜。

④供给成蜂补充营养的糖蜜和稀释液一定要及时更换，保持新鲜，避免变质发酸，影响种蜂寿命，以提高产卵接蜂率。

⑤要严格控制繁蜂室温湿度，特别在春季湿度大的地区，必须注意通风降温，以免蜂卡发霉变质，影响接蜂效率。

⑥要掌握野外放蜂防治对象的虫情监测，了解害虫卵期出现规律，使繁蜂、放蜂期和卵期完全吻合一致，以提高放蜂效果。

释放利用：在我国，早在20世纪50—60年代，以中国科学院蒲蛰龙院士为代表的广州中山大学——广东昆虫研究所科研团队，对卵平腹小蜂的生物学特性开展了研究，并利用柞蚕卵和蓖麻蚕卵作为替代寄主，在室内大量繁殖此蜂，在荔枝园进行野外释放防治荔枝蝽获得良好效果。广东省农科院、福建、广西等省份也进行了许多实验研究。韩诗畴等1996—1998年在香港利用荔蝽卵平腹小蜂防治荔枝蝽获得了卵粒寄生率68.7%~89.2%的良好效果，对照区寄生率为16%~17%。2000年何金祥、张帆等在广西北流、潮塘、荔宝、花果山等果场进行利用平腹小蜂防治荔枝蝽试验，试验面积达20hm^2，8~10年生荔枝树约4000株。

试验结果，放蜂区内小蜂的总寄生率为94.3%，未放蜂区为18.9%，放蜂效果非常明显。在南方荔枝产区，已将释放平腹小蜂防治荔枝蝽应用于生产实践，获得了很好的社会效益、经济效益和生态效益。

此外，国内还利用平腹小蜂对其他林果害虫进行了防治研究。吴猛耐、杨世璋、陈杰等（1999—2000）在四川城石利用平腹小蜂防治银杏大蚕蛾 *Dictyoploca japonica* Butler，放蜂区校正寄生率为69.3%。北京市西山试验林场侯峥嵘等（2009）利用室内繁殖的平腹小蜂进行野外释放防治果树害虫茶翅蝽 *Halyomorpha picus*（Fabricius），结果第1~2代茶翅蝽的平均寄生率分别达到64.7%和52.6%，效果也很满意。

对舞毒蛾，还未进行释放卵平腹小蜂以提高其卵寄生率的野外试验。

2.4 跳小蜂科 Encyrtidae

2.4.1 卵跳小蜂属 *Ooencyrtus* Ashmead，1900

(22) 大蛾卵跳小蜂 *Ooencyrtus kuwanae* (Howard，1910)

本种小蜂是舞毒蛾卵的重要寄生蜂，在很多地区可从舞毒蛾卵块收集到此蜂，其他寄主还有松毛虫 *Dendrolimus* spp. 和柳毒蛾 *Stilpnotia salicis* Linnaeus 等。室内接种可以寄生黑腿盘绒茧蜂 *Cotesia melanoscela* (Ratzeburg) 和黄毒蛾 *Euproctis chrysorrhoea* Linnaeus。据作者等于 1993 年在四川大邑调查，大蛾卵跳小蜂对舞毒蛾卵的寄生率达 20%~30%。国内已知分布于北京、辽宁、吉林、山东、湖南、四川、云南、陕西。国外分布于日本、朝鲜、韩国。引入西欧、北非和北美等地的许多国家，如意大利、法国、塞尔维亚、阿尔及利亚、葡萄牙、保加利亚、罗马尼亚、西班牙、希腊、摩洛哥、美国、澳大利亚等。

形态特征（图版 X：52）：雌虫体长 0.9~1.0mm。体黑色。中胸盾片、小盾片青铜色。足转节、腿节两端、中足腿节末端及后足胫节末端浅黄色。跗节色浅，足的其余部分为棕黑色。颜面及颊呈很细的粗糙面。触角暗褐色柄节不膨大，梗节长于第 1 索节，第 1 索节短于第 2 索节，棒节膨大，短于各索节的总长。胸部稍隆起，中胸盾片平整，光滑，具稀疏小刻点。小盾片刻纹紧密而粗糙，具光泽。三角片末端内侧分隔。前翅长大，透明，缘脉长略大于宽，肘脉略长于缘脉，后缘脉不发达。中足胫节末端的距与第 1 跗节等长。腹部短而宽，产卵器不突出。

雄虫：除触角鞭节浅褐色外，其余特征与雌虫相同。

卵：长椭圆形，柄状型，具导气板。产出后，其柄的末端底部突出到寄主卵壳外面，以此进行呼吸。

幼虫：1龄幼虫乳白色，分节不明显，头部圆锥形，上颚白色，身体末端有1柄连接寄主卵壳外。末龄幼虫上颚内缘弯曲度变宽，深黄色，长度约0.048mm。

生物学特性：在北京地区，据姚德富等（1994）观察，大蛾卵跳小蜂从当年产的舞毒蛾新鲜卵内羽化出蜂的时间是8月1—27日。用当年产的舞毒蛾卵在室内继续接蜂，还可完成3个世代。8月1日开始接蜂的，于8月15—31日羽化出蜂；8月19日开始接蜂的，于9月7—25日羽化出蜂；9月10日开始接蜂的，于10月6—20日羽化出蜂。一年可依靠舞毒蛾卵完成4~5个世代，约有0.7%的跳小蜂在舞毒蛾卵内越冬。卵的任何阶段都可寄生，而且都能完成生活史。

在美国康涅狄格州大蛾卵跳小蜂每年可完成4~5代，以雌成虫在树下的枯枝落叶或其他隐蔽场所越冬。在室内加温条件下，全年可连续繁殖9个世代。在野外，由于成虫寿命较长，各世代有重叠现象。

越冬雌虫于次年4月天气转暖时开始活动，寻找舞毒蛾的越冬卵块产卵寄生，这一代（第1代）生长发育缓慢，大约在寄主卵内需要生活2个月，于6月初开始羽化出成虫。羽化高峰通常在6月上中旬，7月上旬为羽化末期。

第2代大蛾卵跳小蜂出现期，由于气温较高，生长发育很快，从产卵到成虫羽化约为20~25天，于7月中旬开始寄生舞毒蛾当年新产出的卵粒，并于8月上中旬和9月上旬分别出现第3、4代成虫。早期寄生的，可在寄主卵内继续完成发育，而以第5代成虫越冬，因此在11月天气较暖的时候，还可在舞毒蛾卵块上看到跳小蜂成虫。但当气温降到10℃以下时，成虫就不产卵。后期寄生的跳小蜂，当冬季气温低于–5℃时，幼虫不能顺利完成发育而死亡。

在气候比较温暖的南部地区，大蛾卵跳小蜂一年可完成6~7个世代。4月中旬越冬成虫即开始活动，4月下旬产卵寄生越冬后的舞毒蛾卵块。

第1代成虫于5月下旬至6月上旬羽化，继续寄生越冬后的舞毒蛾卵，这代成虫寿命很长，可生活21~35天。6月底到7月中旬出现第2代成虫，这代成虫可生活5~6个星期，然后寄生当年产的舞毒蛾卵。在25℃条件下，产卵后约经21天左右，于8月上旬出现第3代成虫。8月底羽化出第4代成虫，9月下旬第5代成虫羽化，到10月中旬出现第6代成虫，11月中旬起，部分可出现第7代。

大蛾卵跳小蜂在13~35℃之间均能正常生长发育，完成生活史，以20~30℃最为适宜。发育历期因气温变化差异很大，在30℃条件下完成1个世代约需14~15天，但在25℃条件下，从卵到成虫羽化需要21天，其中卵和幼虫期为16~17天，蛹期4~5天。成虫寿命很长，在完全缺食情况下，雌蜂可生活24天，但雄蜂只能生活3~4天。在有食料情况下，成虫寿命长达35~42天，雌蜂最长可生活130天，雄蜂可生活105天。

大蛾卵跳小蜂的发育起点温度为10.50±1.41℃，发育的有效积温为260.74±25.09日度（王建军等，2012）。

大蛾卵跳小蜂成虫一般多在白天活动，以早晨至中午时间内活动最盛。在林内的垂直活动范围通常是在8m高度以下，特别喜欢在阳光充足树枝间活动。雌蜂对舞毒蛾卵的任何发育阶段都可寄生，而且都能顺利地完成生活史。

但是从已经死亡的舞毒蛾卵内繁殖出来的成蜂，不如从正常卵内繁殖出来的健壮。雌雄成虫一生可多次交配，在野外，常可见到早羽化的跳小蜂雄虫等待在舞毒蛾卵块上，待雌蜂羽化时即行交配。此蜂有孤雌生殖现象，未经交配的雌虫，只能产出雄性后代，而且产卵量小。雌蜂羽化当天即可产卵，每产1粒卵通常需要10~20min，产卵期长达42天，但以3周内产下的卵最多，约占70%左右。1个雌蜂平均一生可产卵105粒，最多可产200多粒。1个被寄生的卵内一般只能育出1头蜂子，个别情况下可育出 2 头蜂子。由于舞毒蛾卵块表面具有绒毛状覆盖物，因此被跳小蜂寄生的卵粒一般多在卵块表面的第 1~2 层，只有覆盖物受到破坏的卵块，才能深入到内层卵粒寄生，所以在野外 1 个卵块的卵粒寄生率一般都不会超过 50%。在野外，该蜂的雌蜂通常占 60%~75%。寄生新鲜卵粒的，其雌雄性比为 1∶1；寄生老龄卵粒的，雌雄性比减少到 1∶10，且下代生殖潜力显著下降。卵具长柄和 1 个导气板，其末端突出在寄主卵壳外面，以此进行呼吸，幼虫在寄主卵内孵化后，其虫体仍和这个导气板连接。直到第 3 龄幼虫末期。

大蛾卵跳小蜂对化学农药十分敏感，在喷洒化学农药的地方，几乎难从舞毒蛾卵块收集到这种卵寄生蜂。

饲养与繁殖：室内繁殖此蜂可用舞毒蛾卵，成蜂可用 30%~50% 蜂蜜稀释液喂饲。也可用琼脂 1g、蜂蜜 50g、葡萄糖 20g 和蒸馏水 100g 配制的混合饲料饲养，但成蜂仅能生活 14 天。据试验，室内连续繁殖 5~6 代后，由于近亲繁殖的缘故，个体变小，生活力明显降低。据王建军等（2012）研究，用柞蚕卵繁殖的大蛾卵跳小蜂，其成虫寿命比用舞毒蛾卵育出的平均约短 5 天，但其个体显著较大。

另据报道，野外释放此蜂后于次年秋季检查，一年多时间约可扩散 2 英里 *，这是因为雌蜂可能会飞，同时由于风作用可将成蜂吹到很远的距离。

---

*注：1 英里≈3216.69m，下同。

2.5 金小蜂科 Pteromalidae

2.5.1 黑青小蜂属 *Dibrachys* Föerster，1856

（23）黑青小蜂 *Dibrachys cavus*（Walker，1835）

中文名曾用红铃虫金小蜂。寄主种类极多，计有膜翅目、鳞翅目、双翅目、鞘翅目、半翅目等150多种昆虫。该蜂是重寄生蜂，可寄主多种林木害虫的天敌昆虫，如姬蜂、茧蜂、寄蝇、麻蝇等，从寄生松毛虫、舞毒蛾的绒茧蜂、脊茧蜂、凹眼姬蜂、悬茧蜂茧蛹内可获得此蜂。也是初寄生蜂，可寄生叶蜂类昆虫，也有报道，寄生舞毒蛾卵。在国内是棉红铃虫的重要外寄生蜂。其益害作用，需从深层次分析、评述。国内已知分布于山东、山西、陕西、甘肃、上海、江苏、浙江、江西、安徽、湖北、湖南、四川。国外分布于朝鲜、日本、美国、加拿大、英国、俄罗斯、捷克、北非。

形态特征（图6：A~F）：成虫雌蜂体青黑色，金属光泽，长2.5mm左右。头部长圆形，有颗粒状细刻点。头顶略宽，单眼排列呈钝三角形。颜面略凹陷，具刻点。左右上颚各具4齿。触角柄节暗褐色，近端部偶为黄褐色。梗节、索节暗褐色至黑色。翅脉浅黄褐色或白色。缘脉长度约为肘脉的1.5~3倍，后缘脉与肘脉等长或稍长。足色全黑或大部黄褐色。并胸腹节有细皱，中脊不明显。腹部无柄，产卵器不突出腹末。雄蜂体长1.8mm左右。头胸部、三角片及小盾片为绿至蓝色，腹部几无斑点，长椭圆形。第1~2腹节间有一半透明梯形黄色斑，依此斑纹易于区别雌雄。

卵：乳白色，长0.18~0.38mm，呈茄状，表面不平坦，具皱纹。

幼虫：蛆状，长约2.3mm。老熟幼虫红褐色，化蛹时变为乳白色。

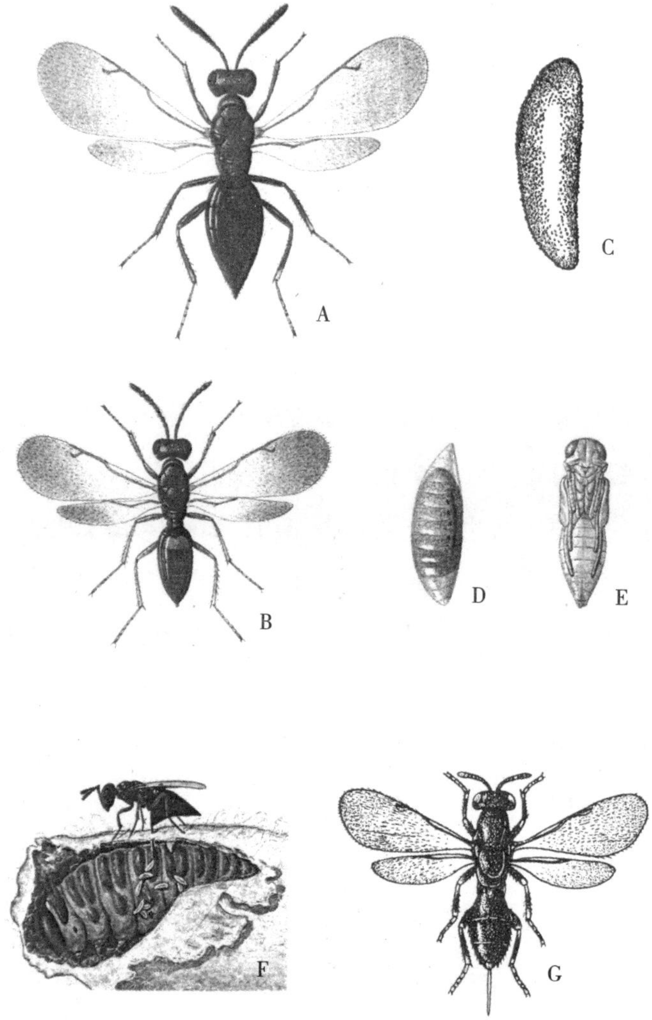

图6　A~F 黑青小蜂（A 雌蜂；B 雄蜂；C 卵；D 幼虫；E 蛹；F 雌蜂产卵状）
G 齿腿长尾小蜂（仿湖北省农业科学院植物保护研究所，1980）

蛹：裸蛹，长约 2.1~2.8mm。初化蛹时为白色，半透明，后变为淡黄色。复眼、口器红褐色，头胸部黄褐色。羽化前变为灰黑色。翅、足淡黄色。雌蛹腹部背面灰褐色，节间和腹面灰黄色。雄蛹腹部第 1~2 节间黄白斑明显，可区别雌雄。

生物学特性：据湖北省农科院植保所等（1980）研究，黑青小蜂是棉红铃虫的重要寄生蜂，以幼虫或部分以蛹在越冬红铃虫茧内越冬，利用该蜂防治仓库内的棉红铃虫，已取得良好效果。该蜂在浙江、湖北、陕西等地一年可完成11~12个世代，在实验室条件下，一年可以繁殖11~19代。次年2—3月，当平均气温升至6.5℃以上时，越冬幼虫开始生长发育，3—4月间平均温度达到12℃以上时，越冬幼虫开始化蛹。成虫于4月上中旬羽化，羽化时刻多集中在8:00—10:00时。成虫飞翔能力弱，但善于爬行，能蹦跳，有假死和趋光性。成虫交配后次日即寻找寄主产卵。产卵时选择寄主幼虫或蛹体表的节间膜附近，将产卵管刺入并麻醉虫体，而后产卵在幼虫体上。雌虫一生可产卵多次，一次产卵约3~5粒，1个寄主体约可产卵10粒左右。1头雌蜂约可寄生5~10头红铃虫幼虫。雌虫产卵量因温度高低而有差异，在18~21℃时平均可产51粒，最多98粒；在23~25℃时可产卵20~27粒，最多42粒。成虫寿命10~17天，气温高，寿命短。卵期在22~32℃时为4~5天，幼虫孵化后在寄主幼虫体表吸取体液，在22~32℃条件下，幼虫期为5~8天，幼虫老熟后在寄主茧内化蛹。蛹期22~32℃条件下为7~20天。幼虫和蛹的发育起点温度为6.5℃和7.7℃。幼虫在5℃冰箱内冷藏64天，仍能继续生长发育。该蜂对相对湿度要求以70%最为适宜（胡萃等，1966）。

在林业上，松毛虫、舞毒蛾等是这种小蜂的重要转主寄主。

2.6 姬小蜂科 Eulophidae

2.6.1 狭面姬小蜂属 *Elachertus* Spinola，1811

（24）毒蛾狭面姬小蜂 *Elachertus charondas* Walker（1839）

1982 年 5 月 23—24 日中美舞毒蛾天敌联合考察组在黑龙江桦南县孟家岗林场一面坡采集到此种寄生蜂，在其他省份调查采集时，还没有从舞毒蛾幼虫上采集到此蜂。

雌蜂体黑色，长约 2mm。头部横宽，上宽下窄，近似三角形。头部顶端及后头无缘脊。复眼具毛，触角棒状，着生于颜面中部下方，索节 4 节，棒节 2 节。前胸背板长，前端变窄。中胸背板短，后缘向后伸展，中央具粗毛 6~10 根，边缘毛少。小盾片具细网状刻纹。并胸腹节中脊锐利。前翅后缘脉长于末端的肘脉。腹部卵圆形。

此蜂寄生于舞毒蛾幼虫体外，聚寄生，1 个寄主幼虫体周围可见到 20~30 头寄生的寄生蜂幼虫。幼虫老熟后在寄主周围化蛹。蛹扁平，如僵死状。被此蜂寄生的舞毒蛾幼虫数量极少（图版 X：53）。

2.6.2 沟距姬小蜂属 *Platyplectrus* Ferrière，1941

（25）沟距姬小蜂 *Platyplectrus* sp.

1993 年作者等在四川大邑驻点研究时，从舞毒蛾幼虫上采集到一种沟距姬小蜂，寄生舞毒蛾数量极少，抑制舞毒蛾数量意义不大。

2.7 长尾小蜂科 Torymidae

2.7.1 齿腿长尾小蜂属 *Monodontomerus* Westwood，1833

（26）齿腿长尾小蜂 *Monodontomerus minor*（Ratzeburg，1848）

中文名也用单齿腿长尾小蜂。寄主种类很多，可寄生蛾类、叶蜂及蝇类等多种昆虫的茧蛹，是一种重寄生蜂，益害关系复杂。1984年作者等从北京圆明园和延庆辛庄堡采集的舞毒蛾蛹内获得此蜂。在日本该蜂除寄生天幕毛虫、赤松毛虫和舞毒蛾外，还可寄主毒蛾刻绒茧蜂、松毛虫镶颚姬蜂和脊腿囊爪姬蜂。在俄罗斯曾报道此蜂可寄生寄蝇。国内陈合明等（1995）报道，该蜂是引进的紫花苜蓿授粉昆虫苜蓿切叶蜂 *Megachile rotundata*（f.）的重要天敌。国内已知分布于北京、黑龙江、浙江、江苏、湖南、广东、广西、新疆、四川、云南、陕西等地。国外分布于日本、朝鲜、巴基斯坦、俄罗斯、法国、捷克、荷兰及美洲等地。

形态特征（图6：G）：雌虫体长3.5~4mm，黑褐色带蓝绿色光泽，腹部紫色反光。触角末端蓝绿色。足腿节末端，胫节和跗节红褐色。头部颜面中央略凹陷，颊短于复眼横径之半。触角13节，环节1节小，索节7节近似方形。胸部膨大，前胸长度为中胸的1/2，中胸盾纵沟明显，侧板前缘不弯曲。小盾片后端有1横沟，沿边缘有明显刻点。并胸腹节“V”字形纹不明显。前翅肘脉与后缘脉之间有褐色斑痕。后足腿节发达，近末端有1齿。腹部卵圆形，约与胸部等长，第1腹节最长，第3、4节次之，第2节最短。产卵器长度约为腹部长度的2/3。头胸部刻点明显，腹部有光泽，刻纹细。

生物学特性：齿腿长尾小蜂寄主昆虫很多，一年可完成多个世代。据陈合明等（1995）研究，在人工饲养繁殖苜蓿切叶蜂的地方，由于蜂箱小蜂巢环境优越，蜜源食料丰富，是长尾小蜂越冬的理想场所，以幼虫在切叶蜂茧内越冬。次年春季气温升高后从茧内羽化出蜂。1 个切叶蜂茧内可羽化出 2~19 头小蜂，平均 8.7 头。成虫雌性比极高，约占 80%~90%。雌蜂羽化后即可交配，并于当天产卵。成虫飞翔力弱，趋光性强。高温多湿天气生长发育良好。在 29~30℃条件下，完成 1 代约需 17~18 天。

2.8 小蜂科 Chalcididae

2.8.1 大腿小蜂属 *Brachymeria* Westwood，1829

大腿小蜂是鳞翅目蛹的常见寄生蜂，在我国寄生舞毒蛾的大腿小蜂属 *Brachymeria* 小蜂有 3 种，有的是害虫的初寄生蜂，也有其他寄生蜂的重寄生蜂，寄生率高低因生态环境和地区不同，差异很大。在北京西山地区，广大腿小蜂、毒蛾大腿小蜂和次生大腿小蜂对榆毒蛾 *Ivela ochropoda*（Eversmann）蛹的寄生率通常多在 30% 以上（严静君等，1990）。在北京通州对舞毒蛾蛹的寄生率为 7.96%（冯继华等，1999）。

寄生舞毒蛾的大腿小蜂属昆虫分种检索表

1. 小盾片末端稍呈截切。体被白色绒毛，头胸部绒毛细，胸部刻点稀疏，间隔平滑有光泽，后足腿节刻点稍密，足跗节、胫节端部、基部及腿节末端有时整个前足及中足均为黄色，触角末端常为火红色，体长 3.5~8mm……………………………………………毒蛾大腿小蜂 *Brachymeria intermedia*（Nees）

   小盾片末端呈圆形……………………………………………………………2

2. 后足基节内侧具齿或结状突。后足胫节基部黑色，其余为黄色。小盾片无凹缘。触角洼侧缘成脊，前伸达触角窝，触角洼下方及颜面部分光滑，第 1 腹节背片光滑，第 2 节背片具明显刻点。体长 3.5~7mm……………………………………………广大腿小蜂 *Brachymeria lasus* Walker

   后足基节内侧不具齿，无结状突。后足胫节中部具 1 黑斑，两端黄色。小盾片末端圆形，触角洼高未达到中单眼，体长 2.6~4.2mm……………………………………………次生大腿小蜂 *Brachymeria secundaria*（Ruschka）

（27）广大腿小蜂 *Brachymeria lasus* Walker（1841）

广大腿小蜂可寄生 100 多种昆虫，国内记载寄主有 30 多种，是一类重要的寄生性昆虫，据作者等 1993 年在四川大邑松栎林和近郊李园调查，该蜂对舞毒蛾蛹的寄生率为 11%~15%，最高达到 27.7%。在北京西山地区连续 4 年调查观察，对榆毒蛾的寄生率，平均为 29.95%，最高达 62.03%，对侧柏毒蛾蛹 1985 年寄生率为 25.98%。在野外，广大腿小蜂对抑制毒蛾类害虫种群数量具有极为明显的作用。除寄生农林害虫外，该蜂还寄生绒茧蜂 *Apanteles* spp.、凹眼姬蜂 *Casinaria* spp.、镶颚姬蜂 *Hyposoter* spp. 和斑痣悬茧蜂 *Meteorus pulchricornis*（Wesmael）等寄生蜂，是重寄生蜂。国内分布于北京、天津、河北、黑龙江、内蒙古、陕西、山西、甘肃、新疆、山东、河南、江苏、上海、浙江、安徽、江西、福建、台湾、广东、海南、广西、湖南、湖北、四川、贵州、云南等地。国外分布于越南、印度、马来西亚、菲律宾、老挝、缅甸、日本、韩国、朝鲜、美国（关岛、夏威夷）、印度尼西亚（爪哇、苏门答腊）、巴布亚新几内亚、斐济、澳大利亚、帕劳和欧洲、北美、北非。

形态特征（图版 X：54）：成虫体黑色，雌虫体长 5~7mm，雄虫体长 3~6mm，翅基片黄色或浅黄色，基部红褐或橙黄色，头部横宽，复眼隆起明显，纵长约为头高的 2/3，触角洼长为复眼的 3/4，宽占复眼内距的 2/3，两侧上部较窄，与中单眼连接，下部较宽，洼底光滑，边缘成脊状。颜面刻点粗大。无眶前脊，眶后脊斜伸，胸部膨大，具刻点，小盾片末端呈圆形，隆起。翅透明，密布纤毛。前翅缘脉比前缘脉短 1/2，后缘脉仅为缘脉的 1/3，比痣脉短 2 倍以上，后足基节末端内侧具 1 齿突，后足腿节特别膨大，外侧具 11~12 个小齿，第 2 齿不明显。腿节端部 1/4~1/5 处黄色，胫节除基部及腹部 1/3~1/2 黑色外，其余均为黄色，腹部卵圆形，黑色光亮，腹面侧缘略带红色。第 1 腹节背板光滑，以后各节背板具刻点，末节拱起，产卵器鞘微露。

卵：浅黄色，长条形，一端稍粗。幼虫乳白色，到灰白色。蛹裸蛹，初期乳白色，后为黄褐色，羽化前呈黑色，茧薄，黄褐色，长约 5mm。

生物学特性：广大腿小蜂以成虫在树皮裂缝、枯枝落叶层、腐朽枯死木以及土壤、石块、缝隙、墙缝等隐蔽场所越冬。在室内也可以老熟幼虫或蛹在寄生蛹内越冬，每年发生的世代数因地区不同而异。在北京地区一年至少可完成2代以上，次年4—5月间成虫开始活动交配，寻找寄主产卵，6月上中旬寄生第1代榆毒蛾，侧柏毒蛾的蛹，第1代大腿小蜂羽化期在6月19日至7月16日。6月底至7月上旬为羽化高峰期，占总羽化数的74.2%。寄生第2代榆毒蛾、侧柏毒蛾蛹的，于8月31日至10月1日羽化为成虫。羽化期长短因气温高低和年份不同而有差异。成虫寿命很长，世代重叠，从寄生第1代榆毒蛾蛹内羽化的成虫，有的当年死亡，其寿命为49~118天，有的成虫进入越冬，前后可生活8个多月。寄生第2代榆毒蛾蛹羽化出来的成虫，以此成虫进入越冬状态，寿命长达6~7个月。雌雄虫性比第1代为0.49∶0.51，第2代为0.87∶0.13（严静君等，1990）。在四川大邑，舞毒蛾于5月中下旬进入蛹期。寄生舞毒蛾的广大腿小蜂于5月28日至6月23日羽化，羽化盛期集中在6月7—11日。平均寄生率为9.76%，最高达27.7%。雌雄虫性比为1∶1.04。

在湖北广大腿小蜂一年约可发生4~5代，越冬成虫于4月中旬开始活动，一直到11月上旬都可见到成虫，在温度25~26℃条件下完成1个世代约需41天，在30℃时仅需24天，在27~28℃条件下，各虫态历期卵期1天，幼虫期15天，蛹期9天（湖北省罗田县林业科学研究所，1981）。国外报道，在25℃时从产卵到成虫羽化平均需要21天，发育正常的雌成虫可生活3~6个星期。

成虫羽化以8:00—10:00最多。羽化时在寄主蛹胸部处咬1直径3mm左右的圆形或椭圆形的羽化孔，雄虫羽化1~2天即寻找雌虫求偶交配，交配多在上午进行。雌虫一生通常只交配一次，雄虫可多次交配。雌性比一般在70%左右。广大腿小蜂为单寄生，1个雌虫可产卵80~100

粒，多的可产下 137 粒。小蜂喜爱寄生体型稍大的寄主蛹，产下的后代体型较大，雌虫数较多（高珏晓等，2010）。产卵时，用触角敲击虫茧或虫蛹，寻找适宜寄主，选定合适部位产卵。对有虫茧的寄主，先在茧上咬 1 小孔，用产卵管经小孔插入蛹体产卵蛹内，也有将卵产于虫茧内壁的。

寄生于寄主蛹内的幼虫一般多位于蛹的腹部，孵化前逐渐移动到蛹胸部处，开始孵化时幼虫在虫蛹内壁吐出透明黏液，形成一层薄膜状薄茧，寄主蛹外表略有油光，第 4~7 腹节后缘略具黑褐色环纹，据此易于识别被寄生的蛹。

饲养与繁殖：饲养大腿小蜂可用装有玻璃的木制养虫笼，门用细目网纱，也可用繁蜂箱，繁蜂柜。可用柞蚕 *Antheraea pernyi* Guerin-Meneville 或其他鳞翅目害虫蛹作为寄主。用线悬挂或放在平面均可。内置蜂蜜和水作为食料，也可将蜂蜜涂在玻璃内壁上，将羽化 1~2 天的雌雄小蜂移入笼内，任其活动交配。接种 4~5h 后，适时移动寄主蛹位置，以使均匀寄生。次日取出另换虫蛹接蜂，可连续接蜂 3~5 次，室温保持 25℃，相对湿度 70% 左右。

（28）毒蛾大腿小蜂 *Brachymeria intermedia*（Nees，1834）

寄主很多，是鳞翅目昆虫蛹的初寄生蜂，也是重寄生蜂。舞毒蛾、榆毒蛾、柳毒蛾、山楂粉蝶 *Aporia crataegi* Linnaeus、凤蝶 *Papilio podalirius* Linnaeus 都可寄生，也可寄生康刺腹寄蝇、家蚕追寄蝇等寄生蝇和脊茧蜂属等的寄生蜂。在北京对榆毒蛾蛹的寄生率达 10% 左右。国外分布于葡萄牙、西班牙、法国、意大利、匈牙利、捷克、奥地利、塞尔维亚、阿尔及利亚、保加利亚、罗马尼亚、俄罗斯、土耳其、伊朗、印度、摩洛哥。1905 年引入美国，已在康涅狄格州定居，对舞毒蛾的最高寄生率可达 51%。

形态特征（图7；图版X：55）：成虫体黑色，长3.5~8mm，被白色绒毛。头胸部绒毛细直。头部具眶后脊。触角末端火红色。胸部刻点大而稀疏，刻点之间光滑，小盾片末端略呈截切。翅后缘脉比肘脉长3倍。后足腿节明显膨大，具齿，刻点稍密。翅基片，足腿节末端及跗节均为黄色；胫节黄色，从基部至端部有1条黑色腹隆线。有的整个前足、中足均为黄色。腹部长于前胸背板、中胸盾片和小盾片的总长。

卵：乳白色，长0.9mm，宽0.2mm，微弯，头部稍宽。卵壳光滑透明，卵孔区粗糙，胚胎灰色，半透明。

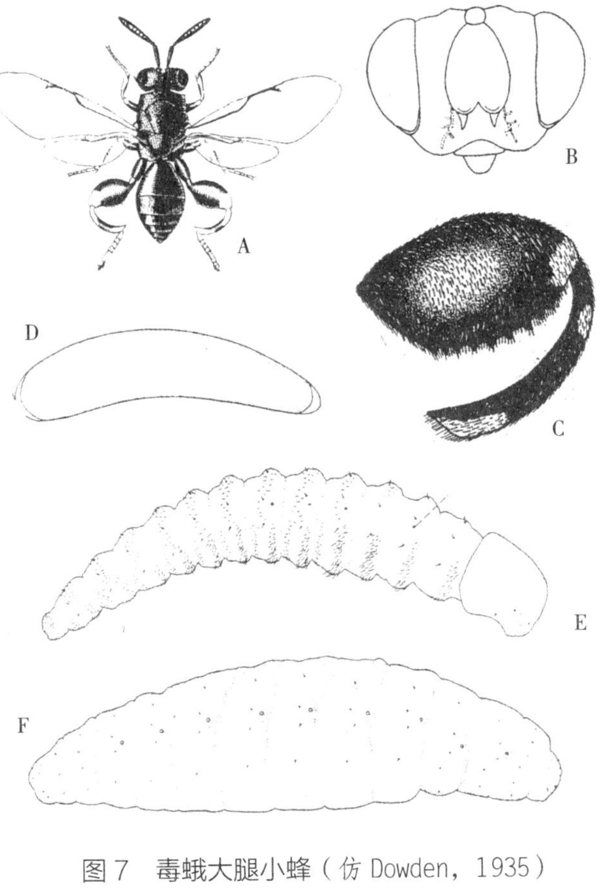

图7 毒蛾大腿小蜂（仿 Dowden，1935）

A 成虫；B 头部；C 后足腿节和胫节；D 卵；E 1龄幼虫；F 5龄幼虫

幼虫：1 龄幼虫体长 1.1mm，宽 0.2mm，头部骨化，体节 13 节，分节明显，末端逐渐变细。触角短，大颚镰刀状，端部黄色，长 0.05mm，体表有刺。2 龄幼虫体长 2.0~2.9mm，宽 0.5~0.9mm。3 龄幼虫体长 2.7~3.8mm，宽 0.7~1.04mm。4 龄幼虫体长 4~6mm，宽 1~1.5mm，大颚 0.15mm。5 龄幼虫体长 6.7~11.5mm，宽 2~3mm，头部特征和中胸气门明显可见。

蛹：预蛹白色，蛹初为黄色后变成黑色，具光泽。蛹壳薄而透明，通过外皮可看见成虫形状。

生物学特性：毒蛾大腿小蜂为单寄生。在北京地区，每年发生 2~3 代，以雌成虫在树皮裂缝、枯死树木及其他隐蔽场所越冬。寄生第 1 代榆毒蛾蛹的大腿小蜂于 6 月下旬到 7 月中旬羽化出成虫，羽化高峰在 6 月 29 日至 7 月 8 日，整个羽化期为 9~23 天，羽化期长短因年份不同而有差异，第 2 代羽化期在 8 月底到 10 月初，羽化期约 1 个月。

在欧洲匈牙利，毒蛾大腿小蜂一年发生 2~3 代，越冬成虫于 3—4 月间活动，5 月中下旬产卵寄生蝶类的蛹，6 月底至 7 月下旬寄生舞毒蛾蛹，成虫羽化出现极不整齐，在 7—9 月寄生鳞翅目多种昆虫的蛹，第 2 代成虫 8 月底开始出现，直至 9 月中下旬仍可见到这代成虫。在北美大腿小蜂越冬成虫于 5 月下旬至 6 月中旬产卵寄生害虫的蛹，6 月底开始出现第 1 代成虫，一直持续到 7 月 20 日还可继续寄生后期化蛹的舞毒蛾蛹。第2代成虫于8—9月出现，部分产生第3代，然后越冬（Dowden，1935）。

在日本，毒蛾大腿小蜂在舞毒蛾种群密度高的地区发生普遍，较为常见。在 25℃条件下，从产卵到成虫羽化平均需要 21 天，成虫寿命 21~42 天。发育历期长短因温度不同而异，8 月寄生蛱蝶 *Vanessa urticae* Linnaeus 蛹的，从卵到成虫羽化平均 18 天。9 月中旬寄生舞毒蛾蛹的则需 51~62 天。各虫态平均发育历期：卵期 2 天，1~4 龄幼虫各为 2 天，5

龄幼虫3天，预蛹2天，蛹期13天。成虫寿命很长，雌虫寿命长于雄虫。在23℃条件下，雌虫可活27.1天，雄虫24.8天。在28℃时，雌虫寿命15.1天，雄虫13.5天。用蜂蜜喂养成虫，在21~25℃条件下，成虫最长可活150天。据对113头越冬雌虫观察，7—8月羽化的成虫，到次年6月中旬才开始死亡，7月下旬大量死亡，8—9月全部死亡，寿命长达1年，在10℃条件下，低温贮藏，雌虫存活期长达22个月。

成虫羽化后，在蛹壳上留有1个不规则的圆形羽化孔，羽化孔位置在寄主蛹前端的占50%，在中部的占45%，在末端的仅占5%。成虫能飞，但飞行距离不远。喜在温暖干燥和有阳光照射的地方活动，一般在林缘和林间空地处活动较多，雌虫羽化后不久即可交配，交配多在中午温度较高时进行，交配持续时间30~40s。雌虫一生通常只交配一次，交配后2~3天开始产卵，越冬代雌虫要到越冬后于第2年才产卵。该蜂有孤雌产雄现象，未经交配，雌虫也可产卵，但所产后代多为雄性。雌雄性比因寄主蛹大小不同而异，产卵于体型大的蛹，其雌性比高，寄生体型小的蛹，雌性比低，一般雌雄性比为6∶1~2∶1。卵分散产出，产卵前先在寄主蛹上缓慢爬行，产卵时用足紧抓蛹体。1个雌虫可产卵50粒左右，最多可产300粒卵。每产1粒卵需40~180s。每天最多可产卵6粒，产卵期可持续20多天。1个寄主蛹内，通常只产1粒卵，偶可产下几粒卵，但因幼虫在寄主蛹体内竞争，最终只有1头幼虫完成发育。幼虫孵化后取食蛹的内含物，生长发育迅速，幼虫共5龄，当蛹的内含物被消耗完时幼虫老熟，头部朝向蛹的前端开始化蛹（Dowden，1935）。

另据报道，毒蛾大腿小蜂对舞毒蛾蛹的利他激素反应敏感，当接触到这种化学物质时，雌蜂行动放慢，触角直立，上下迅速摆动。在大蜡螟和云杉卷蛾蛹上，也有利他激素，但不如对舞毒蛾的反应强烈。利用上述3种害虫蛹进行寄主嗜好性试验，大腿小蜂也最喜欢寄生舞毒蛾蛹。

饲养与繁殖：室内繁殖毒蛾大腿小蜂可用大蜡螟蛹作为繁殖寄主，

小蜂生长发育快，繁殖周期短。成蜂可饲养在装有玻璃的木制养虫笼内，门用细网纱，用蜂蜜原液和脱脂棉浸水作为饲料，蜂蜜直接涂在玻璃内壁上。室温保持 21~25℃，湿度 30%~40%，16h 光照。接种时，最好选用化蛹 3~7 天的大蜡螟蛹，对新鲜蛹和老熟蛹，小蜂不喜欢寄生，即使寄生其幼虫死亡率也高。此外，也可以从野外采集，适于小蜂寄生的老熟幼虫，在室内饲养化蛹后再进行接种，或者直接自野外收集舞毒蛾等毒蛾、舟蛾的蛹繁殖此蜂。接蜂 1~2 天后取出寄主蛹，放在玻璃缸或水果瓶内待其羽化出蜂。

（29）次生大腿小蜂 *Brachymeria secundaria*（Ruschka，1922）

次生大腿小蜂是农林业害虫常见的重寄生蜂。国内分布于北京、黑龙江、吉林、辽宁、天津、河北、山西、陕西、甘肃、新疆、山东、江苏、上海、浙江、安徽、江西、福建、湖南、湖北、广东、广西、贵州、四川、云南等地。国外分布于印度、菲律宾、日本、朝鲜、韩国以及欧洲诸国。

形态特征（图版 X：56）：成虫体黑色，体长 2.6~4.2mm，头部横宽，复眼较大，胸部无光泽，刻点粗密，间隙窄。后足腿节膨大，基节内侧无齿，其长度为宽的 2 倍以上，腿节末端 1/6 处黄色，胫节基部和端部及跗节，均为黄色。胫节稍弯曲，末端斜切，具 1 距。

生物学特性：生活史、生活习性与上述 2 种大腿小蜂近似。在北京该蜂寄生榆毒蛾蛹，常与广大腿小蜂、毒蛾大腿小蜂同步发生，对第 1~2 代榆毒蛾蛹的寄生率高达 30% 以上，也是广大腿小蜂和毒蛾大腿小蜂的重寄生蜂。在四川大邑该蜂寄生舞毒蛾幼虫寄生蜂斑痣悬茧蜂。在湖南韶山，次生大腿小蜂是寄生松毛虫的黑足凹眼姬蜂的重寄生蜂。1971 年寄生率高达 35.14%~60.42%，危害极大。该蜂于 4 月 30 日从凹眼姬蜂茧内开始羽化，5 月上旬为羽化盛期，5 月 26 日羽化结束。成虫寿命21~50天。寄生第1代凹眼姬蜂茧蛹的，于5月15日至6月10日羽化，寄生第2代凹眼姬蜂的于7月4—21日羽化。从8月份起，在松林内很难再找到此蜂，转移寄生其他寄生物。

另据报道，国内学者还从舞毒蛾卵收集到下列几种小蜂：

①舞毒蛾灿金小蜂 *Trichomalopsis genalis*（Graham）（杨忠岐、李广武、姚德富，1997年6月5日，采自北京通州舞毒蛾卵）。

②舞毒蛾卵跳小蜂 *Ooencyrtus parties* Yang et Yao（高瑞桐，1997年9月12日，采自山东莒县舞毒蛾卵）。

③毛虫卵同色宽缘金小蜂 *Pachyneuron muscarum*（L.）（高瑞桐，1997年9月12日，采自山东莒县舞毒蛾卵）。

④松毛虫卵宽缘金小蜂 *Pachyneuron solitarium*（Hartig）（张永安，1999年9月20日，采自舞毒蛾卵）（杨忠岐等，2015）。

第3章

寄 生 蝇

3.1 寄蝇科 Tachinidae

寄蝇类昆虫是舞毒蛾幼虫期，特别是老龄幼虫期的重要寄生天敌，发生普遍，最为常见。据调查，国内寄生舞毒蛾的寄蝇常见的有 10 属，但在舞毒蛾不同发生地区，寄生的优势种差异很大（图 8~ 图 10）。

寄生舞毒蛾的寄蝇科昆虫分属检索表

1. 翅前鬃短而细，一般小于第 1 根沟后翅内鬃，显著小于第 1 根沟后背中鬃……2

   翅前鬃粗而长，一般大于第 1 根沟后翅内鬃，显著大于第 1 根沟后背中鬃……6

2. 翅中脉心角为夹角（直角、锐角或钝角），后方具褶痕或赘脉；下腋瓣正常，外侧不向下弯曲；后背中鬃 3~4 根……………………………………………………3

   翅中脉心角为弧角，圆滑，后方无褶痕；胸部各翅上鬃间无填充小鬃；雄虫肛尾叶沿背中线裂为左右两瓣……………………………………………………5

3. 后头上方眼后鬃后方具成行排列的黑毛；单眼鬃位于前单眼后方，后头向后方拱起；中肘横脉至径中横脉的距离大于中肘横脉至中脉心角的距离；触角芒不呈膝状弯曲；腹部覆盖浓厚而均匀的粉被，具闪变性灰斑，后缘无黑色横带；第 5 背板沿背中线略侧扁；小盾心鬃细，毛状………………………

………………………………………蜉寄蝇属 *Phorocera* Robineau-Desvoidy

后头上方在眼后鬃后方无黑毛……………………………………………………………4

4. 颜堤鬃分布最多不超过基部1/2，如果超过1/2，则颜鬃细小呈毛状，排列不整齐；中脉心角具1很长的褶痕；内侧额鬃2根，单眼鬃发达………………
……………………………………………………………追寄蝇属 *Exorista* Meigen

颜堤鬃发达，上升达颜堤上方的1/3~1/4；后头向后方拱起，髭位于口缘上方水平；复眼被密毛………………… 奥蜉寄蝇属 *Austrophorocera* Townsend

5. 前胸侧板板中央凹陷被毛；R_{4+5}脉基部仅具1~4根小鬃；中足胫节具1根前背鬃；3根基鬃排列于1条直线上，髭位于口缘上方；触角芒裸，小盾端鬃发达，向背后方伸展；侧颜裸或在额鬃下方被稀毛；后头上方在眼后鬃后方具1行黑毛；肘脉末段长为中肘横脉之半……………………………………………
………………………………………美根寄蝇属 *Meigenia* Robineau-Desvoidy

前胸侧板中央凹陷无毛；端第5径室开放；中足胫节具1根腹鬃……………
……………………………………………………刺腹寄蝇属 *Compsilura* Bouché

6. 颊特窄，其宽度小于侧颜在触角基部水平上的宽度，后头平，在眼后鬃后方无黑毛；后足胫节具1行排列紧密的梳状前背鬃，下侧颜特窄，上下缘平行；复眼被毛，雄虫前足爪长于第5分跗节，如否，则颜高大于额长；单眼鬃存在；雄虫第4、5背板腹面无密毛斑；中足胫节具1根腹鬃，前足胫节具2根后鬃…………………………狭颊寄蝇属 *Carcelia* Robineau-Desvoidy

颊的宽度显著大于或至少相当于侧颜在触角基部水平上的宽度………………7

7. 后气门前肋被毛；肩胛具5根肩鬃，其排列为外3内2；内侧额鬃大多数退化；腹部末端略向腹面弯曲；腹部各腹板及背板沿腹面后缘具长鬃，产卵器末端外观呈铲形；复眼裸；内侧额鬃1根；腹侧片鬃2+1或1+1，髭远远位于口缘上方，二者间距约与触角第2节长度相等…………饰腹寄蝇属 *Blepharipa* Rondani

后气门前肋无毛；复眼被毛……………………………………………………………8

8. 颜堤鬃上升达额堤上方1/3部分；内侧额鬃1根；腹侧片鬃2+1……………

………………………………………………栉寄蝇属 *Pales* Robineau-Desvoidy

颜堤鬃集中分布于颜堤下方，不超过下方的 1/2；内侧额鬃 2 根……………9

9\. 腹侧片鬃 2+2；R_{4+5} 脉基部仅具 1 根小鬃………………………………………

………………………………………………赘寄蝇属 *Drino* Robineau-Desvoidy

腹侧片鬃 2+1；R_{4+5} 脉基部具 3~5 根小鬃；额很宽，明显宽于复眼，间额后方宽于前方；额鬃 2 行，内侧 1 行沿间额两侧发育完整，直达单眼三角的水平；内侧额鬃位于额鬃外侧，向后方伸展，略向外弯曲；背中鬃 3+4；腹部第 2 背板中央凹陷不伸达后缘；侧缘全被稀毛，其宽度等于或大于复眼横轴；颜堤鬃上升达颜堤上方 1/5；后顶鬃多根，小盾心鬃 1 对，伴随数根刺状鬃

…………………………………………………抱寄蝇属 *Baumhaueria* Meigen

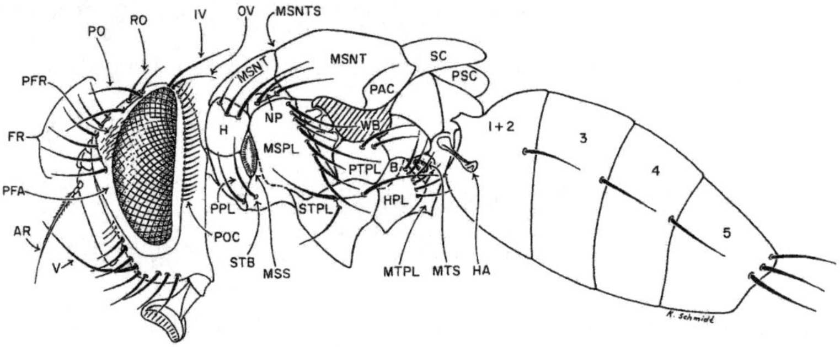

图 8　寄蝇形态特征 I 侧面观（仿 Sabrosky & Reardon, 1976）

AR——Arista 触角芒
FR——Frontal bristles 额鬃
H——Humerus 肩
HA——Halter 平衡棒
HPL——Hypopleuron 下侧板
IV——Inner vertical bristle 内顶鬃
MSNT—Mesonotum 中胸背板
MSNTS-Mesonotal suture 中胸背板缝
MSPL—Mesopleuron 中胸侧板
MSS——Mesothoracic spiracle 中胸气门
MTPL—Metapleuron 后胸侧板
MTS——Metathoracic spiracle 后胸气门
NP——Notopleuron 背侧板
OV——Outer vertical bristle 外顶鬃
PAC——Postalar callus 翅后胛
PFA——Parafacial area 侧颜区
PFR——Parafrontal area 侧额区
PO——Proclinate orbital bristles 前眶鬃
POC——Postocular cilia 眼后纤毛
PPL——Propleuron 前胸侧板
PSC——Postscutellum 后小盾片
PTPL—Pteropleuron 中胸
RO——Reclinate orbital bristles 后眶鬃
SC——Scutellum 小盾片
STB——Stigmatic bristles 气门鬃
STPL—Sternopleuron 腹侧板
V——Vibrissa 髭
WB——Wing base 翅基

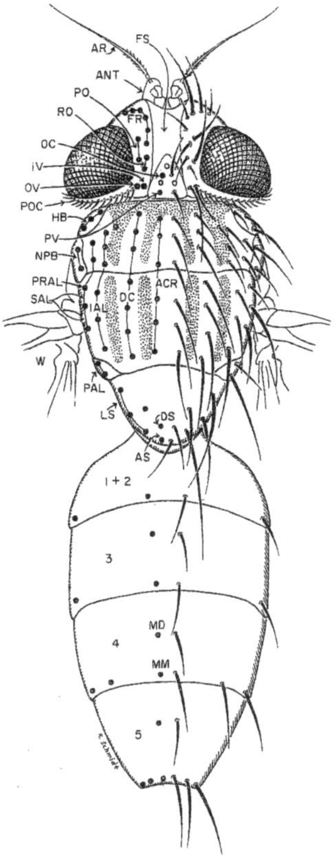

ACR—— Acrostical bristles 中鬃
ANT—— Antenna 触角
AR——— Arista 触角芒
AS——— Apicoscutellar bristle 中端鬃
DC——— Dorsocentral bristles 背中鬃
DS——— Discoscutellar bristle 小盾鬃
FR——— Frontal bristles 额鬃
FS——— Frontal stripe 额条
HB——— Humeral bristles 肩鬃
IAL——— Intra-alar bristles 翅内鬃
IV———— Inner vertical bristle 内顶鬃
LS——— Lateral scutellar bristles 小盾侧鬃
MD——— Median discal bristle 中心鬃
MM——— Median marginal bristle 中腹缘鬃
NPB —— Notopleural bristles 背侧鬃
OC——— Ocellar bristle 单眼鬃
OV——— Outer vertical bristle 外顶鬃
PAL——— Postalar bristles 翅后鬃
PO——— Proclinate orbital bristles 前眶鬃
POC —— Postocular cilia 眼后纤毛
PRAL—— Prealar bristle 翅前鬃
PV——— Postvertical bristle 后顶鬃
RO——— Reclinate orbital bristles 后眶鬃
SAL——— Supra-alar bristles 翅上鬃
W———— Wing 翅

图 9　寄蝇形态特征 II 背面观（仿 Sabrosky & Reardon，1976）

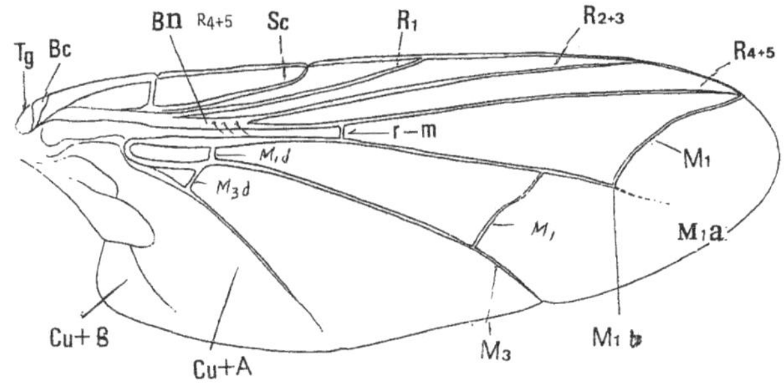

图 10　寄蝇形态特征 III 翅

Bc 前缘基鳞，M_1a 中脉附肢，R_{4+5} 4,5合径脉，BnR_{4+5} 合径脉基部

M_1b 中脉心角，Cu+A 第1臀脉，M_3 肘脉，r-m 径中横脉

Cu+B 第2臀脉，R_1 第1径脉，Tg 翅肩鳞，M_1 端横脉

R_{2+3} 2,3合径脉，M_1d 中脉下肢，M_3d 肘脉下肢

3.1.1 抱寄蝇属 *Baumhaueria* Meigen，1838

（30）天幕毛虫抱寄蝇 *Baumhaueria goniaeformis*（Meigen，1824）

为古北区种类，种群发生数量比较集中，寄主种类比较单纯。在辽宁新金县和盖县的部分地区，该蝇是黄褐天幕毛虫 *Malacosoma neustria testacea* Motschulsky 的重要天敌。据文献记载，该蝇也可寄生舞毒蛾，但寄生数量不多，对种群数量影响不大。国内仅知分布于辽宁、内蒙古。国外分布于欧洲北部。

形态特征（图 11：A，B）：成虫体长 8~12mm。复眼裸，额宽约为复眼宽度的 2 倍（雄虫）~2.2 倍（雌虫），间额在单眼三角前的宽度为侧额的 2/3，额鬃每侧 2 行，外侧 1 行较小，3~4 根下降至侧颜，前方 1 根达触角芒的水平，雌雄均具外、内侧额鬃各 2 根，后头拱起，上半部无小黑鬃，侧颜被稀疏小黑毛，其宽度约为触角第 3 节宽的 3 倍。触角基部 2 节红黄色，第 3 节黑色，其长为第 2 节长的 7~8 倍；触角芒全部加粗。颜堤隆起，颜堤鬃粗大，上升达颜堤上方 1/4；颊被黑毛；下颚须筒形，红黄色。胸部黑色，覆灰白色粉被，背面具 4 条黑纵纹，中间 2 条较宽，肩鬃 4 根，后方 3 根基鬃排列成 1 直线，中鬃 3+3，背中鬃 3+4，翅内鬃 1+3，腹侧片鬃 2+1；小盾片黄褐色，基部黑色，缺小盾端鬃，但在小盾片背面竖有 2 根鬃状毛，小盾侧鬃 1 根。翅淡色，透明，翅肩鳞黑色，前缘基鳞淡黄色，前缘刺发达，端第 5 径室闭合，有时具小柄，R_{4+5} 脉基部具小鬃 3~5 根，中脉心角至翅缘的距离为中脉心角至中肘横脉距离的 1.5~1.8 倍。足全为黑色，雄虫前足爪与第 5 跗节等长，中足胫节具腹鬃 1 根。腹部第 2 背板基部中央凹陷不达后缘，具中缘鬃 2 根，第 3 背板具中心鬃 2~3 对，中缘鬃 1 对，第 4 背板具中心鬃 1~2 对，缘鬃 1 行，第 5 背板覆盖黄灰色粉被，具缘鬃 1 行和排列不规则的心鬃 2 行。

卵：半椭圆形，背面隆起，表面具龟甲状网纹。微卵型，长0.23mm，宽0.17mm。

幼虫：黄白色，圆锥形，前胸后缘两侧具1对前胸气门。腹部末端呈截状，具黑褐色气门盘1对，气门盘中部为后气门，后气门具3条弯曲的气门裂，明显突出。老熟幼虫体长13~14.5mm，宽3.6~4.7mm。

蛹：围蛹，前端略细，初期红褐色，后为黑褐色，外壳保留幼期外部形态。蛹长8.9~11.2mm，宽4.0~5.4mm。

生物学特性：据呼声久等（1977）在辽宁饲养观察，天幕毛虫抱寄蝇每年发生1代，以蝇蛹在土壤内越冬。次年4月中旬越冬蛹开始羽化，5月上旬羽化完毕。成虫于5月中旬开始产卵，一直可延续到6月上旬产卵结束。蝇蛆在寄主体内营寄生生活，约可生活1个月，6月中旬开始从寄主体内脱出，6月下旬脱蛆结束。雄蝇羽化较早，雌蝇羽化略迟数天。羽化时间以5:00—7:00最多，约占68%左右，8:00以后羽化逐渐减少，一直到18:00停止羽化。成虫羽化出土后约半小时即可飞翔，飞翔活动都在日出以后，以9:00—14:00活动最多，活动高峰在11:00前后，夜间停息不动。晴朗无风天气活动最盛，阴天和刮风下雨天气停止活动。成虫飞翔力强，呈曲线形飞行，常与地面保持50cm左右的距离，飞行时发出“嗡嗡”响声，易于识别。一次飞行持续时间平均为32s。成虫主要活动时期是4月中旬至5月中旬。

成虫贪食，在野外常吸食蒙古栎 *Quercus mongolica* Fisch. 的芽苞和初放嫩叶的分泌物，进行补充营养，特别喜食芽苞被虫蛀后所流出的粘液。雌雄虫羽化后，当天即可交配，交配以8:00—13:00最多。交配前，雄虫非常活跃，到处飞翔，寻找雌虫，发现后立即交配，交配持续时间约9~36min，雌雄虫一生都可多次交配。雌虫产卵一般多在13:00—18:00进行，以14:00—16:00为产卵高峰。卵多喜欢产在有天幕毛虫幼虫取食的蒙古栎顶端嫩叶的边缘处，麻栎 *Q. acutissima* Carr. 和柞栎 *Q. dentata*

Thunb. 叶上很少产卵，在老叶上也不产卵。每次只产卵 1 粒。产卵时，雌虫先落在槲栎的嫩叶上，然后爬到叶背边缘的缺刻处产卵。据观察，在被产卵的 1 个叶片上，平均有卵 13.8 粒，最多达 158 粒。1 个雌虫腹内含卵量 456~4301 粒不等，但其实际产出率平均只有 25.3%。雌虫寿命平均为 22.5 天，雄虫寿命比雌虫短。

在野外，卵的发育历期为 16~18 天，卵在叶片上可附着 8~12 天，最长 17 天，由于卵期较长以及附着在叶面上的时间较久，因而被寄主幼虫吞入的概率很高。此种寄蝇属卵胎生，卵在产出前，胚胎发育已经成熟，因此当卵被寄主吞入后，在肠液的诱发下，只需 1h 就可孵化为幼虫。孵化的幼虫即在寄主体内取食，到寄主结茧化蛹时，将蛹内取食一空，此时蝇蛆已经老熟，便突破蛹壳，以分泌液浸润寄主的虫茧，钻出茧外，落地入土化蛹。1 个被寄生的寄主体内，可寄生十多头至几十头蝇蛆，但到最后出蛆时，在多数情况下只能脱出蝇蛆 1 头，少数可脱出 2 头，其他蝇蛆无法完成发育而死亡。

蝇蛆脱出时间最早是在寄主结茧后的第 7 天，最迟是在第 21 天，一般多在结茧后第 11 天前后脱出。脱蛆时间前后持续 14 天。1 天内以 5:30—6:30 脱出的蝇蛆数最多。蝇蛆落地后立即钻入土中，入土深度 1~12mm 不等，以 3~6mm 处最多，入土后约经 9~13h 化蛹。如果土壤板结，不易入土，也可在地面化蛹。

3.1.2 奥蜉寄蝇属 *Austrophorocera* Townsend，1916

（31）毛瓣奥蜉寄蝇 *Austrophorocera hirsuta*（Mesnil，1946）

1982 年 6 月 14 日在吉林长春净月潭采集的舞毒蛾幼虫中获得此蝇，数量很少。周艳涛、李晓灿等于 2010 年 6 月中下旬，在黑龙江哈尔滨、肇源采集的舞毒蛾蛹内获得此种寄蝇，寄生率为 1.9%。寄主有杨枯叶蛾 *Gastropacha populidolia* Esper、黄褐天幕毛虫 *Malacosoma neustria* Motschulsky。国内已知分布于黑龙江、辽宁、吉林、河北、山东、山西、浙江、台湾、湖南、广西、四川、云南、西藏。国外分布于越南。

形态特征（图 11：C，D）： 体长 10~12mm。雄虫头部黑褐色，覆盖稀薄灰白色粉被，下侧颜及周围暗红色，复眼被密毛，额宽为复眼宽的 3/4，间额红褐色，前端稍宽于后端，单眼前为侧额宽的 1/7，侧颜裸，略宽于触角第 3 节。触角黑色，第 3 节长为第 2 节的 5 倍，下颚须暗黄色，略向背面弯曲，吻短粗。头部背面额鬃向间额交叉排列，前方额鬃下降至侧颜上方 2/3 部位，低于触角芒着生处。单眼鬃发达，大小同额鬃，外顶鬃不发达，颜堤鬃升达颜堤上方 1/3 部位。髭位于口缘上方，其间隔距离与触角第 2 节长度大致相等，口缘不向前突出，颊被有浓密细毛黑色。胸部黑色，覆盖稀薄灰色粉被，背面具 5 个黑纵条，中间 1 条在盾沟前消失，中鬃 3+3，背中鬃 3+4，翅内鬃 0+3，腹侧片鬃 2+1。小盾片暗黄色，覆盖稀薄灰色粉被，小盾端鬃交叉排列，向后伸展。翅暗灰色，透明，中脉心角与中肘横脉之间距离小于心角至翅后缘之间距离。R_{4+5} 基部有 4~5 根小鬃，前缘刺不发达，下腋瓣白色，少数个体液下腋瓣背中央具细长白毛。足黑色，胫节暗红色。腹部黑色，第 2~4 背板两侧具红黄色斑，第 3~5 背板基部 1/5~1/2 处覆盖稀薄灰色粉被，沿背中线有 1 个黑纵条，第 2 背板具 1 对中缘鬃，第 3 背板具 1 对中缘鬃，2~3 对中心鬃，第 4 背板具 1 行缘鬃，2~3 对中心鬃，第 5 背板具 2 行中心鬃和 1 行缘鬃。肛尾叶细长。雌虫额比复眼略窄，间额两侧缘大致平行，头部两侧各具 2 根外侧额鬃，外顶鬃明显。触角第 3 节长度为第 2 节的 4 倍，爪及爪垫短。

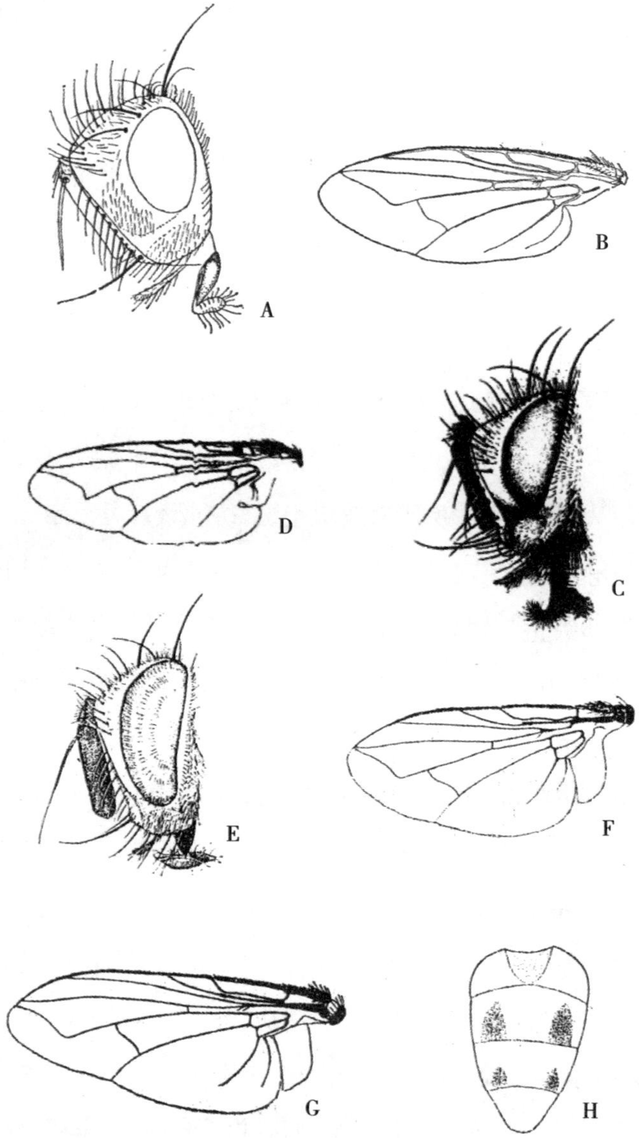

图 11　各种寄蝇形态特征

A，B 天幕毛虫抱寄蝇（仿呼声久和李兴华，1977）；

C，D 毛瓣奥蜉寄蝇（仿赵建铭和梁恩义，2001）；

E，F 蓝黑栉寄蝇（仿 Zuska，1963）；

G，H 大形美根寄蝇（仿赵建铭和梁恩义，1984）

3.1.3 栉寄蝇属 *Pales* Robineau-Desvoidy，1830

（32）蓝黑栉寄蝇 *Pales pavida*（Meigen，1824）

该蝇为多主寄生，至少可寄生鳞翅目13个科的50多种幼虫，舞毒蛾是其转主寄主之一。国内已知分布于北京、黑龙江、河北、陕西、浙江、福建、四川、云南、西藏。国外分布于日本、印度、欧洲、北非。

形态特征（图11：E，F）：成虫体长7~11mm。雄虫复眼被淡色稀疏长毛，额宽为复眼宽的2/3，间额棕褐色，与侧额等宽，额鬃有3根下降至侧颜达触角芒的水平，内侧额鬃1根，外顶鬃发达。后头黑色，扁平，上半部在眼后鬃后方具1行黑色小鬃，侧颜红棕色，覆盖浓厚银白色粉被。触角黑色，第3节长为第2节的4.5倍，宽于侧颜的宽度，触角芒基部1/2加粗。颜堤鬃上升达颜堤上方1/3的部位，下颚须黑色。胸部黑色，覆盖浓厚灰白闪变粉被，背面具4条窄纵纹，中间2条较清晰，肩胛褐色，肩鬃4根，后方3根基鬃排成直线，中鬃3+4，背中鬃3+4，翅内鬃1+3，腹侧片鬃2+1，小盾片淡黄色，基部1/3黑色，两小盾亚端鬃的距离大于小盾亚端鬃至基鬃的距离，侧鬃1根，小盾心鬃1对。翅淡色透明，翅肩鳞和前缘基鳞黄色，前缘刺短小，R_{4+5}脉基部具小鬃2根，中脉心角直，由中脉心角至翅缘的距离小于由中脉心角至中肘横脉的距离。足黑色，胫节黄褐色，中足胫节具前背鬃2根，后足基节后缘裸，胫节具前背鬃梳1行。腹部蓝黑色，长卵圆形，覆盖闪变灰白粉被，第2背板具中缘鬃1对，第3背板具中缘鬃1对，中心鬃1~2对，第4背板具缘鬃1行，中心鬃1~2对。

蛹：围蛹，表面特别光滑，有几行小刺或窄的分节带。气门板表面稍突出，每个气门板有4个气门齿裂，气门齿裂轻微弯曲，气门板上无宽的环状纹，钮在气门板中部。

生物学特性：蓝黑栉寄蝇一年可完成4~5个世代，以蛹越冬。次年春季羽化出成蝇，交配后产卵于叶片背面，1 个雌虫的含卵量高达 1000~2000 粒，产出的卵被寄主幼虫吞食后要在寄主的消化道内停留一段时间，幼虫孵化后移动到寄主幼虫体腔内的胸部背后，约经 17~24 天，当幼蛆发育到 1cm 长时从寄主幼虫体内钻出，落到地面化蛹，夏季世代蛹期约 12 天左右。

在印度，该蝇于 2 月间从尘污灯蛾 *Spilarctia obliqua* Walker 茧内羽化出成虫。5 月间在高海拔地区寄生印度天幕毛虫 *Malacosoma indica* Walker 幼虫。

3.1.4 美根寄蝇属 *Meigenia* Robineau-Desvoidy，1830

（33）大形美根寄蝇 *Meigenia majuscula*（Rondani，1859）

据文献记载，本种寄蝇在辽宁丹东地区寄生舞毒蛾。国内分布于北京、天津、黑龙江、辽宁、内蒙古、河北、山东、福建、台湾、青海、新疆、云南、西藏。国外分布于蒙古、越南、欧洲、非洲。

形态特征（图 11：G，H）：体长 6~8mm。雄虫头部黑色，覆盖灰白色粉被，复眼被浓密长毛，毛的长度约为单眼直径的 2 倍，额宽为复眼宽的 3/5，间额大致与侧额等宽，侧额被黑毛，下降至侧颜达额鬃下方，侧颜显著宽于触角第 3 节。触角全部黑色，第 3 节长为第 2 节的 2~3 倍，触角芒基部 1/4 加粗。额鬃 3~4 根下降至侧颜，前方的 1 根达触角芒的水平，外顶鬃毛状，后头上半部在眼后鬃后方具 2 行黑毛，下颚须黑色。胸部黑色，覆盖灰白粉被，背面具 5 条黑纵纹，中间 3 条愈合，末端三角形，肩鬃 3 根，排列于 1 条直线上，前胸腹板两侧被毛，中鬃 3+3，背中鬃 3+3，翅内鬃 1+3，腹侧片鬃 2+2。小盾片全部黑色，小盾端鬃向后上方伸展。翅淡黄褐色，透明，翅肩鳞和前缘基鳞黑色，R_{4+5} 脉基部具 4~5 根小鬃。足全部黑色，前足胫节具 2 根后鬃，中足胫节具 2 根前背鬃。腹部黑色，覆盖深厚而均匀的灰白色粉被。第 2 背板基部中央凹陷达后缘，第2~4背板两侧具隐蔽的红黄色花斑，第3、4背板各具2个近圆形的黑斑，两黑斑距离较大，各具1~2对中心鬃，第5背板具1行心鬃。肛尾叶黑色。背面基部有1条特隆起的棱脊，中部分为2叶，成叉状，被浓密的棕黄色长毛，侧尾叶平直，被棕褐色长毛。

3.1.5 蜉寄蝇属 *Phorocera* Robineau-Desvoidy，1830

（34）勺肛蜉寄蝇 *Phorocera assimilis*（Fallén，1810）

中文名曾用捷蜉寄蝇、毒蛾侧行寄蝇、毒蛾蜉寄蝇。作者等于1982年在吉林敦化县和1983年在黑龙江桦南县孟家岗林场，1992年6月在辽宁海城、岫岩等地，分别从舞毒蛾老熟幼虫收集到此蝇的蛹，并于第2年春季羽化出成蝇。该蝇寄主单一，与舞毒蛾发生同步，是舞毒蛾的重要寄生蝇，对降低舞毒蛾种群数量有重要意义。据报道，在俄罗斯还可寄生松毛虫。本种寄蝇不能完全适应寄生柞蚕，幼蛆侵入蚕体后仅可生活6~7天，不久就死亡、死亡的幼蛆体色变黑，逐渐硬化，可随寄主蜕皮而脱落掉，因此对柞蚕不会有明显危害。国内已知分布于北京、黑龙江、辽宁、山西。国外分布于日本、韩国、奥地利、法国、罗马尼亚、塞尔维亚、波兰、俄罗斯、北非。引入美国东北部。

形态特征（图12：A~F）：成虫体长8~12.5mm。雄虫复眼被密毛，额宽约为复眼宽的2/3，间额两侧缘平行，宽为侧额的1.5~2倍，侧颜裸，中部宽度为触角第3节宽度的1.5倍。触角黑色，第3节为第2节长的4倍。口缘显著向前突出，额鬃有3~4根下降至侧颜，最前方1根达触角芒水平，颜堤鬃上升达颜堤上方1/3，不规则地排成2~3行，下颚须端部1/2黄色，基部1/2暗褐色。胸部黑色，覆盖灰白色粉被，背面有5条黑纵纹，中间1条在盾沟前不明显，中鬃3+3，背中鬃3+4，翅内鬃0（1）+3，腹侧片鬃2+1。小盾片基半部黑褐色，端半部红黄色。翅灰色透明，前缘刺不发达，翅肩鳞和前缘鳞黑色，R_{4+5}脉基部具2~4根小

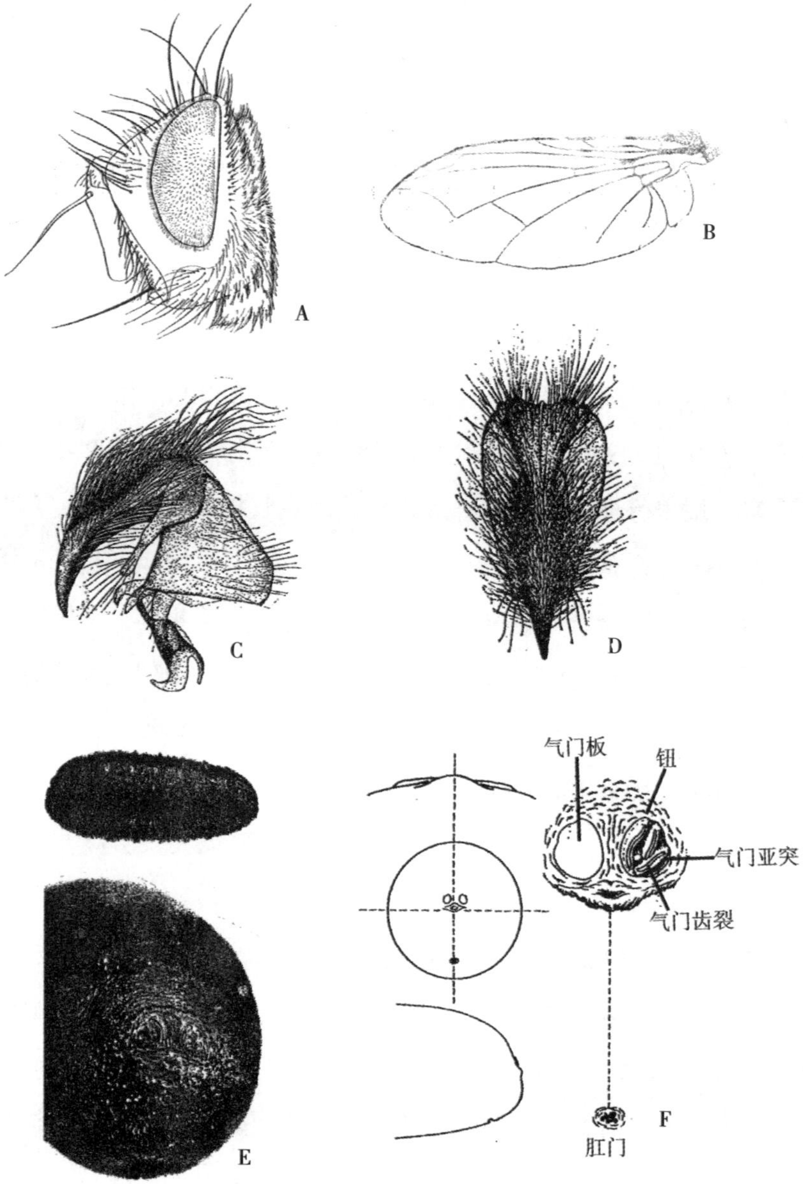

图 12　勺肛蜉寄蝇雄虫（仿 Sabrosky，1976；Schaefer，1981；赵建铭等，2001）

A 头部侧面观；B 左翅；C 外生殖器侧面观；D 外生殖器正面观；E，F 蛹的末端鬃，由中脉心角至翅后缘的距离与心角至中肘横脉的距离大致相等。足黑色，中足胫节具3根前背鬃。腹部黑色，覆盖闪变的灰白色粉被，第2~4背板两侧具不明显的红黄色花斑，第2背板基部中央凹陷达后缘，具中缘鬃1对，第3背板具1~2对中缘鬃，第4背板具缘鬃1行，后缘钝突明显，第5背板具心鬃和缘鬃各1行。肛尾叶细长，末端尖，背面被浓密而细长的棕黑色毛。

卵：大型，白色，长椭圆形，长0.7~0.9mm，宽约为长的一半，腹部略弯曲。

蛹：围蛹，表面光滑，仅有几行小刺或狭窄的分节带。侧面观蛹的末端在顶端以上稍微凹陷。气门板位于亚端部，离开中央，表面凹陷和倾斜，根据此特征容易识别此种。气门齿裂直或稍弯曲，无明显环纹。亚气门突与肛门之间多少有些膨胀。钮在气门板中间。

生物学特性：勺肛蜉寄蝇每年发生1代，它的生活史与舞毒蛾发生期同步，因此不需要其他的转主寄主或越冬寄主，以舞毒蛾为寄主就可完成年生活史。在北京地区，此蝇于5—6月间羽化出成蝇，产卵寄生舞毒蛾的中老龄幼虫，并于当年6月上旬至6月下旬，老熟蝇蛆从舞毒蛾老龄幼虫和蛹内出来在土壤内化蛹，在同一季节内蛹发育为成蝇，但不羽化出来，以成蝇状态在蛹壳内越夏越冬，直至次年5—6月间才羽化出成蝇。

卵白色，大而显著，通常多产在寄主幼虫的胸节部位，以靠近头部处为数较多。在1条舞毒蛾幼虫上可产下多粒卵，但最后存活下来的绝大多数为1头（图版XII：65）。另据观察，在寄主体上产卵数量多的比产卵1粒的，可显著增加寄蝇成虫的羽化率和寄主幼虫的死亡率，但寄蝇从幼虫到蛹羽化为成虫的发育时间要长，而且还会影响到蛹体大小，使蛹变小。寄生5龄幼虫的，寄蝇的存活率比寄生4龄幼虫的要高。1头雌蝇平均可产卵100粒左右，最大产卵量可达218粒。产卵后很快就孵化出蝇蛆并钻入舞毒蛾幼虫体内寄生。幼蛆孵化时，卵壳前端出现裂痕，从卵前端前方钻入寄主体腔。在舞毒蛾幼虫化蛹前，寄蝇蝇蛆完成发育，有一部分蝇蛆在舞毒蛾蛹期完成发育。蝇蛆老熟后离开寄主，落到地面化蛹，越夏越冬，直到第 2 年春季羽化出成虫。该蝇喜欢在郁闭度大的庇荫林地活动，在郁闭度 0.7~0.9 的密林里，该蝇对舞毒蛾的寄生率一般较高，而在通风良好的森林里，寄生率则较低。但在大发生年份，其寄生率也不会超过 35%~50%。其原因，一是该蝇的繁殖率比舞毒蛾低，在 1 个世代中只有舞毒蛾繁殖率 1/4；二是该蝇的蛹越夏越冬时间长，从 7 月至次年 5 月长达 10 个月，在此期间容易受到捕食性昆虫的食害，或者受到温度，特别是湿度的影响引起大量死亡。

饲养与繁殖：在勺肛蜉寄蝇成虫出现时期，一般为 5 月下旬至 6 月上旬，从野外用扫网法收集成蝇，配对以确保雌蝇有旺盛的生殖力。雌雄成蝇可放在 40cm × 26cm × 17cm 清洁透明的塑料养虫笼内饲养，两端用网纱密封。蜂蜜可涂在养虫笼壁上或顶网上，在小玻璃瓶内放纱布条提供水。用 4~5 龄舞毒蛾幼虫接种。接种用的幼虫最好是刚蜕过皮的幼虫。舞毒蛾幼虫可养在装有人工饲料的杯内，放在 25℃，相对湿度 60%，16h 光照和 8h 黑暗的环境控制箱内。勺肛蜉寄蝇蛹喜欢湿润，保存蛹时要保持 90%~95% 相对湿度。

3.1.6 赘寄蝇属 *Drino* Robineau-Desvoidy，1863

（35）平庸赘寄蝇 *Drino inconspicua*（Meigen，1830）

中文名曾用拟平庸赘寄蝇。可寄生多种鳞翅目幼虫和叶蜂类幼虫，以叶蜂类害虫寄生最多，其次是松毛虫、舞毒蛾等，为我国林区的常见种。1993 年作者在四川大邑从采集的舞毒蛾幼虫中获得此蝇。国内已知分布于北京、黑龙江、吉林、辽宁、河北、浙江、江西、福建、台湾、湖北、湖南、广东、海南、广西、贵州、四川、云南、西藏。国外分布于日本、印度、俄罗斯、匈牙利、保加利亚、塞尔维亚、波兰、摩洛哥。引入美国、加拿大。

形态特征（图 13；图版 XI：57）：成虫体长 7~9mm。头部头顶及侧额粉被为金黄色，其余部位为灰色。复眼裸。额宽为复眼宽的 3/5（雄虫）或两者大致等宽（雌虫）。额鬃 2 行，外侧 1 行较小，前方 2~3 根下降至侧颜，最前方的 1 根达触角第 2 节末端的水平。单眼鬃毛状，位于前单眼两侧，较内侧额鬃细小。内侧额鬃 2 根，雌虫具 2 根外侧额鬃。侧颜上半部被毛。触角黑色，第 3 节较第 2 节长 1.2~1.5 倍，触角芒基部 1/2 加粗。颊被黑毛。下颚须棕黑色，末端略黄。胸部黑色，覆盖灰黄色粉被，背面具 4 条黑色纵纹，中间 2 条较窄，肩鬃 4 根，后方 3 根排成 1 直线，中鬃 3+3，背中鬃 3+4，翅内鬃 1+3，腹侧片鬃 2+2。小盾片暗黄色，基部暗黑色，小盾侧鬃 2 根。翅淡色透明，R_{4+5} 脉基部仅具 1 根小鬃。中足胫节前背面具 1 根鬃。腹部黑色，覆盖灰黄色粉被，端部黑色光亮，第 2 背板无中缘鬃，第 3 背板具 1 对短小的中缘鬃，第 4 背板具 1 行缘鬃。雄性第 4 背板两侧腹面各具 1 圆形密毛区。

卵：浅灰色，长 0.55~0.60mm，宽 0.18~0.20mm。长椭圆形，前端略尖，后端圆形，下侧凹陷。表面刻点明显，有清晰的网状纹。

幼虫：1 龄幼虫无色，透明，体长约 1.0mm，宽 0.33mm，前端尖，后端圆。头部无刺，体表多少有刺，末节有气门刺和骨化区。口咽骨不分关节。2 龄幼虫无刺或少刺，体长 2.0~2.5mm，宽 0.8~1.0mm。口咽骨有 1 个关节。3 龄幼虫具刺和长毛，体长 8.0~9.0mm，宽 3.0~3.5mm。头部光秃，除后端的口器外。后气门突出，褐色或黑色，不发亮，突出部分向上倾斜。每个气门有 3 个浅褐色的呼吸裂缝，长度和排列不定，位于脊的顶端。口咽骨分 3 个关节。

蛹：围蛹，蛹长平均 4~5mm，黑褐色，有时为浅褐色。蛹壳密布小刺或像小刺一样的细毛。气门板明显突出，突出的高度为气门板直径的

1/2 或超过直径。气门板表面不平坦，端部有 3 个气门齿裂。气门齿裂直或稍弯曲；气门板之间的距离约为气门板直径的 2/3。气门区周围有 1~2 个体壁褶。

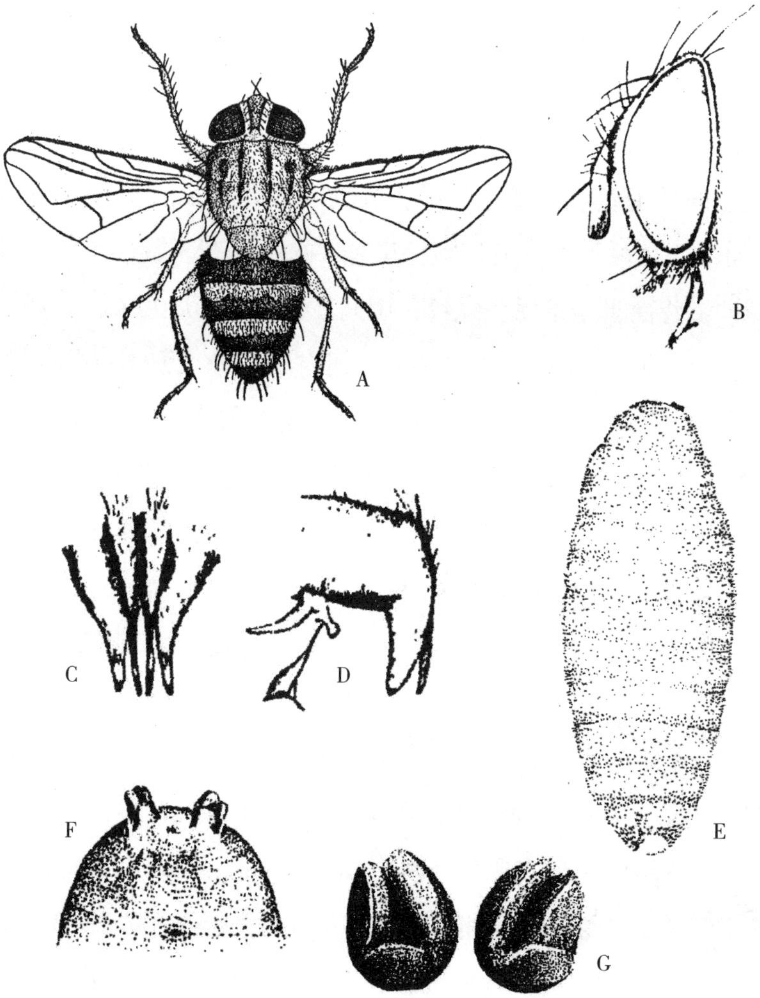

图 13 平庸赘寄蝇（仿 Webber，1932）

A 成虫；B 雄虫头部侧面观；C 雄虫生殖器后面观；D 雄虫生殖器侧面观；E 3 龄幼虫；F 蛹末端；G 后气门板

生物学特性：平庸赘寄蝇一年可完成2个世代，部分可发生3代，以第1龄蝇蛆在松毛虫越冬幼虫或结茧叶蜂的幼虫体内越冬。次年春季蝇蛆迅速发育，老熟蝇蛆通常多是离开寄主幼虫或蛹，在寄主茧内或附近土壤内化蛹，夏季世代蛹期10~14天，雌蛹平均11.3天，雄蛹平均10.9天。雄虫比雌虫早羽化1~2天，雌蝇羽化后当天即寻找配偶交配。一生可交配多次。交配后经12~14天开始产卵。1个雌虫最多可产卵122粒，最少产卵82粒。未经过交配的雌虫不产卵。产卵一般都在白天。雌虫寿命一般为4~5周，长的可生活60~70天。卵透明，多产于舞毒蛾幼虫的体侧或腹面，产下时卵的胚胎已发育成熟，因此在产后15min至1h内即可钻入寄主幼虫体内。蝇蛆共3龄，在寄主幼虫体内平均可生活13.9天。1头寄主幼虫体内一般有2~3条蝇类幼虫，最多可有7头蝇蛆寄生。该蝇为多主寄生，舞毒蛾只是它的转主寄主之一，在其生活史中缺少与其完全同步的固定寄主，每个世代都是在不同寄主体上完成，如果在任何时期缺乏转主寄主，就会限制它们在自然界的繁殖和数量的增加。因此这种寄蝇对舞毒蛾种群数量的抑制作用不大。

据谭泽荣等（2004）报道，平庸赘寄蝇在湖北宜都一年可完成8个世代，世代重叠，以蛹在杂草和表土处越冬。次年4月上旬越冬蛹开始羽化，成虫取食植物分泌的糖分和水，并将卵产于腐殖的肉类上。卵期8~12h，幼虫期6天，预蛹2天，蛹期5天，完成1代需14~16天。5月中下旬此蝇的第2代成虫将卵产于松毛虫老熟幼虫腹部第3~4节处，蝇蛆孵化后吸取松毛虫体液，待松毛虫老龄幼虫进入预蛹即将化蛹时，寄生于蛹体内。寄蝇幼虫发育成熟，咬破松毛虫茧壳在草丛和地表处化蛹。10月20日左右化蛹越冬。

平庸赘寄蝇成虫于清晨开始羽化，8:00—10:00为羽化高峰。当日18:00—20:00即可交配，交配后2~3天产卵。成虫喜在河边、林间和植被较密、空气湿度较大的透风场所活动，喜光性强。飞翔能力随气温升高而增强。10:00 前常停留在植株顶端和树干的向阳面取暖，气温 35℃以上时停在荫凉处。中午多在树荫下有风处飞翔，行动敏捷。

繁殖和利用：据谭泽荣等（2004）报道，2003 年湖北宜都五眼泉乡越冬代马尾松毛虫发生严重，该市森林病虫防治站从林间收集大量平庸赘寄蝇蛹，放在潮湿透光的实验室内，用瘦猪肉和牛骨架大量繁殖此蝇，后于 5 月 22—26 日将蝇蛹投放到松林里，投放 1 月后进行调查。结果显示，该蝇具有较强的寄生能力和寄主专化性，能有效控制松毛虫的密度。

3.1.7 刺腹寄蝇属 *Compsilura* Bouché，1834

（36）康刺腹寄蝇 *Compsilura concinnata*（Meigen，1824）

本种寄蝇分布地区很广，寄主昆虫种类极多。据文献记载，已从 200 多种昆虫中间养出这种寄蝇，计有鳞翅目 20 个科和叶蜂总科 3 个科的昆虫。1992 年和 1996 年作者从辽宁鞍山和北京采集的舞毒蛾中获得此蝇。国内已知分布于北京、黑龙江、吉林、辽宁、内蒙古、浙江、云南、西藏。国外分布于日本、韩国、印度尼西亚、马来西亚、印度、伊朗、法国、德国、西班牙、波兰、匈牙利、塞尔维亚、罗马尼亚、俄罗斯、澳大利亚、新几内亚岛。

形态特征（图 14；图版 XI：58）：成虫体长 6.5~8.5mm。雄虫头部黑色，覆盖灰白色粉被；复眼被浓密淡黄色毛；额宽为复眼宽的 5/7，侧颜被黑毛，侧颜裸，其宽度与触角第 3 节相等；颜堤鬃粗大，上升达颜堤上方 1/3~1/4 部位。触角黑色，第 3 节基部红棕色，其长为第 2 节的 4 倍；触角芒基部 1/3 加粗。额鬃下降至侧颜超过触角第 2 节末端水平；单眼鬃退化；无外侧额鬃，外顶鬃毛状，后头上方在眼后鬃后方有 1 行黑毛；下颚须淡黄色。胸部黑色，覆盖灰白色粉被，背面具 4 条黑纵纹，中间 2 条在盾沟后方愈合，前胸腹板两侧被毛，肩鬃 4 根，其中 3 根基鬃排列于 1 直线上，中鬃 3+3，背中鬃 3+4，翅内鬃 1+3，腹侧片鬃 2+1。小盾片全部黑色。翅淡褐色透明，翅肩鳞和前缘基鳞黑色，前缘刺不发达，R_{4+5} 脉基部具 2~4 根小鬃。足跗节黑色，其余均棕褐色，前足胫节具 2 根后鬃，中足胫节具 1 根前背鬃。腹部黑色，背面具黑纵条，第 2 背板基部中央凹陷达后缘。第 3~5 背板各具中心鬃 1~2 对，基部 3/5 具浓厚灰白色粉带。雌虫腹部第 3、4 背板两侧缘在腹面形成龙骨突，沿腹中线具 2 行长刺。

蛹：围蛹，侧面观蛹的后部末端宽而平坦，呈圆形；气门板小，亚气门突稍突起，气门板几乎垂直于蛹的长坐标轴；气门板之间的区域平坦或很皱，无深沟；气门齿裂直或仅轻微弯曲；钮在气门板边缘附近。

生物学特性：康刺腹寄蝇是小型种寄蝇，是幼虫和蛹的跨期寄生昆虫，每年可完成 3~4 个世代，因地区不同而异。其中有 1 个世代在舞毒蛾上完成。每年 11 月间，以 2 龄蝇蛆在美国白蛾等昆虫的蛹或预蛹内越冬。次年 4 月天气转暖时蝇蛆迅速发育，蝇蛆老熟后离开越冬寄主虫体，进入枯枝落叶层或土壤内化蛹。4 月末至 5 月下旬为成蝇羽化期，雌蝇交配后，寻找舞毒蛾幼虫寄生。在野外，此时舞毒蛾正是中、末龄幼虫阶段，同时也可寄生其他种类任何合适的寄主幼虫。它对舞毒蛾幼虫寄生数量的多少，取决于当时当地有无合适的其他寄主幼虫的存在，及存在的种类和发生数量的多少。此蝇为产蛐型，其卵在雌蝇子宫内孵化，雌蝇以其锐利的穿刺器，刺破寄主幼虫皮层，将产卵器插入刺破的伤口，在幼虫体腔内产下白色的活蝇蛆。穿刺器为由第 6 腹节发育而成的 1 个尖锐的弯曲似钩的几丁质突起。在 1 个被寄生的幼虫体内，常可育出 1~5 头蝇蛆，1 头雌蝇一生可以产出 100 多个幼蛆。在加拿大，有人对该蝇寄生舞毒蛾的情况做过统计，1 个寄主体内有 3 头蝇蛆寄生的占 6%，有 2 头蝇蛆的占 31%，有 1 头蝇蛆的占 63%。蝇蛆发育老熟后，在舞毒蛾幼虫体内化蛹，并在同一个季节内，从舞毒蛾幼虫体内羽化出来，或者在舞毒蛾蛹内化蛹，再从寄主蛹内羽化出来。蝇蛹约经 9~14

天羽化为成蝇。该蝇喜在树冠上部或灌木的顶端飞翔活动，一般距离地面很高，因此用捕虫网很难采集到。雌蝇羽化后 3~4 天达到性成熟，完成 1 个生活周期大约需要 20~28 天。5—11 月间都可见到这种寄蝇的成虫。在自然界，如果在该蝇发生季节，缺乏适宜的转主寄主，就会影响其繁殖和数量的增加。

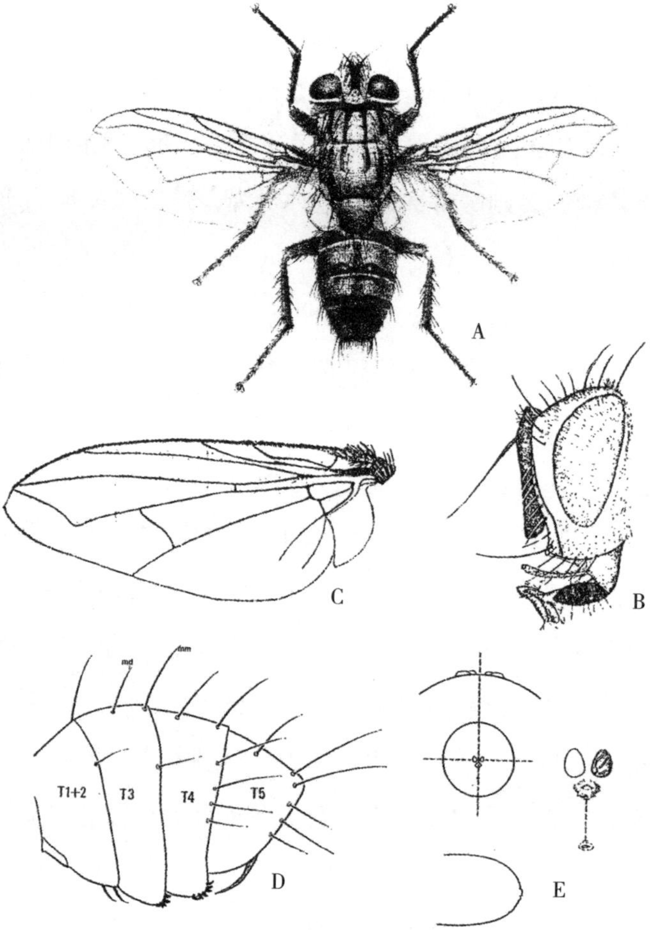

图 14　康刺腹寄蝇

A 成虫（仿美国农业部林务局，1985）；B 头侧面观；C 左翅（仿赵建铭和梁恩义，1984）；D 腹部背板（md 中心鬃，mm 中缘鬃）（仿 Schaefer 等，1981）；E 蛹（仿 Simons 等，1979）

3.1.8 饰腹寄蝇属 *Blepharipa* Rondani，1856

在我国，寄生舞毒蛾的饰腹寄蝇属已知有2种，主要分布在我国东北地区，在其他地区还没有从舞毒蛾上采集到。

1. 雌虫后足胫节前背鬃与雄虫相似，长短比较一致，排列条密如梳状；第7腹节腹板，后缘中央显著向后延伸，呈三角形。雄虫额鬃一般下降至侧颜达触角第2节末端水平；腹部毛较细长，第3背板不具中缘鬃，第5背板后端钝，背面观呈梯形；体长9~13mm ……梳胫饰腹寄蝇 *Blepharipa schineri*（Mesnil）

   雌虫后足胫节前背鬃和雄虫有显著区别，长短不一致，排列疏松；第7腹节腹板如铲形或舌形，其后缘呈弧形向后拱出。雄虫额鬃一般下降至侧颜达触角芒着生处水平或更低；腹部毛较短粗，第3背板一般具1对短小的中缘鬃，第5背板后端尖，背面观呈三角形。体长7~12mm……………………………………………………………………………柞蚕饰腹寄蝇 *Blepharipa tibialis*（Chao）

（37）梳胫饰腹寄蝇 *Blepharipa schineri*（Mesnil，1939）

本种是舞毒蛾幼虫期的寄生蝇，单寄生，在我国东北地区较为常见，也可寄生落叶松毛虫 *Dendrolimus superans*（Butler）。国内已知分布于黑龙江、吉林、辽宁、江苏、湖南、四川。国外分布于欧洲、日本、韩国。

形态特征（图15：A，B）：成虫体中型，体长9~13mm。头部暗灰或黄灰色，复眼裸，触角第2节和触须红黄色。小盾片每侧有1根小盾侧鬃。下腹瓣灰白色，边缘杏黄色。腹部被灰黄或灰白色花粉状物。雌虫后足胫节前背鬃长短比较一致，排列紧密，如梳状，第7腹节腹板后缘中央显著向后延伸，呈三角形。雄虫额鬃通常降至侧颜，达触角第2节末端水平，腹部毛较细长，第3背板不具中缘鬃，第5背板后端钝，背面呈梯形。后足胫节前背鬃如梳状，与雌虫相似。

卵：卵圆形，长0.25mm，宽0.17mm，黑色，表面薄而透明，卵黄膜包围发育成熟的幼蛆胚胎。

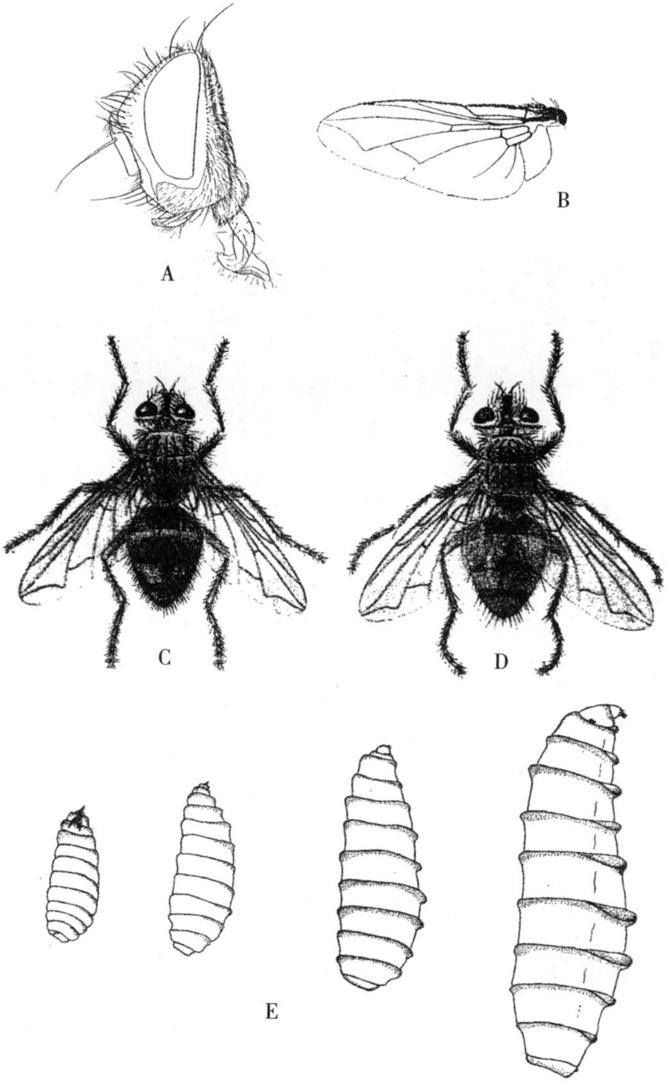

图15 饰腹寄蝇属

A，B 梳胫饰腹寄蝇；C~E 柞蚕饰腹寄蝇；

C 雄虫；D 雌虫（仿辽宁省蚕业科学研究所，1980）；E 1龄幼虫初期侧面观，

1龄幼虫末期侧面观，2龄幼虫，3龄幼虫（仿吴必强等，1980）

蛹：围蛹，表面光滑，仅有几行小刺或狭窄的分节带；气门板通常不突出，表面比较光滑平坦，气门板之间有三角形的隆脊状延伸部分；亚气门突大，突出；气门齿裂十分扭曲，有明显的沟，钮在气门板中部。

生物学特性：梳胫饰腹寄蝇一年完成1个世代，以发育成熟的蛹在土壤内越冬。次年春末羽化出成蝇。成虫白天羽化，以上午羽化较多。羽化后不久即可交配，2~3周后开始产卵，此时在野外大部分舞毒蛾幼虫是3龄末期或4龄初期，产卵期一直可持续到舞毒蛾蛹期。雄成虫寿命3~33天，平均15天；雌成虫寿命14~38天，平均21天。该蝇喜欢寄生4~6龄幼虫。在野外，卵多单粒分散产在有舞毒蛾幼虫危害的树木叶片上，雌蝇含卵量高达1000多粒，产出时卵内蝇蛆胚胎发育已经成熟，一些卵连同树叶被舞毒蛾幼虫一起吞下。没有被吞下的卵，则成为无效卵而浪费掉。被吞下的卵大部分完整无损。吞下后不久，卵黄膜开裂，蝇蛆穿过薄的卵壳孵化出来，1龄蝇蛆在寄主腹腔内漂浮一段时间，然后侵入第2~6腹节的节间肌内定居。当寄主幼虫变为预蛹时，蝇蛆蜕皮进入2龄阶段，寄主幼虫化蛹当天，2龄蝇蛆栖居在寄主的呼吸漏斗内，蝇蛆的后气门与寄主蛹的气门相连。寄主化蛹后3~4天，蝇蛆在呼吸漏斗内蜕皮进入3龄，此时寄主蛹死亡。至寄主化蛹后第6天，3龄蝇蛆离开呼吸漏斗在寄主蛹液内自由移动。直到寄主化蛹后7~8天，蝇蛆发育成熟从寄主体内出来，在表土下形成围蛹，约经8~9天后化蛹，以蛹在围蛹内越夏然后越冬。

饲养与繁殖：从野外采集即将化蛹的舞毒蛾老熟幼虫或蛹，放在养虫笼内饲养，收集梳胫饰腹寄蝇的围蛹。收集到的围蛹可放在消毒过的15mm × 150mm塑料培养皿里，培养皿加盖，皿内保持干燥，不需加水。然后将培养皿放入盛有水的塑料盒内，堆放在水的上面，在0℃冰箱内贮藏。也可将放有蝇蛆的培养皿放在室外装满细沙的平板上，用叶片覆盖，任其过冬。次年春季，从冰箱内取出培养皿，打开上盖，将盛有蝇蛹的培养皿放入塑料袋制成的养虫笼内，养虫笼底部为6.35mm厚的有机玻璃，大小为203.2mm×279.4mm。铁丝箍架长965.2mm，尼龙袋大小为254mm×152.4mm×609.6mm，养虫笼放在温度23±1℃，相对湿度75%，16h光照和8h黑暗的环境控制室内。

成蝇羽化后，可移入塑料袋养虫笼内饲养，塑料袋上用小针刺孔，以增强空气交换和预防笼内凝聚湿气。每个养虫笼内放有棉纱布条的盛水瓶，瓶内插入带有叶片的小枝条，供成蝇产卵。在另一个培养皿内放入有糖的小方钵，并在养虫笼内壁或支架上用小毛笔涂上蜂蜜，作为成蝇的食料。室内温度控制在15~26℃，相对湿度稳定在50%~90%，用4支1.2m的荧光灯照明，16h光照。每个养虫笼至少保持雌雄性比1：2，以刚羽化的雌虫与较老的雄虫交配最为适宜。产在叶片上或养虫笼内壁上的卵取下后可放在0~2℃和相对湿度40%冰箱内冷藏备用，也可直接将卵粘在舞毒蛾幼虫喜食的叶上，喂饲4~6龄老龄幼虫接种。从寄主体内出来的蝇蛆可放在塑料培养皿内，在23℃和相对湿度60%时很快就化蛹。

据试验观察，在0~2℃和相对湿度100%条件下冷藏210天的围蛹，从冰箱内取出后于15天内开始羽化出寄蝇成虫，羽化期可持续15天，羽化率为58.7%。在0℃条件下冷藏300天的，移出后7天内即羽化出成蝇，羽化率44.6%。

（38）柞蚕饰腹寄蝇 *Blepharipa tibialis*（Chao，1963）

该种寄蝇是我国东北地区的特有种，对舞毒蛾幼虫的寄生率很低。在辽宁柞蚕产区发生普遍，危害3~5龄春蚕十分严重，春蚕平均受害率在65%以上。国内仅知分布于黑龙江、吉林、辽宁。

形态特征（图15：C，E；图版XI：59）：成虫体长7~13mm。复眼裸。雄虫头部覆盖金黄或灰黄色粉被，额宽为复眼宽的3/5，侧额为触角第3节宽的1/2，间额与侧额等宽。触角基部2节棕黄色，第3节黑色，其长为第2节的1倍。下颚须黄色，基部黑褐色；额鬃有5~7根下降至侧颜，前方1根达触角芒着生处之水平，单眼鬃毛状。胸部黑色，覆盖灰色或黄灰色粉被，背面具5条窄黑纵纹，中鬃3+3，背中鬃3+4，翅内鬃1+3，肩鬃4，肩后鬃3，腹侧片鬃2+1。小盾片棕黄色，基部黑褐色具4对缘鬃和1对心鬃，其中小盾侧鬃1根。翅淡色透明，翅基和前缘黄褐色、翅肩鳞和前缘基鳞黑色，端第5径室开放于翅尖的前方，R_{4+5}脉基部具1~3根小鬃。腹部黑色，毛较短粗，第2~4背板两侧及腹面棕黄色，覆盖灰色或灰黄色粉被，在第4背板具倒三角形粉斑，第2背板无中缘鬃，第3背板具1对短小的中缘鬃，第4背板具1行缘鬃，第5背板后端尖，具1行缘鬃和2~3行心鬃，背面观呈三角形。雌虫后足胫节的前背鬃长短不一致，排列疏松，与雄虫有显著区别，第7腹板如铲状，后缘呈弧形向后突出。

卵：浅灰色，卵圆形，前端略尖，后端钝圆，表面具网状刻纹，长0.31mm，宽0.18mm。

幼虫：1龄幼虫长纺锤形，乳白色，稍透明。初期体长约0.25mm，宽0.56mm。末期体长4.5~6.2mm，宽1.2~2.0mm。口咽器不分节，末端愈合为1中齿，口钩处于开芽体状态，附着于中齿基部两侧。无前气门，后气门1裂，环绕于气门室顶端，无气门环。2龄幼虫体长6.5~1.3mm，宽2.2~3.5mm。口咽器不分节，但已基本分离，仅中齿端部略有连接。口钩较发达，在中齿两侧并列。有前气门。后气门3裂。3龄幼虫体躯分14节，体乳白色或淡黄色，末期体长9.5~14.5mm，宽3.5~5.8mm。口咽器分3节，左右完全分离，平行对称排列，中间有下口堤连接，口钩尖锐，移至最前端。后气门3裂，淡棕色，呈弯曲状，气门钮棕色。

蛹：围蛹，长椭圆形，黑赤褐色，前端略尖，后端较钝。表面平滑，无突起，分节不十分清晰，有灰色或黑色条纹可以区分。腹部前6节较大，腹部末节缩小成为盾形的瘤，瘤的背方两侧各有1后气门，位于腹部第9节，后气门稍隆起，在蛹体横轴的背方，有气门裂及气门钮的痕迹。蛹长8.0~11.5mm，宽3.6~5.5mm。蛹重52.5~135.8mg。

生物学特性：柞蚕饰腹寄蝇在辽宁凤城地区每年发生1代，以蛹在土壤内越冬。蝇蛹的发育起点温度为10.3℃，有效积温为57.4℃。次年5月上旬成蝇开始羽化，中旬为羽化盛期，下旬为羽化末期。5月下旬成虫开始产卵，6月上中旬为产卵盛期。7月上旬蝇蛆老熟离开寄主虫体入土化蛹，而后越夏越冬。寄蝇卵和幼虫在寄主体内生活的时间为22~40天，平均30天左右。成虫在喂蜂蜜和水情况下，雌虫可生活22~46天，平均32.5天；雄虫在交配后可生活6~25天，平均17.3天。柞蚕饰腹寄蝇成虫羽化时刻，从5:00开始，以7:00—10:00羽化最多，11:00后逐渐减少。羽化前期雄多雌少，后期雌多雄少，一般以羽化后的第6~11天为转折点。羽化时，成虫以额囊的膨胀和收缩先将蛹壳顶开1个纵裂，然后在腹部第1节后缘形成1横裂，使蛹帽和蛹壳部分分离，再顶开蛹帽钻出蛹体。并以额囊的膨缩和附肢的活动从土中钻出地面。成虫羽化后约经半小时左右就能展翅飞行，飞翔力强，飞行距离很远。在野外，成虫以各种蚜虫分泌的蜜露和露水等作为食料。

雌虫羽化后不久即可交配，以8:00—11:00交配的较多，交配持续时间18~57min，平均38min。雌雄虫一生都可进行多次交配。雌虫交配后经过一段时间补充营养即开始产卵，产卵期17~31天，平均24天。1头雌虫1次可产卵10~15粒，形成1~2个卵堆。根据解剖，1头雌虫腹内含卵量至少有1020粒，但一般不会全部产出，一生至少可产卵200粒以上。产卵前，雌虫先停落在有寄主幼虫正在取食的叶面上，在寄主周围爬行，寻找产卵场所和产卵时机，然后将卵产于寄主正在取食的叶片表面前方，卵由黏液粘在叶面。刚产出的卵，卵内已形成幼蛆，经过几分钟后，卵就被寄主幼虫吞入，在胃内与胃液接触后，幼蛆即加速蠕动，经几分钟到几个小时，即刺破一裂口钻出卵外。蝇卵孵化后，穿过胃壁进入体腔，钻入寄主表皮下的毛原细胞内，形成白色透明包囊。幼虫在包囊内发育极慢。待到寄主吐丝结茧时，幼虫破囊而出，钻到寄主的气门下方，以其身体后端与气门相连，形成呼吸漏斗，开始大量吸食寄主营养。发育进度加快。蝇蛆共3龄，当蝇蛆进入到第3龄时将寄主在化蛹之前致死，然后穿过寄主体壁外出，此时正是寄主结茧后的第5天。蝇蛆从寄主体脱出的时间，多在5:00—15:00，以10:00—13:00为最多。1头蝇蛆脱出时间最长要150s，最短为55s。1个被寄生的寄主体内，平均可寄生16头蝇蛆，最多28头，最少6头，与寄主体大小有密切关系。被寄生的虫体，可有1~7个脱蛆孔，以2~4个者为多，占70%左右。总脱蛆时间为1~7天，以2天最多，绝大多数在3天内脱完。脱出的蝇蛆立即钻入土中，约经20h化蛹。入土化蛹深度一般多在10cm以上，个别的可深达15cm。土壤湿度在10%~30%时，有利于化蛹和蛹的存活。在自然条件下，蛹的死亡率一般在50%左右，高的可达90%。

3.1.9 斑腹寄蝇属 *Maculosalia* Mesnil，1946

（39）灰色斑腹寄蝇 *Maculosalia grisa* Chao et Liu，1985

周艳涛、李晓灿等于2010年5、6月间在黑龙江哈尔滨、拜泉和龙江等地采集的舞毒蛾幼虫和蛹内获得此蝇，寄生率达2.6%~4.5%。国内仅知分布于新疆、山西和黑龙江。

形态特征：成虫体黑色，体长6.5~7.5mm。雄虫体覆盖灰黄色粉被，被黑色毛。腹部第3、4、5节背板基半部覆盖灰白色粉被。复眼裸，额宽为复眼宽的1.1倍，间额与侧额等宽，外顶鬃细小，额鬃5根。侧颜裸，触角第3节约为第2节长的5倍，颜堤鬃发达，上升在颜堤上方1/5部位，后部拱起。中鬃3+3，背中鬃3+4，翅内鬃1+3，腹侧片鬃2+1，肩胛基鬃3根，排成直线。中胸盾片具5条黑纵纹。小盾片黑色，端部略呈黄褐色，小盾端鬃发达，交叉向上翘起。翅前缘刺发达，与径中横脉等长，R_{4+5}基部脉段被小鬃 8~9 根，中肘横脉位于R_5室端部 2/5 部位，中脉心角至翅后缘的长度为心角至中肘横脉长度的 1.5 倍，肘脉末段长度为中肘横脉的 1.5 倍。中足胫节前鬃 3，后背鬃 2，腹鬃 1。腹部第 2 背板基部中央凹陷达后缘，第 2~3 背板各具中缘鬃 1 对，第 3~4 背板各具 1 对三角形黑斑。肛尾叶基半部心脏形，端部向腹面弯曲，被黑色毛。雌虫体覆盖灰白色粉被，额宽为复眼宽的 1.5 倍，外侧额鬃每侧 2 根，触角第 3 节为第 2 节长的 3 倍，前足爪短，第 5 背板梯形，长约为宽的 3/5，第 3、4、5 背板基半部均覆盖灰白色粉被。

3.1.10 追寄蝇属 *Exorista* Meigen，1803

追寄蝇属 *Exorista* 是寄生舞毒蛾寄蝇中的一个重要类群，在我国已记载有 5 种追寄蝇寄生舞毒蛾，对自然控制舞毒蛾种群数量有重要意义。

寄生舞毒蛾的追寄蝇属昆虫分种检索表

1. 复眼被浓毛，单眼鬃着生于前单眼两侧，额鬃下降至侧颜达侧颜中部水平以下；后头被灰白色毛；体长 10~14mm　家蚕追寄蝇 *E. sorbillans*（Wiedemann）
   复眼裸，额鬃向头部背中线交叉排列 ……………………………………………2
2. 腹部各背板覆满灰色粉被，沿后缘无黑色横带；第 2 背板仅中央凹陷部分黑色，第 3、4 背板中部各具 1 模糊的钟形暗斑；中足胫节具 3 根前背鬃；第 5 背板长度为第 4 背板长 3/5~4/5，缘鬃粗大；触角第 3 节长度为第 2 节长的 3 倍；额鬃下降至侧颜达上方 2/5 部位；体长 8~12mm…………………………………………………………………………………毛虫追寄蝇 *E. rossica*（Mesnil）
   腹部各背板后缘具黑色横带，各背板上的粉被沿背中线中断，形成 1 条黑纵条…………………………………………………………………………3
3. 前缘刺不发达，其长度短于径中横脉之半；侧额上的粉被一般为灰白色，侧额与颊上的毛大小相似（复眼有时被稀毛）……条纹追寄蝇 *E. fasciata*（Fallén）

前缘刺发达，其长度几乎与径中横脉等长或至少长于径中横脉之半；额上粉被金黄色或灰黄色，侧额上的黑毛细小，显著小于颊上的黑毛 ··················4

4\. 侧额被稀疏短毛，其分布不下降至侧颜；雌虫触角第3节为第2节长度的2倍，侧额及侧颜覆盖灰黄色粉被。雄虫触角第3节为第2节长度的2.5倍，侧额及侧颜覆盖金黄色粉被，肛尾叶细长，末端呈梭形。体长7~13mm······ ··日本追寄蝇*E. japonica*（Townsend）

侧额被密毛，其分布随额鬃下降至侧颜。雌虫触角第3节短于第2节长度的2倍，雄虫触角第3节相当于第2节的2倍；侧额粉被灰黄色，雄虫肛尾叶为1上宽下窄的近长方形薄片，略向腹面弯曲，末端具1个小齿。体长6~12mm ······································· 古毒蛾追寄蝇*E. larvarum*（Linnaeus）

（40）毛虫追寄蝇 *Exorista rossica* Mesnil，1960

本种是多种鳞翅目幼虫的重要寄生昆虫，杨扇舟蛾*Clostera anachoreta*（Fabricius）、柳毒蛾*Stilpnotia salicis*（Linnaeus）、天幕毛虫*Malacosoma neustria testacea* Motschulsky等都可寄生。分布地区很广，作者等在北京、吉林、辽宁一些地区从采集的舞毒蛾幼虫中都曾获得过这种寄蝇，是北方地区常见的舞毒蛾天敌之一，国内已知分布于北京、天津、河北、内蒙古、吉林、辽宁、山东、江苏、湖南、云南、西藏、宁夏、陕西等地。国外分布于俄罗斯、印度。曾引入美国，未能定居。

形态特征（图16：A，B；图版XI：60）：成虫体长8~13mm。雄虫复眼裸。头部覆盖灰白色粉被，额宽为复眼宽的4/5，间额由前向后逐渐收缩，较侧颜窄1/3。侧额被短黑毛，侧颜上宽下窄，中部宽度约为触角第3节的1.5倍。口缘向前突出，颊被细长黑毛。触角黑色，第2节前面黄褐色，第2节与第3节交接处红黄色，第3节约为第2节长的2.6倍。触角芒基部1/2加粗。额鬃下降至侧颜中部，下颚须黄色。胸部覆盖灰色粉被，背面具5条宽阔的黑纵纹，中间1条略窄，中鬃3+3，背中鬃 3+4，翅内鬃 1+3，腹侧片鬃 2+1。小盾片暗黄色，基缘黑褐色，小盾端鬃交叉排列，略向后方伸展。翅灰色透明，前缘刺约为径中横脉长度之半，前缘脉第 4 段约有 4/5 被有小刺。R_{4+5} 脉基部具 4~6 根小鬃，由中脉心角至翅后缘的距离约为由心角至中肘横脉距离的 2 倍。足黑色，前足爪及爪垫的长度约为第 4、5 跗节的总和，中足胫节具 3 根前背鬃。腹部背面覆盖闪变的灰色粉被，沿各背板中线向后突出，各形成 1 个三角形尖齿，第 2、3 背板各具 1 对中缘鬃，第 4 背板具 8 根缘鬃，排成 1 行，第 5 背板具 1 行缘鬃，后方 1/3 具多数心鬃，排列不规则。肛尾叶为长而宽的三角形薄片，向腹面略弯曲，被黑毛，末端具 1 个小齿。

卵：长圆形，腹面扁平，长约 0.75mm，宽 0.17mm。初产时为乳白色，后渐变成灰黄色。

生物学特性：毛虫追寄蝇每年可完成 3 个世代，以老龄蝇蛆在寄主幼虫或蛹体内越冬，在北京地区是以老龄蝇蛆在杨扇舟蛾蛹内越冬。次年 5 月间开始出现成虫，成虫羽化时间以上午最多，约占 1 天羽化总数的 95%，其中以 5:00—8:00 羽化数量最多。刚羽化的成虫要静止一段时间，待翅完全伸展，虫体变干后开始活动。成虫羽化后 1~2 天即可交配，交配也以上午为盛，交配时间可持续 1~4h 不等，雌雄一生都可交配多次。交配后 1~2 天雌蝇开始产卵。在自然界，此时舞毒蛾幼虫正处于 3~5 龄时期，该蝇喜欢寻找 4~5 龄幼虫产卵寄生，以老熟幼虫最为适合。不喜欢寄生 1~2 龄幼虫。若寄生 2~3 龄舞毒蛾幼虫，由于寄主虫体较小，不能满足蝇蛆后期发育，容易造成大量死亡。该蝇的卵多产于寄主幼虫体表，产卵部位以胸腹部最多，约占 96% 左右，产于头部的卵很少。产卵寄生虫期不同和产卵部位不同可以影响到寄生是否成功，产于即将蜕皮的幼虫体上的卵，在寄主幼虫蜕皮时，常易将蝇卵连同皮壳一起被蜕掉；产于寄主幼虫口器可以触及的部位的卵，容易被幼虫消除掉，寄生成功率较低；产于幼虫头壳上的卵，孵化后一般不能侵入寄主体内寄生；只有产于靠近寄主幼虫头部的胸腹部背面的卵寄生率高，因此有不少产出的卵被浪费。1 头雌蝇一生少的可产卵 90~120 粒，最多可产卵 250 粒。

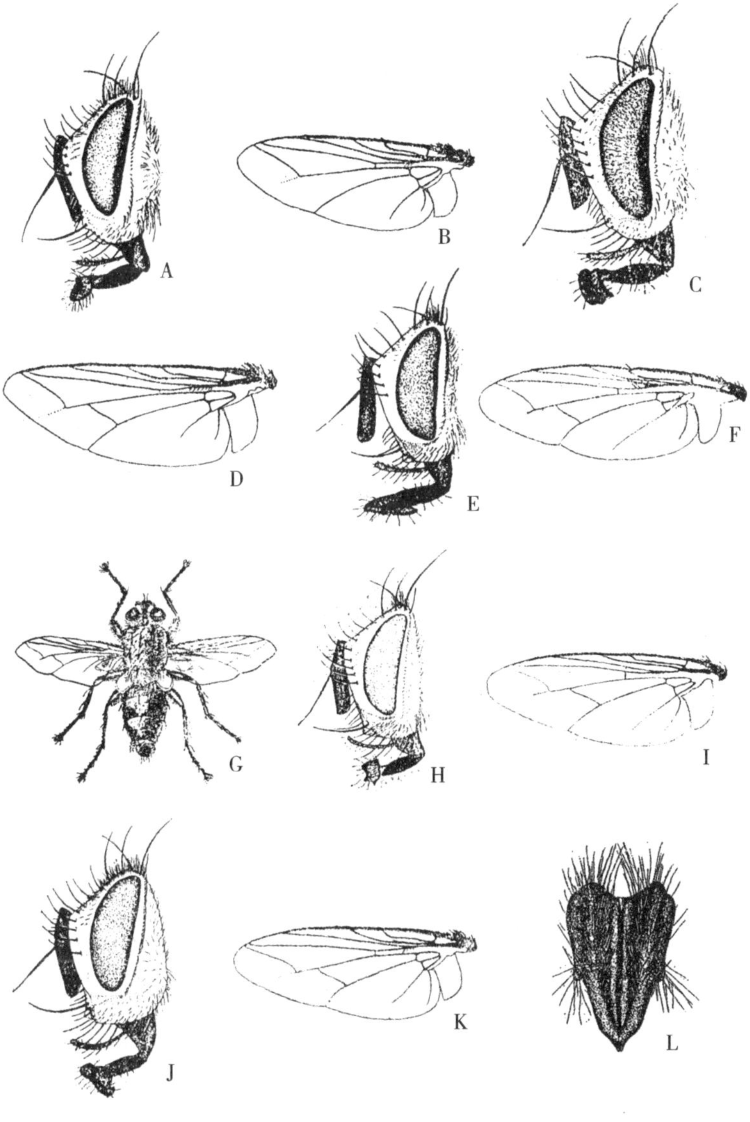

图 16 追寄蝇属（仿赵建铭和梁恩义，1984）

A，B 毛虫追寄蝇；C，D 家蚕追寄蝇；E，F 日本追寄蝇；G，H，I 古毒蛾追寄蝇；J，K，L 条纹追寄蝇产卵持续期为8~12天，在1头寄主幼虫体上可产卵1~7粒，有时可达10多粒。卵期4~5天，幼蛆孵化时，一般不脱离卵壳，先将身体前端伸出，在卵壳前端附近用口钩将寄主幼虫体壁刮一小孔，逐渐钻入寄主体腔内寄生。蝇蛆共3龄，经过4~6天蝇蛆老熟。此种寄蝇幼虫没有相互残杀习性，1个寄主体内可同时寄生1~4头蝇蛆，有时寄生的个体数更多，由于营养丰歉程度不一，蝇蛆个体大小相差很多。蝇蛆从寄主体内出来的时间，大部分是寄主蛹期，少数在寄主幼虫期。蝇蛆老熟后离开寄主在1~5cm表土层内化蛹，少数蝇蛆可在寄主体内直接化蛹。蛹为浅棕褐色，后变成暗褐色。蛹期8~12天。在夏季，从产卵到成虫羽化约需1个月。雌雄成虫寿命很长，雌虫可生活35天，雄虫最长可活49天。

饲养与繁殖：从蛹内羽化出来的毛虫追寄蝇成虫，可放在48cm×30cm×30cm的细纱养虫笼内饲养。笼的后壁为玻璃，便于观察。笼内放入沾有蜂蜜稀释液的海绵和干糖块，后壁玻璃框上放1条沾过蜂蜜水的纱布条，供成虫取食。1个笼内可饲养50头成虫。接种时可放入寄蝇喜欢产卵寄生的4~5龄幼虫。最好挑选蜕皮不久的幼虫接种，这种幼虫其头部明显宽于身体部分，以免在蝇卵孵化钻入虫体前，遇到寄主幼虫蜕皮将卵脱掉，接种不成。移动养虫笼的位置或使室内空气流通，可以刺激雌虫交配。上午将养虫笼放在阳光下晒15min，可以促使交配过的雌虫在短时间内产卵寄生。如果暂时不让雌虫交配产卵，可将养虫笼移至19℃的暗室内存放。

被产卵寄生的寄主幼虫，可移到有幼虫食料的养虫笼内继续饲养，或者放在盛有寄主人工饲料的带盖塑料杯内饲养，每隔5~7天更换1次饲料。室温保持26℃，相对湿度控制在60%左右。

（41）家蚕追寄蝇 *Exorista sorbillans*（Wiedemann，1830）

本种寄蝇寄主种类很多，分布十分广泛。作者等1992年在辽宁海城和 1993 年在四川大邑，都从采集的舞毒蛾幼虫体内采集到这种寄蝇，并于当年获得成蝇。国内广泛分布于北京、河北、山西、黑龙江、吉林、辽宁、内蒙古、山东、上海、江苏、安徽、浙江、江西、福建、台湾、广东、海南、广西、湖南、湖北、河南、陕西、云南、四川、贵州等地。国外分布于日本、朝鲜、韩国、印度、东南亚、欧洲、南非洲、北非洲、大洋洲。

形态特征（图 16：C，D）：成虫体长 10~14mm。雄虫复眼被密毛，额宽为复眼宽的 3/5~2/3，间额向前端加宽，与侧额大致等宽，侧颜中部宽度为触角第 3 节的 1.5 倍。触角黑色，第 3 节为第 2 节的 2.5~3 倍，触角芒基部 1/2 加粗。口缘显著向前突出，下颚须黄色，筒形，单眼鬃位于前单眼两侧，额鬃下降至侧额中部或中部以下，侧额及侧颜覆盖灰黄或金黄色粉被，背面具 5 条黑纵纹，中间 1 条在盾沟前不明显，中鬃 3+3，背中鬃 3+4，翅内鬃 1+3，腹侧片鬃 2+1，小盾端鬃短小，交叉排列，向后方伸展。中足胫节具 2 根前背鬃，后足胫节的 1 行前背鬃排列紧密，长短大致相同，仅中部 1 根较粗大。翅灰色透明，前缘脉刺不发达，R_{4+5} 脉基部脉段 1/2 被小鬃，中鬃心角大致位于翅后缘与中肘横脉的正中。腹部第 3~5 背板基部覆盖浓厚的黄色粉被，端半部黑色光亮，沿腹部背中线有 1 条黑纵纹，第 2、3 背板各具 1 对中缘鬃，第 4 背板具 1 行（6 或 8 根）缘鬃，第 5 背板具 1 行心鬃和 1 行缘鬃。肛尾叶三角形，基部 1/3 背面向内深深凹陷如槽状，密被交叉排列的金黄色毛。雌虫额与复眼等宽，头部每侧各具 2 根外侧额鬃。中脉心角距翅后缘较远，接近中肘横脉，前足爪及爪垫短。

卵：长椭圆形，灰白色，长 0.48~0.58mm，宽 0.24~0.29mm，前端稍窄，末端较宽。

幼虫：体长 11mm 左右，长椭圆形。头部尖，尾部截形。尾端后气门为 2 个横列的浅棕色点，在 100 倍显微镜下观察，每个浅棕色点为棕色斑点组成的缺环纹，内有 3 条浅棕色带纹。

蛹：围蛹，长 7mm，宽 3.5mm。表面光滑，仅有几行小刺或狭窄的分节带。侧面观蛹的末端稍微凹陷，末端的气门板小，稍突起，表面稍凹陷和倾斜。每个气门板有 3 个气门齿裂，气门齿裂直或稍弯曲。亚气门突与肛门之间多少有些膨胀。钮在气门板边缘向内皱缩处。

生物学特性：家蚕追蚕蝇为多化性种类，世代重叠现象明显。每年发生的世代数因地区不同而异，在北方地区一年可发生 4~5 代，在江苏、浙江、安徽等地一年发生 6~8 代，而在地处华南的广东省，每年可发生 12~14 代。在安徽省 6—7 月份室温条件下，各虫态的发育历期为卵期 2~4 天，幼虫期 4~6 天，蛹期 10~14 天，成虫可生活 5~12 天，完成 1 个世代大约需要 22~30 天。该蝇大部分以蛹在土壤内越冬，也有以蝇蛆在寄主体内过冬的。

次年 4 月中下旬成虫开始羽化，羽化高峰在 8:00—10:00 和 14:00—16:00，雄蝇比雌蝇早羽化 1~2 天。羽化后经过 2~3h 即可飞翔，成蝇飞翔力强，活动多在白天，尤其是在气温较高的中午，活动最为频繁，在林内常可见到该蝇在树冠和树干等处飞舞，雌蝇一生只交配 1 次，雄蝇可多次交配。春秋季节气温较低时活动明显减弱，常栖息不动。在野外，成虫以蚜虫分泌的蜜露和植物的花蜜为食料。春季世代以松毛虫、舞毒蛾等的老龄幼虫为寄主，当寻找到合适的寄主幼虫后，该蝇以腹部接触寄主幼虫，趁寄主幼虫受惊时，迅速将卵产于寄主幼虫的胸部、头部或胸足等处，以产卵时分泌的黏液将卵牢固地粘着在虫体上。但是，产下的卵若在寄主幼虫蜕皮之前还未孵化，卵常可在蜕皮时被脱掉。产卵时间一般多在上午和中午，产卵期可持续 4~8 天，1 个雌虫一生可产卵 250~300 粒，最多腹内含卵量达 800 粒。卵白色，明显可见。据在室内用 3~5 龄家蚕 *Bombyx mori* Linnaeus 幼虫接种，可在很短时间内，在 12 条家蚕幼虫上产下 76 粒卵，1 条蚕体上最多可产卵 16 粒，一般产

6~7粒卵。在家蚕幼虫上产的卵，孵化后即在附近穿过体壁钻入体内寄生，蝇蛆的后气门与外界相通，形成呼吸漏斗，进行气体交换。产卵处四周体壁变黑，在显微镜下检查，在变黑部位中央可看到1个很小的侵入孔。但在松毛虫等虫体上产卵的，不容易看到侵入孔。被寄生的幼虫仍能正常活动和取食，直到蝇蛆老熟时，离开寄主虫体入土化蛹。据印度报道，在1条被寄生的鳞翅目大幼虫体内，曾发现有25头该蝇的蝇蛆达到发育成熟。

家蚕追寄蝇对温湿度的适应能力很强，能承受35℃高温，但是最适宜的温度为25℃左右，相对湿度保持在70%~80%最为合适（冯月晓等，2008）。蛹期的长短可随温度高低而变化，将蝇蛹贮藏在8℃冰箱内，可冷藏1个月。刚羽化的成蝇在8℃低温下也能生活5天。另据王永州等（2009）报道，家蚕追寄蝇进行冷藏时，可选择化蛹5~8天的蛹，先将蛹放置在12~13℃冷藏6~18h，然后移入5℃冰箱冷藏，冷藏7天对蝇蛹的羽化率影响不大，并可延长其发育历期10~11天。

（42）日本追寄蝇 *Exorista japonica*（Townsend，1909）

本种寄蝇为广布性种类，分布广泛，寄主种类很多，在北京、东北三省和山东等地都从舞毒蛾上获得过此蝇，是舞毒蛾的重要天敌。林业上的一些其他害虫，如马尾松毛虫 *Dendrolimus punctatus* Walker、油松毛虫 *D. tabulaeformis* Tsai et Liu、柳毒蛾 *Stilpnotia salicis*（Linnaeus）、杨扇舟蛾 *Clostera anachoreta*（Fabricius）、美国白蛾 *Hyphantria cunea*（Drury）等都可寄生，已知寄主在30种以上。国内分布于北京、黑龙江、吉林、辽宁、内蒙古、河北、天津、山东、江苏、浙江、安徽、江西、河南、湖北、湖南、福建、台湾、广东、海南、广西、四川、甘肃、云南、贵州、西藏、新疆、陕西等地。国外分布于欧洲、日本、朝鲜、韩国、尼泊尔、越南、印度。引入美国，未能定居。

形态特征（图 16：E，F；图版 XII：61）：体长 6~13mm。雄虫复眼裸，额宽为复眼宽的 2/3，间额两侧缘平行，较侧额略窄，侧颜约为触角第 3 节的 1.5~2 倍。触角黑色，第 3 节为第 2 节长的 2.5~3 倍。侧额和侧颜覆盖浓厚的金黄色粉被，侧额被稀疏黑色短毛，不下降至侧颜，颊被细长黑毛，额鬃下降至侧颜中部的略上方，下颚须黄色。胸部黑色，覆灰黄色粉被，背面具 5 条黑纵纹，中间 1 条窄，在盾沟前不明显，中鬃 3+3，背中鬃 3+4，翅内鬃 1+3，腹侧片鬃 2+1。小盾片基半部黑褐色，端半部暗黄色，小盾端鬃交叉排列，向上方伸展。翅灰色透明，前缘刺发达，其长度与径中横脉相等，前缘脉第 4 段基部 4/5 被小刺。足黑色，前足爪与第 4、5 跗节的总长相等。中足胫节具 3 根前背鬃。腹部黑色，覆灰白色粉被，沿背中线被中断，形成黑纵条，第 2、3 背板各具中缘鬃 1 对，第 4 背板具缘鬃 1 行，第 5 背板后方 2/3 具排列不规则的心鬃和缘鬃 1 行。肛尾叶狭长，末端形如梭镖。

生物学特性：日本追寄蝇在辽宁沿海和山东烟台地区以老熟幼虫在美国白蛾蛹内越冬。在北京地区每年可完成 3~4 代，以蛹在土壤内越冬。次年 4—5 月间越冬蛹羽化为成虫。雄虫羽化比雌虫早 2~3 天，羽化时间以 8:00—10:00 数量最多，羽化后很快进行交配。甚至雌蝇正在羽化时即可招来雄蝇进行交配。雌雄虫一生都可多次交配，每次交配时间，短的为 2h，最长可达 6h。雌蝇交配受精后需要经过 5~7 天补充营养期，才开始产卵。在野外，主要以植物花蜜和蚜虫、蚧虫分泌的蜜露作为食料。雌蝇产卵时大多选择鳞翅目 4 龄幼虫，春季代成虫可寄生舞毒蛾幼虫和其他的幼虫，选中产卵目标后常以极其敏捷的动作将卵产于寄主幼虫体表。卵白色，大型，肉眼可见。蝇卵在寄主体表的分布，以胸部数量较多，其次是头部，很少产于腹部。卵期 4~5 天。幼蛆孵化后立即钻入寄主体腔取食寄主组织，当寄主进入老熟幼虫或蛹阶段时，蝇蛆完成发育，从寄主体内出来入土化蛹，少数在寄主蛹内化蛹。幼虫期 4~6 天，蛹期9~11天。7~9月在室内饲养，完成1个世代约需16~17天。雌蝇产卵期14~20天，1头雌蝇的最大产卵量为379粒。雌蝇平均生活15~20天，最长寿命为33天，因此在野外从春季到秋季均可见到成蝇活动。

据李杨等（2011）研究，日本追寄蝇在18~30℃温度条件下都可正常完成发育，每个虫态发育历期随温度升高而缩短，在平均温度18℃条件下，完成1个世代需要38天，而在30℃条件下，只需18天就可完成1个世代。发育起点温度：卵10.12℃，幼虫8.86℃，蛹7.81℃。全世代发育有效积温为383日度。

饲养与繁殖：日本追寄蝇为广布性种类，对环境条件的适应能力很强，寄主种类很多，发育过程无滞育现象，因此在寒冷的冬季，只要保持适宜的温湿度，温度保持25~26℃，相对湿度保持60%~70%，就可以继续进行饲养繁殖。繁殖时可用4~5龄的粘虫幼虫或其他适于寄生的适龄幼虫，进行接种，可先在养虫笼内放入足够数量的寄主幼虫，然后接入4~5对羽化2~3天的成蝇，每天喂10%~30%浓度的蜂蜜稀释液，并在养虫笼顶部盖1块浸湿的薄海绵，经常保持湿润，以供寄蝇取食吸水。每天观察1~2次，发现寄主幼虫体上有蝇卵后，将寄主幼虫取出另笼饲养。待繁殖到一定数量后，可将蝇蛹移到野外释放，或直接释放成蝇。

（43）古毒蛾追寄蝇 *Exorista larvarum*（Linnaeus，1758）

寄主很多，至少可寄生鳞翅目9个科的近60种昆虫，也可寄生舞毒蛾。国内已知分布于北京、黑龙江、吉林、辽宁、内蒙古、河北、山西、山东、安徽、浙江、台湾、江西、四川、西藏、新疆、宁夏、青海、陕西。国外分布于匈牙利、捷克、塞尔维亚、瑞士、意大利、法国、波兰、罗马尼亚、西班牙、英国、德国、俄罗斯、伊朗、日本、韩国、蒙古、印度、巴勒斯坦、埃及、北非。引入美国，已在东北部定居。

形态特征（图16：G~I）：体长7~12mm。雄虫复眼裸。额宽为复眼宽的1/2。内侧额鬃2根。后头扁平，上半部在眼后鬃后方无小黑毛。颜堤鬃上升不及颜堤长度之半。额鬃向头部背中线交叉排列，前方的1根达触角芒的水平。侧额小黑毛较密，显著小于颊上的黑毛，侧额毛伴随额鬃下降至侧颜。触角黑色，第3节为第2节的2倍。头部覆盖灰黄色粉被。前缘脉刺发达，其长度几乎与径中横脉长度相等。中脉心角为直角，后方具褶痕，由中脉心角至后缘的距离远远大于由心角至中肘横脉之间的距离，背中鬃3+4。翅前鬃小于沟后第1背中鬃，前胸腹板两侧被毛。后足胫节前背鬃排列疏松。肛尾叶为上宽下窄的长方形薄片，背面被黑毛，末端具1个小齿。

生物学特性：古毒蛾追寄蝇每年可完成3~4个世代，以未老熟的蝇蛆在越冬寄主体内越冬。次年春季在寄主残体内、虫茧或森林地被物下化蛹。也有以蛹越冬的。蛹长6~12mm，宽2.5~5mm。成虫于5月上旬开始羽化，5月下旬为羽化末期。羽化时间以5:00—7:00最多，羽化率一般为70%左右。卵乳白色，长0.75mm，宽0.50mm，卵多产于寄主幼虫体上，该蝇产卵有两种方式；一种方式是雌蝇紧贴寄主，向下方弯曲腹部，向前伸出产卵器，然后在寄主体上产1粒卵；另一种方式是正在飞行的雌蝇，迅速降落在寄主上并产下1粒卵，这种方式不常见到。在晴朗天气，从9:00—16:00都可产卵，而且喜欢在活动的寄主幼虫体上产卵，绝不在静止不动的幼虫体上产卵。在1个寄主幼虫体上，通常可产几粒卵，最多可产39粒卵。产卵部位以寄主幼虫的头部最多，胸部其次，很少在寄主的腹部产卵。成虫寿命最长可生活24天，1头雌蝇最高产卵量为124粒。孵化出来的蝇蛆能在寄主体上爬动，然后钻入体内寄生。在1个寄主体内，可有几头蝇蛆寄生，最多的达10头蝇蛆。但最后发育成蝇的以1头最多。在野外，这代寄蝇可产卵寄生舞毒蛾或其他种类的幼虫。第1代蝇蛆于6月上中旬开始老熟，从寄主幼虫体内出来，大多数蝇蛆是在寄主化蛹以后从蛹内出来，在土壤内化蛹。7月上中旬为化蛹盛期，7 月下旬结束化蛹。离开寄主虫体的时间以 5:00—8:00 最多，入土后 2~5h 化蛹。蛹期 9 天左右，最长的达 1 个月。第 1 代成蝇于 6 月下旬开始羽化，7 月中下旬为羽化高峰。完成 1 个世代约需 1 个月左右。9—10 月间最后一代蝇蛆出现，以后进入越冬状态，或化蛹后越冬。

（44）条纹追寄蝇 *Exorista fasciata*（Fallén，1820）

寄主多为鳞翅目幼虫，也可寄生舞毒蛾。国内已知分布于北京、黑龙江、吉林、辽宁、内蒙古、河北、山东、安徽、广东、新疆、西藏。国外分布于欧洲、北非。引入美国，已定居。

形态特征（图 16：J~L；图版 XII：62）：体长 10.5~15mm。雄虫复眼裸或被稀毛。额宽为复眼宽的 3/4，间额与侧额大致等宽，后方逐渐收缩。颜覆盖灰色粉被，侧额及侧颜覆盖灰白色或黄灰色粉被，额鬃下降至侧额中部水平，常排列不规则。单眼鬃发达，位于前单眼略后方。侧额及颊被黑毛。下颚须暗黄色。触角黑色，第 3 节为第 2 节长的 2.5 倍；触角芒基部 1/2 加粗。胸部黑色，覆盖稀薄的灰白色粉被，背面具 5 条黑纵纹，中间 1 条在盾沟前不明显，中鬃 3+3，背中鬃 3+4，翅内鬃 1+3，腹侧片鬃 2+1。小盾片暗黄色，基缘黑褐色，小盾端鬃交叉排列，向后方伸展。足黑色，前足爪相当于第 4、5 跗节长度的总和，中足具 3 根前背鬃，后足前背鬃长短不一，排列疏松。翅灰色半透明，前缘刺不发达。腹部黑色，两侧有不明显的暗黄色花斑，第 3~5 背板基部 1/2 覆盖稀薄的灰色粉被，端部 1/2 黑色光亮，沿腹部背中线有 1 条黑纵纹。第 2 背板具 2 根中缘鬃，第 3 背板具 2~4 根中缘鬃，有时在中缘鬃前面有 1~2 根排列不规则的小鬃，第 4 背板具 1 行缘鬃，第 5 背板具 1 行缘鬃，在后方 4/5 处有排列不规则的心鬃。肛尾叶为三角形薄片，向腹面略弯曲，被黑毛，末端具 1 个小齿。

生物学特性：一年可完成3个世代，蝇蛆在寄主幼虫体内或被食空的寄主蛹壳内化蛹。卵白色，产于寄主幼虫体上。孵化出来的幼蛆迅速钻入寄主幼虫体内。该蝇的生物学与古毒蛾追寄蝇基本相同。

3.1.11 狭颊寄蝇属 *Carcelia* Robineau-Desvoidy，1859

狭颊寄蝇属 *Carcelia* Robineau-Desvoidy 是寄蝇科中的一个大属，种类很多。在我国寄生舞毒蛾的寄蝇中，以狭颊寄蝇属的种类最多，已知有7种。有关亚属及种的检索表如下：

1. 中足胫节无腹鬃，肩胛的3根基鬃排列在1条直线上；后足基节后缘表面裸；腹部背板无中心鬃；沟后背中鬃4根（*Senometopia* Macqart 亚属）…………2
   中足胫节具1根腹鬃，肩胛的3根基鬃排列成1条直线或接近成1条直线；后足基节后缘具小鬃；腹部第3~4背板无中心鬃；小盾侧鬃小于基鬃，两小盾亚端鬃之间的距离显著大于由亚端鬃至基鬃之间的距离（*Carcelia* Robineau-Desvoidy 亚属）……………………………………………………4
2. 足的胫节黑色或红黑色；小盾片基半部暗黄色；腹部各节背板常具黑色后缘……………………………………………………………………………3
   足的胫节浅黄色，两端内侧具黑斑；小盾片全部为黄色；腹部各节背板黑色后缘不明显…………………隔离狭颊寄蝇 *Carcelia*（*Senometopia*）*excisa* Fallén
3. 雄虫肛尾叶基半部腹面沿腹中线具隆脊，中部中断。侧尾叶上下缘几乎平行，向腹面略弯曲，后下角向前倾斜呈弧形，端部毛短、稀疏…………………………………优势狭颊寄蝇 *Carcelia*（*Senometopia*）*dominantalis* Chao et Liang
   雄虫肛尾叶较长，腹面具棱，三角锥形，末端尖。侧尾叶近长方形，较窄，两端宽中部窄，末端呈斜切状，前下角弧角…………………………………………………………长肛狭颊寄蝇 *Carcelia*（*Senometopia*）*lena* Richter
4. 中足胫节具2~3根前背鬃……………………………………………………5

中足胫节具1根前背鬃；头部单眼鬃发达……………………………………………

………………黑角狭颊寄蝇 *Carcelia*（*Carcelia*）*nigrantennata* Chao et Liang

5. 触角芒基部2/5~1/2加粗，间额略宽于侧额，额宽相当于或略大于复眼宽的1/2（雄虫）或相当于复眼宽的2/3（雌虫），侧颜宽度小于触角第3节的宽度；小盾片黄色，基部具1狭窄黑边；腹部中央具1狭窄的黑纵条，第3、4背板中部无粗大的鬃状毛 ………格纳狭颊寄蝇 *Carcelia*（*Carcelia*）*gnava*（Meigen）

触角芒基部1/4~1/3加粗 ……………………………………………………………6

6. 全身覆盖浓厚的灰色粉被，体色外观为灰色，肩胛在粉被下透黄；翅前缘基鳞红褐色；触角第1、2节为黄褐色或黑褐色；前足胫节全为黄色；后足胫节前背鬃中仅1根较粗大；雄虫肛尾叶长，腹面中部具1圆形小突起，其周围有细毛；侧尾叶略长于肛尾叶……………………………………………………

…………………………毒蛾狭颊寄蝇 *Carcelia*（*Carcelia*）*candidae* Shima

全身覆盖稀薄的灰色粉被，体色外观为黑色；肩胛和触角全为黑色；前足胫节腹面基部1/3黑色；翅前缘基鳞深黑色；雄虫肛尾叶和侧尾叶较长，略向背面折曲，末端钝；侧尾叶长方形，末端钝；雌虫额鬃下降至侧颜达触角芒着生处……………………芦寇狭颊寄蝇 *Carcelia*（*Carcelia*）*lucorum*（Meigen）

（45）隔离狭颊寄蝇 *Carcelia*（*Senometopia*）*excise*（Fallén，1920）

寄主有舟蛾、夜蛾和尺蛾等，在我国和日本也寄生舞毒蛾。国内已知分布于北京、黑龙江、吉林、辽宁、内蒙古、河北、陕西、山东、江苏、上海、浙江、福建、湖南、广东、海南、广西、贵州、四川、云南、西藏。国外分布于日本、印度、斯里兰卡、泰国、印度尼西亚、欧洲、北非。

形态特征（图17：A，B；图版XII：63）：成虫体长7~11mm。雄虫头部黑色，覆盖浓厚的黄色粉被。额宽为复眼宽的1/2，间额黑色，显著窄于侧额。单眼三角形，长而窄，两后单眼排列很近，其间隔约为两内顶鬃间隔的1/4。侧颜裸，上宽下窄，中部与触角第3节大致等宽。

触角黑色，第3节长度约为第2节的4倍。触角芒细长。下颚须黄色，胸部黑褐色，覆盖浓厚的金黄色粉被，背面具5条狭窄的黑纵纹，中间1条在盾沟后方消失，中鬃3+3，背中鬃3+4，翅内鬃1+3，腹侧片鬃1+1。小盾片全部暗黄色。翅灰色透明，翅肩鳞和前缘基鳞黑色，R_{4+5}脉基部具2~3根小鬃。腿节和跗节黑色，胫节黄色，两端腹面变黑，中足胫节无腹鬃，具1根前背鬃，后足基节后面裸。腹部宽而扁，覆盖浓厚

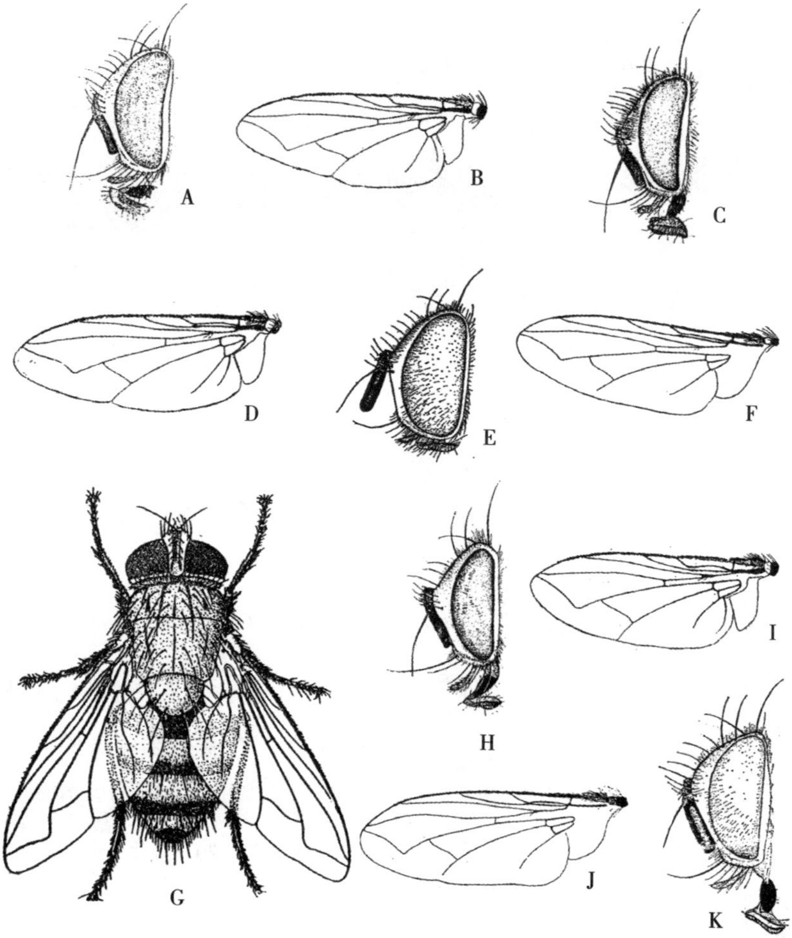

图17 狭颊寄蝇属（仿赵建铭和梁恩义，1984，2002）

A，B 隔离狭颊寄蝇；C，D 格纳狭颊寄蝇；E，F 黑角狭颊寄蝇；G，H，I 优势狭颊寄蝇；J，K 毒蛾狭颊寄蝇

金黄色粉被，第 3 背板中缘鬃显著短于第 4 背板的长度。雄虫肛尾叶较短粗，末端较厚而钝，侧尾叶也较短，末端圆钝。雌虫额宽为复眼宽的 3/5，每侧各具 2 根外侧额鬃，前足胫节靠近中部有 1 根后鬃，爪及爪垫短。腹部第 3 背板的中缘鬃较长。

蛹：围蛹，表面特别光滑，仅有几行小刺或窄的分节带。气门板轻微突出，表面齐平。每个气门板有 3 个齿裂，气门齿裂稍弯曲，无宽的环状纹。侧面观蛹的末端宽而平坦，呈圆形。气门板位置几乎与蛹的长坐标轴垂直。钮在气门板中部。

（46）格纳狭颊寄蝇 *Carcelia*（*Carcelia*）*gnave*（Meigen，1824）

国内过去仅记载寄生柞蚕，1982 年作者等从吉林蛟河和敦化采集的舞毒蛾幼虫内获得此蝇。国内分布于北京、黑龙江、吉林、辽宁、河北、浙江、福建、湖南、广西、四川、贵州、云南。国外分布于日本、欧洲（俄罗斯、保加利亚、塞尔维亚等）、美国。

形态特征（图 17：C，D）：成虫体长 7~10mm。雄虫头部黑色，覆盖灰白色粉被。颜高与额长大致相等。额宽约为复眼宽度之半，间额棕黑色，略宽于侧额，额鬃下降至侧颜达触角第 2 节末端水平。侧颜上宽下窄，最窄处约为触角第 3 节宽度的 1/2。触角黑色，第 3 节为第 2 节长度的 3.5~4 倍。触角芒基部 1/2 加粗。胸部黑色，覆盖灰色粉被，背面具 5 条黑纵纹，中间 1 条在盾沟前消失，背中鬃 3+4。小盾片黄色，基部棕黑色，小盾端鬃与侧鬃大小相似。翅灰色透明，翅肩鳞和前缘基鳞黑色。前足爪及爪垫略长于第 5 分跗节，中足胫节具 1 根腹鬃，2 根前背鬃，后足基节后方被毛。腹部黑色，覆盖灰白色粉被，沿背中线有 1 条黑纵纹，无腹背鬃，第 2~4 背板两侧具红黄色斑，第 2 背板具 2 根中缘鬃，第 3 背板具 2~4 根中缘鬃，第 4 背板具 1 行缘鬃，第 5 背板短，仅被长毛。雄虫肛尾叶长三角形，亚端部略大，向背面拱起。侧尾叶短于肛尾叶，长方形，略向腹面弯曲，末端钝圆。雌虫额宽为复眼宽的2/5，每侧各具2根外侧额鬃。前足爪及爪垫短。腹部全部黑色，两侧一般无红黄色斑，如有，则不明显。

蛹：围蛹，表面光滑，仅有几行小刺或窄的分节带。气门板稍突出，表面齐平。每个气门板有3个齿裂，气门齿裂直或略弯曲，无宽的环状纹。侧面观蛹的末端宽而平坦，呈圆形。气门板位置几乎与蛹的长坐标轴垂直，钮在气门板中部。

生物学特性：格纳狭颊寄蝇一年可发生2个世代，以蝇蛆在寄主幼虫体内或寄主茧内休眠越冬。5—6月和7—8月为成蝇活动时期。在1条寄主幼虫体内可同时发育一至数头蝇蛆。

（47）优势狭颊寄蝇 *Carcelia*（*Senometopia*）*dominantalis* Chao et Liang，2002

本种曾用名善飞狭颊寄蝇 *C. kockiana* 和北京狭颊寄蝇 *C. beijingensis*。在北京圆明园、西山、八达岭、延庆和黑龙江带岭、五常等地，从舞毒蛾幼虫体内都收集到此种寄蝇。其他寄主还有柳毒蛾、杨毒蛾、核桃缀叶螟。国内已知分布于北京、黑龙江、上海、湖南、贵州、四川、云南等地。国外分布于日本。

形态特征（图17：G~I）：体长9~10mm，黑色，全身覆盖灰黄色或灰白色粉被。间额、触角、翅基鳞、前缘基鳞、小盾片基部、足股节、跗节黑色，足胫节棕褐色，两端腹面黑色。中胸盾片背面具5条黑纵条，腹背中央黑纵条明显，第3、4节背板后缘具黑横带，下腋瓣黄白色。雄虫单眼鬃发达，缺外侧额鬃，外顶鬃退化。间额侧缘前宽后窄，中部略窄于侧额，额宽大于复眼宽的1/2。额鬃2根，降至侧颜触角第2节末端水平，触角第3节为第2节长的2.5倍，触角芒细长，基部1/4稍粗。侧颜中部与触角第3节等宽。下颚须棒状。中鬃3+3，背中鬃3+4，翅内鬃1+3，肩鬃4根，其中3根排成直线。肩后鬃2根。小盾片具1对心鬃，两小盾亚端鬃距离约为亚端鬃至基鬃的2倍。小盾端鬃向后交叉平伸，大小同小盾侧鬃。小盾侧鬃1~2根。翅透明，中脉心角圆钝，心角至翅后缘距离小于心角至中肘横脉距离。R_{4+5}基部具3根小鬃。前足爪发达，长于第5分跗节，胫节具1根后鬃。中足胫节仅有1根前背鬃和2根后背鬃。后足胫节具1行前背鬃（中间1根特别发达），1根后背鬃和3根腹鬃（2根小，1根大）。后足基节后面裸。后气门前肋被密毛。腹部第3、4背板无中心鬃，第3背板具2根中缘鬃，后缘黑横带宽度约为背板长度的1/3，第5背板中心鬃不规则。肛尾叶基半部腹面沿腹中线具隆脊，在中部突然中断。侧尾叶向腹面略弯曲，后下角向前斜成弧形，端部毛短而稀疏。雌虫头部两侧各具2根外侧额鬃，外顶鬃发达，与眼后鬃区别明显。

生物学特性：优势狭颊寄蝇在北京地区一年可以完成3~4代，寄主较多，舞毒蛾只是它的转主寄主之一。成虫4月上旬开始出现，此后于6月中下旬、7月下旬、8月中下旬和9月下旬都可收集到成虫。在黑龙江五常和山河屯等地，于7月上中旬可采集到此蝇。

春季，越冬代成虫羽化后不久即可交配。该蝇喜欢寄生螟蛾类4~5龄幼虫。雌蝇交配后约经7~8天，卵在卵壳内发育，并孵化为初生幼虫。寻找寄主幼虫产卵寄生时，将裹有半透明薄壳的初生幼虫产在寄主幼虫体上，或者产在有寄主幼虫危害的植株叶片上，薄壳长1mm左右。产出几分钟后，初生幼虫破壳而出，钻入幼虫体内寄生，体上覆有1条呼吸漏斗管道连接寄主体外。该蝇为单寄生，1个寄主幼虫体内通常只有1头蝇蛆。在北京地区，6—9月间幼虫发育历期为8~10天，蛹期7~13天，从成虫交配至下代成虫羽化需要22~31天，平均为25天。成虫寿命一般为5~10天左右，最长可活33天。1头雌蝇的含卵量为250~300粒。

（48）芦寇狭颊寄蝇 *Carcelia*（*Carcelia*）*lucorum*（Meigen，1824）

中文名曾用杨毒蛾狭颊寄蝇。国内已查明的林虫寄主有舞毒蛾和柳毒蛾 *Stilpnotia salicis*（Linnaeus），已知分布于北京、黑龙江、吉林、内蒙古、四川、云南、广西。国外分布于欧洲、北非。

形态特征：体长6~8.5mm。全身覆盖浓厚的灰色粉被。两后单眼距离很近，约为间额宽度的一半，间额窄于侧额的宽度，侧颜宽度明显小于触角第3节的宽度。颜堤鬃仅占颜堤基部的1/4。额宽为复眼宽的1/2~2/3（雄虫）或3/5~5/6（雌虫）。额鬃下降至侧颜达触角芒着生处水平，排列不甚整齐。触角芒仅在基部1/3加粗，向端部逐渐变细。小盾片基部黑色。中胸背片在盾缝前具5条黑纵条，腹部覆灰黄色粉被，第4背板具不规则的中心鬃。中足及后足胫节两端腹面较黑，中足胫节具1根腹鬃，2根前背鬃，后足基节后方被毛，后足胫节前背面具1行短粗毛。雄虫肛尾叶和侧尾叶较长，略向背面折曲，末端钝。侧尾叶长方形，末端钝。

生物学特性：在北方每年约可完成2个世代。寄主较多，没有与其生活史完全吻合的固定寄主，舞毒蛾仅是其转主寄主之一，每个世代在不同寄主体内完成。以幼蛆在越冬的寄主幼虫体内过冬。

（49）长肛狭颊寄蝇 *Carcelia*（*Senometopia*）*lena* Richter，1980

1993年作者等在四川大邑研究舞毒蛾天敌时，从采集的舞毒蛾幼虫中获得此蝇，寄生数量不多。国内已知分布于北京、四川、云南、广西、广东、海南。国外分布于蒙古。

形态特征：体中型，长9~10mm，黑色，全身覆盖金黄至灰黄色粉被。间额、中颜板、翅肩麟、前缘基鳞黑色；足棕黑色；下颚须、口上片、侧颜黄色；小盾片端部黄基部黑色。胸部盾片背面具5条黑纵条，腹背中部具明显的黑纵线，沿第3、4背板后缘具黑色横带纹，下腋瓣淡黄色，全身被黑毛。雄虫头部单眼鬃发达，缺外侧额鬃，外顶鬃退化，与眼后鬃无明显区别。间额两侧缘平行，中部的宽度窄于侧额的宽度，额的宽度略大于复眼宽度的 1/2。额鬃 4 根下降到侧颜至触角第 2 节末端水平。触角芒基部 1/4 加粗，侧颜中部宽度比触角第 3 节宽度略窄。颜堤鬃分布于颜堤基部 1/3，中颜板平无颜脊，下颚须棒状。胸部中鬃 3+3，背中鬃 3+4，翅内鬃 1+3，肩鬃 4 根，3 根基鬃排成 1 直线，小盾片具 1 对心鬃，两小盾亚端鬃之间的距离约为亚端鬃至同侧基鬃距离的 2 倍，小盾缘鬃中小盾侧鬃最小。翅薄透明，中脉心角圆钝，心角至翅后缘的距离远远小于心角至中肘横脉在中脉愈合点的距离，R_{4+5} 合径脉基部具 2 根小鬃，下腋瓣中部非圆形拱起，前足爪发达，长于其第 5 分跗节，胫节具 1 根后鬃。中足胫节无腹鬃，具 1 根前背鬃和 2 根后背鬃，腿节中部具 2 根以上的前鬃。后足胫节具 1 排前背鬃，中间 1 根特别发达，具 1 根后背鬃和 1 根发达的腹鬃，基节后面裸。后气门前肋被毛。腹部第 3、4 背板无中心鬃，沿后缘的黑横带纹不及其背板长度的 1/4，第 3 背板具 1 对中缘鬃，第 4 背板具 1 排缘鬃，第 5 背板具不规则的中心鬃。雄虫肛尾叶端部尖小，呈“S”形，略弯曲，或基部略向后方弯曲。侧尾叶显著短于肛尾叶，略呈直长方形。

（50）黑角狭颊寄蝇 *Carcelia*（*Carcelia*）*nigrantennata* Chao et Liang, 1986

1993 年 5 月中旬作者在四川大邑从采集的舞毒蛾中育出此蝇，数量少，寄生率很低。也可寄生柳杉毛虫 *Dendrolimus houi*（Lajonquiere）。文献报道国内仅知分布于云南、四川、贵州、福建、浙江、江西、广东、广西。

形态特征（图 17E，F）：体中型，长 9~10mm，黑色，全身覆盖灰黄至黄色粉被。触角、翅肩鳞、侧颜、中颜板、足跗节、间额黑色；前缘脉基鳞、小盾片、口上片、下颚须黄色；足胫节黄色两端腹面黑色。胸部盾片具5条黑纵条，腹背中部具明显黑纵线，沿第3、4背片后缘具黑横带纹，下腋瓣淡黄色，全身被黑色毛。后头毛淡黄白色。雄虫头部单眼鬃发达，缺外侧额鬃，外顶鬃退化，与眼后鬃无区别，额宽显着窄于复眼宽的1/2，额鬃3根下降到侧颜达触角芒着生基部水平，触角芒基部约1/3加粗。侧颜中部宽度窄于其触角第3节，颜堤鬃分布于颜堤基部1/3以下。触角第3节长度为其第2节的2.5~3倍。中颜板具小颜脊，下颚须棒状。胸部中鬃3+3，背中鬃3+4，翅内鬃1+3，肩鬃3根排成弧形。小盾片具1对心鬃，两小盾亚端鬃之间的距离显著大于小盾亚端鬃至同侧基鬃的距离。小盾端鬃发达，与小盾侧鬃同等大小，小盾片毛竖直排列。翅薄透明，前缘脉第2脉段长于第4脉段，中脉心角圆钝，心角至翅后缘的距离约等于心角至中肘横脉中脉在愈合点的距离，R_{4+5}脉基部具2根小鬃，下腋瓣中部不向上方圆形拱起，前足爪不发达，长度约为第5分跗节与第4分跗节之和，胫节污黄色，具2根后鬃。中足胫节具1根腹鬃、1根前背鬃和2根后背鬃。后足胫节具1根前背鬃、1根后背鬃和1~2根腹鬃，基节后面被毛。腹部第3、4背板无中心鬃，中部毛竖直排列，后缘横带纹黑色约为其背板长度的1/3，第3背板具2根中缘鬃，第4背板具1排缘鬃，第5背板具不规则的中心鬃。雄虫肛尾叶和侧尾叶较长，肛尾叶向腹面弯曲，末端膨大加粗。

（51）毒蛾狭颊寄蝇 *Carcelia*（*Carcelia*）*candidae* Shima，1981

定名是依据寄主杨毒蛾 *Leucoma candida* 的种名而定名的，故称其为毒蛾狭颊寄蝇。国内寄主已知有舞毒蛾，柳毒蛾 *Stilpnotia salicis*（Linnaeus）。国内分布于北京、辽宁、山西、内蒙古、四川、广西等地。国外分布于日本（北海道）。

形态特征（图17：J，K）：体长5.5~6.4mm。雄虫头部覆盖灰色粉被，间额褐色，触角、触角芒黑褐色，须黄色。头顶约为头宽的1/3，额间约为侧额中部宽的1.5倍。侧颜下部窄，约为第3节触角中央宽度的2/3。颊在触角基部约为侧颜宽的1/2。2个后单眼间距离比2根前背中鬃之间距离要短很多。内顶鬃位于复眼1/2处，外顶鬃缺，单眼后鬃2根，每侧具1后顶鬃。2根眶鬃后曲，触角鬃比后鬃大。单眼鬃长度与后曲的前眶鬃长度相等。额鬃8~10根，低于触角芒基部水平。触角第3节长度约为第2节长的4~4.5倍。触角芒基部1/4加粗。须长约为触角第3节长的3/4。

胸部黑色，覆盖灰色粉被。小盾片翅后胛浅黄色。胸部盾片具4条黑纵条。肩鬃4根。3根基鬃排成直线，背中鬃3+4，中胸后侧片1+1，前侧鬃短，为前气门鬃长的2/3。小盾亚端鬃约为小盾片长的2倍，稍长于基鬃。小盾侧鬃约为小盾片长的1.5倍，与端鬃长度相等，小盾端前鬃短，与小盾片等长，2根小盾亚端鬃基部之间距离约为同侧小盾基鬃与小盾亚端鬃之间长度的2倍。

翅透明，翅基鳞黑色。R_{4+5}基部具1~2根小鬃。第2前缘脉与第4前缘脉等长，约为第3前缘脉长度的3/5。端横脉弯曲。足黑色，胫节灰黄色，基部和端部色深。爪垫黄白色。前足胫节具2根后鬃。中足胫节具2根前背鬃，2根后背鬃和1根腹鬃。后足胫节具1行前背鬃，排列稀疏。具3~4根后背鬃和腹鬃。后足基节后面被毛。前爪和爪垫长于第5分跗节。

腹部黑色。覆盖灰色粉被。背面的毛长而直，腹面毛较细短，第2背板具2根中缘鬃。第3背板具1~2根不规则中心鬃，4根中腹缘鬃和1根侧缘鬃，第4背板具2根不规则中心鬃，被毛，并具1行缘鬃。第5背板具心鬃和缘鬃各1排。雄虫外生殖器第5腹板后叶宽，明显分开，第6背板纵向分成2个半背片。肛尾叶向后变窄，伸达两侧顶端1/3。侧尾叶直，明显长于肛尾叶。

雌虫与雄虫类似，其区别是：2 根向前的眶鬃长度相等，并稍长于后曲的眶鬃。额鬃 6 根。第 3 节触角长度约为第 2 节的 3 倍，约为第 5 分跗节长的 1/2，末端不长。

雌虫第 6 节背板完整，被密毛。第 6 腹板前腹部稍突起。第 6 和第 7 气门位于第 6 背板腹部。第 7 背板纵向分成 2 个半背片，稍长于第 6 背板，第 7 背板与第 6 背板等长，后腹稍向下缩。第 8 背板缩成 2 个小半背片，裸。第 9 背板（下臀板）窄，骨片小，无毛。

围蛹分节带的小刺明显，腹部有小刺 5~10 行。气门板不明显，亚气门板明显突出。

生物学特性：在北京地区 5—7 月都可采集到成蝇，6 月间为成虫出现盛期。

3.2 麻蝇科 Sarcophagidae

在我国，寄生舞毒蛾的麻蝇科 Sarcophagidae 昆虫皆属于麻蝇属 *Sarcophaga* 的 3 个亚属，已知有 3 亚属 5 种，分亚属的检索表如下：

1. 后背中鬃 4 根……………………………………………………………………2
   后背中鬃 5~6 对，位于前方的小，向后依次增大；腹部第 3 背板无中缘鬃；前胸侧板中央凹陷裸，眼后鬃后方有黑毛 1~2 行，颊面全被黑毛。雄虫后足胫节具长缨毛，阳体膜状突发达，侧插器外观可见……………………………………………酱麻蝇亚属 *Sarcophaga*（*Liosarcophaga*）Enderlein
2. 前胸侧板中央凹陷被毛；触角较短，第 3 节不及第 2 节长的 3 倍；腹部第 3 节背板中缘鬃不发达。雄虫后足胫节腹面具长缨毛，肛尾叶短宽，末端斜切状，侧阳体端部呈拳状……克麻蝇亚属 *Sarcophaga*（*Kramerea*）Rohdendorf
   前胸侧板中央凹陷裸；触角较长，第 3 节，大于第 2 节长的 3 倍；腹部第 3 节背板无中缘鬃；翅前缘脉第 3 脉段大于第 5 脉段。雄虫阳体膜状突 1 对，末端有 6 个尖突，侧阳体端部仅具中央突，向前方弯曲，基部具侧突 1 对，具侧插器和中插器，侧阳体基部腹突呈短指状…………………………………………………………缅麻蝇亚属 *Sarcophaga*（*Lioproctia*）Enderlein

3.2.1 麻蝇属 *Sarcophaga* Meigen，1826

3.2.1.1 缅麻蝇亚属 *Sarcophaga*（*Lioproctia*）Enderlein，1928

（52）松毛虫缅麻蝇 *Sarcophaga*（*Lioproctia*）*beesoni*（Senior-White，1924）

作者等于 1993 年 6—7 月间从四川大邑采集的舞毒蛾蛹中获得此麻蝇。据对 4 块林地 7 次采集观察，该麻蝇对舞毒蛾蛹的寄生率在

0.31%~1.53%，平均寄生率为 0.75%。在山东、辽宁等地没有从舞毒蛾上收集到这种麻蝇。据文献记载，该麻蝇是马尾松毛虫的重要寄生天敌，在广东封开县，寄生率可达 15.8%~33.6%。国内分布于河北、河南、安徽、上海、江苏、浙江、江西、湖北、湖南、福建、台湾、广东、海南、广西、四川。国外分布于日本、泰国、缅甸、印度、尼泊尔。

形态特征：成虫体长 9~13mm。触角第 3 节约为第 2 节长的 3 倍，颊毛大部黑色，仅后方 1/4 部位有淡色毛。雄虫额宽为眼宽的 0.5 倍，侧颜为侧额的 2.5 倍，颊高为眼高的 0.4 倍。眼后鬃 3 行。前中鬃 2 行，紧靠盾沟的 1 对最长大。前胸侧板中央凹陷无纤毛。足具发达的长缨毛，后足转节腹面基部 1/2 具长簇鬃，后腹面基部 1/2 有细长毛。肛尾叶端部变细，向前折曲，爪状。侧尾叶狭长。阳体膜状突巨大，分叉。内侧插器呈刷状，外侧插器呈弯曲的杆状，且腹面生逆刺，中插器弯曲。侧阳体基部腹突及端部侧突不发达，仅为不很突出的 2 刺突，中央部则特别长大，表面被细毛且具有向外翻的叶状的侧枝。雌虫中足股节的中股器位于中部，第 6 背板略带红色，中部无粉被，两侧有白色粉被，有正中褶，缘鬃很密。

生物学特性：在四川大邑，寄生舞毒蛾幼虫的松毛虫缅麻蝇于 6 月 21 日开始羽化，至 7 月 24 日羽化结束，整个羽化期达 1 个月，看不出明显的羽化高峰。在广东，该麻蝇对马尾松毛虫越冬代，第 1 代和第 2 代都有寄生，以第 2 代寄生率最高，第 1 代次之，越冬代最低。该麻蝇喜在植被茂密的松林中活动，最高寄生率达到 41.1%，对松毛虫种群数量有明显抑制作用。但在植被稀疏的马尾松幼林中，对松毛虫的寄生率只有 7.9%。在 17~29℃自然变温条件下，松毛虫缅麻蝇种群数量随气温升高而上升（翁仲彦和周昌清，1995）。

3.2.1.2 克麻蝇亚属 *Sarcophaga*（*Kramerea*）Rohdendorf，1937

（53）舞毒蛾克麻蝇 *Sarcophaga*（*Kramerea*）*schuetzei* Kramer，1909

在国内，过去仅知寄生于松毛虫和模毒蛾 *Lymantria monacha* Linnaeus。1992年作者在辽宁鞍山、海城、岫岩从舞毒蛾老龄幼虫上获得此蝇，是麻蝇中的优势种，但寄生数量不多。国内已知分布于北京、黑龙江、吉林、辽宁、河北、山西、内蒙古、陕西、甘肃、河南、台湾。国外分布于日本、朝鲜、蒙古、欧洲（俄罗斯、德国、波兰、捷克、斯洛伐克、匈牙利、保加利亚、塞尔维亚等）。

形态特征（图18：A~G）：成虫体长7.5~14mm。触角长，第3节为第2节长的2.5~3.2倍。雄虫额狭，为眼宽的1/3~3/5；雌虫额宽，为眼宽的5/6或等宽，个别个体大于眼宽的1.2倍，多数为等宽。侧颜为眼长的0.5~0.7倍，颜堤毛列占颜堤高的4/5，颊高为眼高的0.25~0.37倍。前胸侧板中央凹陷，被有密的黑色纤毛；盾沟前的1对前中鬃存在或缺，后中鬃仅有小盾前的1对，后背中鬃4对。腹部第7、8合并腹节侧面观方形，后缘无鬃，第9背板短，长度短于其高度。肛尾叶短，裂开很宽，几乎达到中部。侧阳体较短，端部界限分明，十分弯曲，侧突缺。阳基膜状突短而复杂，被有小棘。侧尾叶为末端尖的三角形骨板，后阳基侧突在端部有1根鬃。雌虫中足股节的中股器位于中段，第6背板完整。

幼虫：从外表看，可依据3龄幼虫体上排列的小刺与其他种区别。第8腹节仅在侧面下部满布小刺。肛门板宽，肾脏形。类似肛门的瘤圆锥形，明显弯曲，表面覆有粗糙小刺。

生物学特性：该蝇适于在腐臭的肉类上或腐烂的昆虫体内发育，成蝇取食牲畜排泄物及其尸体的汁液，经过4~6周补充营养后开始产卵，卵期约4天左右。幼虫老熟后经过5~10天化蛹。幼虫和蝇蛹适应能力很强，可在30%相对湿度条件下继续发育。

据在辽宁鞍山等地调查，从7月25日开始，有克麻蝇的蛆从舞毒蛾幼虫体内出来化蛹，也有从预蛹或蛹体内钻出化蛹的，一直到8月31日结束。

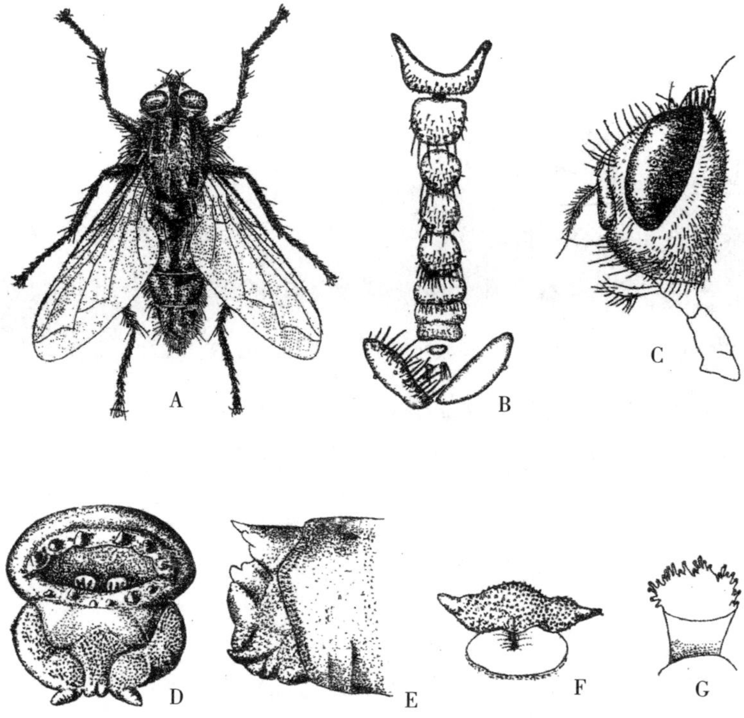

图18 舞毒蛾克麻蝇（仿Rohdendorf，1937）

A 雄虫；B 雌虫腹板；C 头部侧面观；D 腹部末端正面观；
E 第8腹节末端；F 肛门板；G 前胸气门

3.2.1.3 酱麻蝇亚属 *Sarcophaga*（*Liosarcophaga*）Enderlein，1928

寄生舞毒蛾的酱麻蝇亚属昆虫分种检索表

1. 雄虫肛尾叶端部变宽，端部前、后缘均呈圆形（侧面观）……………………………………………贪食亚麻蝇 *Sarcophaga*（*Liosarcophaga*）*harpax*（Pandelle）
   雄虫肛尾叶端部变窄，端部前、后缘均不为圆形（侧面观）…………………2

2. 前阳基侧突中段逐渐反曲，末端急剧钩曲……………………………………………
…………急钩亚麻蝇 *Sarcophaga*（*Liosarcophaga*）*portschinskyi* Rohdendorf
前阳基侧突中段逐渐弯曲，但不反曲，末端轻微钩曲……………………………
……………华北亚麻蝇 *Sarcophaga*（*Liosarcophaga*）*angarosonica* Rohdendorf

（54）急钩亚麻蝇 *Sarcophaga*（*Liosarcophaga*）*portschinskyi* Rohdendorf, 1937

周艳涛、李晓灿等2010年6月在黑龙江肇源和拜泉采集的舞毒蛾蛹获得此麻蝇，寄生率为2.4%~4.8%。国内分布于北京、黑龙江、吉林、辽宁、内蒙古、河北、山西、山东、河南、宁夏、甘肃、陕西、新疆、青海、四川、江苏、上海、湖北。国外分布于乌克兰、俄罗斯、蒙古。

形态特征：成虫体长8~15mm。间额宽约为侧额的2倍，触角黑色，第3节长度约为第2节的2倍，触角芒羽毛状。侧颜鬃在侧颜下段的较强大。颊毛、下颚须黑色。眼后鬃2行。颊后头沟后方被白毛。前胸侧板中央凹陷无毛，腹侧片鬃1∶1∶1。前中鬃缺，后中鬃仅在小盾前有1对，弱小，后背中鬃5~6根，越前越小，鬃间距也越短，仅最后2根发达。后足胫节具有长缨毛。腹部第3~5节背板近中部前缘暗色斑和同节两侧后缘暗色斑不连通。腹部第3节背板无中缘鬃，第5腹板侧叶端部有不长的细毛，第9背板通常红色至黑褐色。雄虫肛尾叶端部狭，末端爪细。侧尾叶三角形，端角稍圆不突出。前阳基侧突中段折曲，末端钩曲。后阳基突末端尖，端腹面有2根细长毛，阳基膜状突上方宽，前缘细尖，下方狭长，末端尖。侧阳体端部侧突呈微弯曲的“S”形，下方小分枝约为上方小分枝的1/3，中央突短，不及侧突长的1/3。侧阳体基部腹突长，超过端部侧突长度。

（55）华北亚麻蝇 *Sarcophaga*（*Liosarcophaga*）*angarosinica* Rohdendorf, 1937

作者等 1992 年在辽宁鞍山、海城采集的舞毒蛾老熟幼虫中获得此麻蝇的蛹，并于同年 8 月初羽化为成蝇，寄生数量不多。国内已知分布于黑龙江、吉林、辽宁、河北、山东、江苏、河南、陕西、宁夏、青海。国外分布于俄罗斯西伯利亚东部。

形态特征：成虫体长 8~13mm。额中等宽。触角长度中等，第 3 节长度约为第 2 节长的 2 倍。后足转节腹面近基部具短鬃斑，近端部有疏落的细毛，后腹面基部一半仅具疏纤毛。腹部第 4 节腹板无稠密刚毛，第 5 腹板长，具中脊，基部前半部狭长，前缘稍扩展，侧叶长，向两侧背离，后端圆，内侧多刺。第 7、8 合并腹节侧面观方形。雄虫肛尾叶稍向前弯曲，末端尖；侧尾叶骨板呈三角形，端部的角稍圆，不很突出。后阳基侧突在端部有 2 根鬃。阳基膜状突宽阔，略呈圆形，末端钝圆。侧阳体端部侧突不分叉，向下弯曲，中央突较宽大，末端尖，其长度明显短于侧突。

（56）贪食亚麻蝇 *Sarcophaga*（*Liosarcophaga*）*harpax*（Pandelle, 1896）

在辽宁、吉林等省份的柞树次生林地区，贪食亚麻蝇是舞毒蛾的寄生性天敌之一，也是柞蚕产区柞蚕的重要敌害。国内分布于北京、黑龙江、吉林、辽宁、内蒙古、山东、山西、陕西、甘肃、宁夏、新疆等地。国外分布于日本、朝鲜、韩国、欧洲、北美。

形态特征（图版 XII：64）：成虫体长 12~16mm。体黑色，覆盖浓的灰白色粉被。颊被黑毛，单眼棕色，呈三角形。眼后鬃后方有 1~2 行黑毛。触角基部膨大，触角芒基部至 1/2 处呈羽化状，端部裸。胸部纵带 3 条，前胸侧板中央凹陷裸，小盾片半圆形，两侧具鬃 1 对，向后伸展。后足胫节具长缨毛，足的爪垫大，长于第5跗节。翅透明，前缘发达。腹部长椭圆形，背板有黑色带纹，端部略向下弯。后背中鬃5~6对，前者小，向后渐次增大。雄虫外生殖器肛尾叶侧观端部加宽近圆形，末端爪状，前阳基侧突细长，略弯，末端钩曲。侧阳体端部侧突长而直，末端具1个小分枝。

幼虫：乳白色，初龄幼虫长3~4mm，老熟时体长15mm，头部楔形，尾端尖削。

蛹：围蛹，初期浅红色，羽化前变为黑褐色。

生物学特性：贪食亚麻蝇在吉林辽源和四平地区一年发生2代，以蛹在土内越冬。次年5月下旬越冬代成虫开始羽化，6月上旬为羽化盛期，一直延续到7月下旬还有成虫羽化。第1代幼虫6月下旬开始化蛹，7月末出现第1代成虫，9月中旬成虫消失。8月上旬第2代幼虫出现，8月下旬至9月初以蛹越冬。幼虫共3龄，幼虫期15~20天。蛹期20~25天。在喂食情况下，雌虫可生活30~40天，雄虫为30天左右（赵明晨等，1981；邹文权，2012）。

贪食亚麻蝇成虫飞翔能力很强，常在潮湿向阳的林内活动觅食，阴凉天活动很少，早晚多静伏于树木枝叶上。雄虫羽化比雌虫早3~5天，雌雄交配时间长达2~3h。此蝇为产蚴型，交配后经7~8天才产蛆，蛆分多次产出，1头雌虫一生可产幼蛆19~98头，在1个寄主体上常可产下3~9头蝇蛆。成虫需补充营养，对腥臭味十分敏感，常在林内到处飞翔，寻找适宜寄主。此蝇为跨期寄生，寄生于5龄以上的老龄幼虫，也可在预蛹期侵入寄生。当雌蝇嗅到寄主幼虫蜕皮分泌出腥臭味时，能迅速飞来，将幼蛆产在寄主幼虫腹部两侧的皱缝内，或新化蛹的绿色蛹体上，并从幼虫节间膜处，或蛹头部触角窝和口器等处侵入寄主体内。被寄生的幼虫，最初还可正常取食，随着幼蛆发育，寄主腹部逐渐膨大，最后停止取食。在最后一次蜕皮时被寄生的幼虫，可以正常结茧化蛹，然后渐趋死亡。被寄生的蛹，后期变硬发脆，易破蛹壳，有腥臭味儿。

饲养与繁殖：将麻蝇蛹放在装有土壤的玻璃水果瓶内，成蝇羽化后移入养虫笼。笼内放有蜂蜜或盛有人工饲料的玻璃培养皿，任其交配和在人工饲料上产蛆，然后取出幼蛆加盖饲养。也可直接从野外网捕正在交配的雌蝇，带回室内，用镊子轻压腹部，强迫雌蝇产蛆。1 培养皿可饲养 40~50 头幼蛆。待蛆老熟后捡出放在有土壤的玻璃瓶内化蛹。饲养室温度保持 22~26℃，湿度控制在 70% 左右。

人工饲料配方（据赵明晨，朱永萍，1983）：① 鲜猪肝 5 份，玉米面 5 份，10% 葡萄糖液适量。② 鲜猪肝 7 份，玉米面 3 份，10% 的葡萄糖液适量。③ 鲜猪肝 10 份，10% 的葡萄糖液适量。玉米面调成糊状，发酵后备用。也可在调配好后，高压灭菌消毒 30min，冷却发酵后备用。养虫笼要盖上黑纸，饲料放在暗处。用上述饲料饲养，麻蝇生长发育良好，化蛹率高。蛹大，羽化率可达 98%~100%。

第4章

捕食性昆虫

捕食性昆虫是一个十分庞大的昆虫类群。分属于鞘翅目、膜翅目、双翅目、半翅目、脉翅目、螳螂目、蜻蜓目等诸目。特别在鞘翅目昆虫中，绝大多数种类具有捕食昆虫的习性。据杨集昆（1979）《天敌昆虫科目》一书介绍，至少有47科甲虫属于捕食性昆虫。在我国，对捕食舞毒蛾的天敌昆虫还缺少专项研究，只对少数几种捕食性昆虫的生物学特性有所观察和报道。

本篇介绍的舞毒蛾捕食性昆虫是作者等在野外调查时所观察到的一些种类，有的种类观察到正在捕食舞毒蛾，有的是采到后于室内喂饲舞毒蛾，证明能捕食舞毒蛾的，也有一些种类是根据同行学者研究观察记载的。可以相信，在自然界捕食舞毒蛾的昆虫种类，实际上会明显多于所记载的虫种。例如，在发生舞毒蛾的东北、山东等地栎树次生林区，柞蚕产区的一些捕食性昆虫，几乎都是舞毒蛾的捕食者；在各类果园发生的一些捕食性昆虫，显然也对舞毒蛾具有捕食作用。因此在我国捕食舞毒蛾的捕食昆虫种类肯定要大大超过我们所记载的虫种数。撰写时，作者等考虑到了这种情况。此外，根据现有研究报道一些捕食性昆虫的生物学特性，特别是同属的不同种昆虫，相似性很多，或者差异性并不显著，因此同属不同种的生物学特性，也可供读者进一步研究时参考。

中国舞毒蛾捕食性昆虫目科检索表

1. 无翅，或翅极度退化，膜质透明；口器咀嚼式；腹部第 1 节并入后胸，第 1 和第 2 节之间紧缩或成柄状（膜翅目 Hymenoptera）……………………………2

有翅，或翅发育不全，前翅革质或角质，后翅膜质……………………………3

2. 腹部第 1 节呈鳞片状、小瘤状或柄状，与腹部其余部分明显分开；触角 4~13 节……………………………………………………………… 蚁科 Formicidae

腹部第 1 节不呈柄状，向端部逐渐变宽，端部宽度与第 2 节基部相近；触角雌蜂 12 节，雄蜂 13 节……………………………………… 马蜂科 Polistidae

3. 前翅基部加厚，不透明，端部膜质；口器刺吸式（半翅目 Hemiptera）……4

前翅质地相同；口器咀嚼式………………………………………………………6

4. 头部广阔，深缩入前胸背部；前翅无楔片，膜片纵脉从基部横脉上平行分出；前足细长 ………………………………………………………蝽科 Pentatomidae

头部狭长而突出，在眼后不紧缩；触角细长，第 4 节不膨大；前足股节正常或稍增大 ……………………………………………………………………… 5

5. 前胸腹板中央具横纹的纵沟，位于前基节之间，以容纳喙的端部；喙短，3 节；发达的翅膜片常有 2 脉室，端部伸出纵脉…………… 猎蝽科 Reduviidae

前胸腹板无纵沟；喙 4 节；发达的翅膜片常有许多纵脉或结合成 2~3 个长室，发出辐射状纵脉…………………………………………………… 姬蝽科 Nabidae

6. 前翅坚硬，角质，无翅脉，前翅盖住后翅（鞘翅目 Coleoptera）……………7

前翅革质或羊皮纸状，翅脉呈网状；后翅隐在前翅下，折叠成扇状………9

7. 第 1 腹节腹板被后足基节窝分开，下颚外颚叶须状；触角细长，着生于头侧，位于上颚基部与复眼之间，唇基不伸过触角基部 …… 步甲科 Carabidae

第 1 腹节腹板不被后足基节窝分开，下颚外颚叶不成须状 ……………………8

8. 头部嵌入胸内，触角粗棒状，末端 3 节甚大；后足基节成片状扩大，有沟；

腹部可见腹板 5 节或少于 5 节……………………………………皮蠹科 Dermestidae

头部不嵌入胸内，触角逐渐加粗，端部 4 节膨大成球形；后足基节突出，至少内侧突出，无沟；胫节距大形；腹部可见腹板 6 节或多于 6 节 ……………………………………………………………………………………………… 葬甲科 Silphidae

9. 后足腿节增大，适于跳跃；翅折叠成屋脊状；有听器和发音器（直翅目 Orthoptera）；头部狭小，触角丝状，细长，明显超过腹部末端；前胸背板发达；跗节 4 节，最后一节跗节顶端具爪 1 对 ……… 螽斯科 Tettigoniidae

前足基节显著伸长，适于捕捉；后足腿节正常；翅平置于体上；无发音器；前胸极度伸长（螳螂目 Mantodea）；前足基节近端部处无小的叶状突起；前足胫节端爪之前缺背端刺；后足胫节无隆起线，基半部不明显膨大 ……………………………………………………………………………………………… 螳螂科 Mantidae

4.1 步甲科 Carabidae

步甲科 Carabidae 昆虫的成虫和幼虫多为肉食性，捕食多种昆虫的幼虫和蛹。在我国，捕食舞毒蛾的步甲已知有 6 属，其检索表如下：

捕食舞毒蛾的步甲属检索表

1. 中胸后侧片与中足基节臼直接连通；前足基节臼开放……………………2
   中胸后侧片不与中足基节臼连通；前足基节臼关闭 ……………………3
2. 触角第 2 节短，显著短于第 3 节之一半，第 2、3 节一侧扁平；上颚表面有粗皱；鞘翅长方形，后翅发达……………………星步甲属 *Calosoma* Weber
   触角第 2 节稍短，近于第 3 节一半长，第 2、3 节一侧不扁平；上颚表面光滑；鞘翅卵圆形，后翅退化……………………步甲属 *Carabus* Linnaeus
3. 鞘翅无内褶；触角自第 3 节端部 1/3 至以后各节被毛；体背光洁，额沟两端不伸达复眼……………………婪步甲属 *Harpalus* Latreille
   鞘翅有内褶；触角自第 4 节基部至第 11 节被毛 ……………………4
4. 眉毛 1 根；体表光洁或有毛；体中型，鞘翅多为绿色，常带淡色斑，极少黑色；前胸背板有侧缘毛……………………青步甲属 *Chlaenius* Bonelli
   眉毛 2 根；体表光洁无刻点 ……………………5
5. 下唇须亚端节里缘毛 2 根以上；前胸腹板突在端部，无边；前胸背板两侧在基部明显收窄；雄虫中足胫节有齿或里缘有毛 ……………………短胸步甲属 *Curtonotus* Stephens
   下唇须亚端节里缘毛 2 根；前胸背板明显窄于鞘翅，基缘有边，侧缘无边；前足胫节无沟，爪有齿；鞘翅暗无光泽……………………长步甲属 *Dolichus* Bonelli

4.1.1 星步甲属 *Calosoma* Weber，1801

捕食舞毒蛾的星步甲属昆虫分种检索表

1. 鞘翅宽阔，后肩明显扩展，星点小于行距，星行之间有3行距。下唇齿较短。下颚须端节与亚端节等长 ……………………………………………………………2

   鞘翅长方形，侧缘平行或后肩稍扩展，星点大于行距，星行之间有 3~7 行距，具瓦形纹或粗刻点。下唇中齿伸出，下颚须端节短于亚端节 ……………4

2. 前胸背板侧缘完整，达到后角 ……………………………………………………3

   前胸背板侧缘在后角之前消失。鞘翅黑色、青铜色或近古铜色，侧缘绿色…………………………………青雅星步甲 *Calosoma inguisitor cyanescens* Motschulsky

3. 体色鲜艳，头及前胸背板深蓝色，鞘翅绿色具红铜色金属光泽 ……………………………………………………疆星步甲 *Calosoma sycophanta* Linnaeus

   体色暗，鞘翅一色，黑色或紫黑色 ……………………………………………………………………………黑广肩步甲 *Calosoma maximoviczi* Morawitz

4. 前胸背板后角有毛。鞘翅古铜色，有时黑色，具金属光泽，星行间的颗粒排列不规则……………………中华金星步甲 *Calosoma maderae chinense* Kirby

   前胸背板后角无毛。鞘翅表面瓦形纹整齐或不整齐，但刻点不呈颗粒状……5

5. 体背面黑色，无金属光泽。前胸背板侧缘弧形。鞘翅星行距 7 行，瓦形纹平坦，星点不明显。腹中线每侧有毛 1 根 …… 暗星步甲 *Calosoma lugens* Chaudoir

   体背面青铜色，具金属光泽。前胸背板侧缘基半部平直。鞘翅星行距 5~7 行，界线模糊，瓦形纹隆起不整齐。腹中线每侧有毛 3 根 ……………………………………………………………………亮星步甲 *Calosoma investigator* Illiber

（57）中华金星步甲 *Calosoma maderae chinense* Kirby，1819

又名中华广肩步甲。1982 年 6 月 19 日中美舞毒蛾天敌合作考察组在吉林蛟河前进林场采集到此步甲，对舞毒蛾捕食量很大。在北京地区是舞毒蛾的重要捕食性昆虫之一，多次观察到正在捕食舞毒蛾幼虫。国内分布于北京、黑龙江、内蒙古、河北、河南、江苏、江西、吉林、辽宁、甘肃、宁夏、山东、上海、山西、广东、广西、贵州、四川、云南、浙江、福建、安徽、湖北、湖南、西藏。国外分布于日本、朝鲜、韩国、欧洲南部、非洲北部。

形态特征（图版 XIII：66）：成虫体长 25.5~34.0mm，体宽 11.5~13.5mm。体黑色，带有铜色光泽。头密布小刻点，额沟浅宽。上颚黑色，无皱褶。触角短，不及体长之半，基部黑色，末端红褐色，第 1~4 节光亮，第 5~11 节密布短毛；第 2 节短，约为第 3 节长度的 1/3。前胸背板宽长比为 8 : 5，密被细刻点及皱褶；侧缘呈弧形，中部最宽，后半部平直并明显上翘，基凹较大。鞘翅狭长，其前后宽度基本相等，每鞘翅具 4 行金色圆形粗刻点，最后 1 行靠近翅缘。刻点排列较密，不易见到。腹面黑色有光泽。雄虫前足第 1~3 跗节膨大，里面有褐色绒毛密布，中足和后足的胫节弯曲较大，而雌虫弯曲较小。

卵：乳白色，卵壳光滑无花纹，长椭圆形，长 4.0~4.8mm，宽 1.7~2.2mm。

幼虫：初孵幼虫乳白色，后变为灰褐色，后呈黑色。1 龄幼虫体长 7.8~14.5mm。老熟幼虫体长 23.9~38.2mm，胸部背板每节有 1 大黑斑；胸足 3 对，黑色；腹面 2~3 节有 1 黑斑，腹部 1~8 节背板大黑斑两侧各有 1 黑点，背线细而凹陷，腹部第 9 节背面有 1 对分叉的尾尖突，第 10 节有伪足。

蛹：裸蛹，初化的蛹为乳白色，后渐变成黄褐色。长 19.8~21.3mm，宽 8.3~10.3mm，腹部背面第 1~5 节有 2 列黄褐色丛生刚毛。

生物学特性：中华金星步甲在吉林公主岭和山西雁北地区一年发生 1 代，在北京和河南安阳等地一年发生 1~2 代。以成虫在土壤内越冬，在吉林越冬成虫于次年 4 月下旬开始出土活动，5 月下旬开始产卵，6 月中旬出现幼虫，7 月中旬化蛹，8 月上旬成虫羽化，10 月中下旬入土越冬。在山西雁北地区成虫 7 月上旬产卵，10 月进入越冬状态。

各虫态发育历期与气温有关，在 25~26℃条件下，卵期 3~4 天，幼虫期 14 天，蛹期 9~10 天。在 23~24℃时，卵期 5~6 天，幼虫期 20~21 天，蛹期 22 天。发育起点温度和有效积温，卵为 18.8℃和 23.3 日度*；幼虫为 18.23℃和 108.4 日度；蛹为 14.58℃和 104.47 日度（梁兴善，1980）。

成虫白天一般多栖息于隐蔽处，很少活动，夜间活动捕食，捕食量大，一天可捕食舞毒蛾幼虫 11~15 头。成虫交配时间很短。夜间产卵。卵多产于 4.5~8cm 深土层的土室中，1 个土室雌虫只产 1 粒卵，约经 105min 后再另筑土室继续产卵。1 头雌虫一生一般产卵 100~200 粒，少的只产 40~50 粒，最多可产 1000 余粒，相差悬殊。幼虫体黑色，足细长。行动敏捷，一般白天隐蔽，夜间活动。幼虫有假死性，同时可分泌出一种臭气。喜在食料丰富，土壤湿润疏松条件下生活。

未经交配产卵的成虫，越冬成活率达 86%，经过交配产卵的，越冬成活率只有 40%。土壤湿度 15% 左右，越冬存活率较高。

（58）黑广肩步甲 *Calosoma maximoviczi* Morawitz，1863

又名大星步甲，是全国柞蚕产区危害柞蚕最严重的一种步甲。但因成虫大量出土活动期较晚，仅能捕食舞毒蛾的后期的蛹。国内分布于黑龙江、吉林、辽宁、甘肃、河北、河南、山西、陕西、山东、浙江、台湾、湖北、安徽、四川、云南。国外分布于日本、朝鲜、韩国、蒙古、俄罗斯远东地区。

形态特征（图版 XIII：67）：成虫雄虫体长 26.4mm，体宽 13.1mm；雌虫体长 34.2mm，体宽 17.2mm。体黑色，有光泽。上颚黑色，有横皱褶，下颚须及下唇须均呈黑色，头被刻点及皱褶，额沟浅凹。触角第 1~4 节黑色光滑，第 5 节以下密被红褐色短毛。前胸背板宽长比为 8∶5，

---

* 注：原文如此，疑为 43.3 日度。

侧缘圆弧形，微翘，中沟细，未伸达前后缘，背面有细刻点及粗皱褶。鞘翅宽大，近方形，有15条纵列隆起线，第4、8、12条线上有9~12个绿色星点，侧缘密布数列绿色小刻点并闪光。腹面黑色，侧缘多生小刻点，末节两侧有弧形凹陷。雌雄最大的区别在于雄虫前足跗节比雌虫宽大。

卵：乳白色，长椭圆形稍弯曲。平均长4.9mm，宽2.3mm。卵壳韧而软，孵化前半透明，可见蠕动的幼虫。

幼虫：体扁平，背部黑色，微显光泽。前胸最长，中胸次之，腹部各节较短，长度一致，胸及腹部（第9节除外）背面中间有1条纵沟。第9腹节背面褐色，末端有黑色角突1对。胸足3对，较发达，每足尖端有爪2个。腹部腹面灰色，有大小不同具毛的褐色斑纹。老熟幼虫平均体长36.3mm，体宽8.3mm。

蛹：裸蛹，体躯稍弯曲，呈橄榄形。平均体长23.8mm，体宽10.0mm。初化蛹时乳白色，后为浅灰色。腹部背面及体侧有褐色刚毛。

生物学特性：黑广肩步甲在山东烟台、栖霞和辽宁鞍山、凤城一带一年发生1代。以成虫在10~30cm土层内越冬。次年5月中下旬至6月间少量成虫开始出土活动，7月末至8月上旬间大量成虫外出活动。成虫行动迅速敏捷，搜捕能力很强。活动一般多从14:00—16:00开始。17:00—18:00逐渐增多，19:00—20:00开始减少，23:00后停止活动与捕食，4:00开始下树潜伏栖息于树林枯枝落叶，松土石块下。8月下旬随着气温变化，活动时间有所改变，在10:00—14:00活动最多，其他时间活动减少。成虫有假死性，受到惊扰常从树上掉落，潜入草丛隐蔽。成虫交配一般多在16:00以后，傍晚最多。常在树上进行，少数在地面杂草间。交配后2~4天雌虫开始产卵，1头雌虫一生平均可产卵80.60 ± 7.9粒，最多可产卵90粒。卵产于土中6~9cm处，散产，分2~5次产出，第一次产卵数量最多，之后逐渐减少。产卵期23~25天。卵期4天左右，于 8 月中下旬孵化。幼虫共 3 龄，1 龄幼虫期 5~6 天，2 龄幼虫 4~5 天，3 龄幼虫 5~6 天。幼虫老熟潜入 20~30cm 深土层筑 1 圆形土室，经过 25 天左右，于 9 月中下旬在土室内化蛹，蛹期 12~14 天。10 月上中旬羽化为成虫，不再出土活动，在土室内越冬，也有部分以蛹越冬（牟志刚等，2005）

（59）疆星步甲 *Calosoma sycophanta* Linnaeus，1758

疆星步甲，在新疆林区是舞毒蛾等鳞翅目害虫的重要捕食性昆虫之一，个体较大，体色鲜艳，常被人们采集制作成标本收藏观赏，自然种群数量较少。国内仅知分布于新疆。国外分布于欧洲（俄罗斯、土耳其、阿尔巴尼亚）、北美、中亚、非洲北部。

形态特征（图 19：E）：成虫体长 24.5~32.2mm，体宽 10.5~12.3mm，头、前胸背板、小盾片深蓝色或稍带绿色，鞘翅绿色并带红铜色金属光泽，常因其体表的鲜艳色泽易与星步甲属其他种类区别。触角、口器及足黑色；腹面深蓝色，鞘翅缘折绿色。头有细刻点及褶皱，复眼之间较粗糙，触角长度不达体长之半，第 1、4~11 节长度接近相等，第 3 节长稍大于第 1、2 节之和。雄虫前跗节基部 3 节膨大，中胫节稍弯，后胫节有内缘毛。

卵：长 6mm，椭圆形，淡黄色。

幼虫：共 3 个龄期，初龄幼虫乳黄色，长 11.5mm，而后逐渐变为棕色，后变为黑色。当 2 龄幼虫体长达到 20~25mm 时，将进行 2 次蜕皮。

蛹：长 19~24mm。

生物学特性：疆星步甲成虫寿命很长，能存活 3~4 年或更长，繁殖能力强，食量较大。每天可消耗自身体重 7~8 倍的食物。成虫产卵于土壤内，产卵期持续达 20~25 天。

在夏季气温条件下，产卵 6~13 天后孵化为幼虫。幼虫共 3 龄，1 龄幼虫期为 7~11 天，2 龄幼虫期为 8~12 天，3 龄幼虫期为 15~18 天。末龄幼虫后期食量明显下降。活动迟钝，随后潜入25~30cm深土层内化蛹，蛹期 9~16 天。从卵—幼虫—蛹都生活在土洞内，前几年，成虫也在土洞内越冬。6 月间羽化成虫。幼虫和成虫外出觅食时，喜欢爬上树木四处寻找猎物，6—7 月间是疆星步甲幼虫成虫活动捕食期，此时也是舞毒蛾幼虫活动危害期，或刚开始化蛹的时候，捕食舞毒蛾比捕食其他昆虫更为容易获得。

疆星步甲在 1 个活动季节，约可产卵 100 粒，有时可产得更多，但因成虫寿命长达几年，雌虫一生的总产卵量很大。

（60）暗星步甲 *Calosoma lugens* Chaudoir，1869

国内分布于黑龙江、内蒙古、河北、山西、河南、山东、宁夏。国外分布于朝鲜、蒙古、俄罗斯东部沿海地区。捕食舞毒蛾、松毛虫等多种鳞翅目害虫的幼虫和蛹。

形态特征：成虫体长 22.0~31.0mm，体黑色无金属光泽。前胸背板宽大于长，侧缘中部最宽，后角钝圆。鞘翅近方形，两侧平行，每侧具 3 行圆形无金属光泽的星点；行距沟纹浅。雄性前足跗节基部 3 节膨大。

（61）青雅星步甲 *Calosoma inguisitor cyanescens* Motschulsky，1859

1982 年 6 月作者等在黑龙江桦南县孟家岗林场和吉林蛟河考察时采集到该步甲，捕食舞毒蛾 3~4 龄幼虫。文献记载，1980 年 5 月中旬，该步甲在辽宁丹东地区大量发生，侵害柞蚕，国内已知分布于黑龙江、吉林、辽宁、内蒙古和山东。国外分布于日本、朝鲜、俄罗斯（远东地区）。

形态特征（图 19：A）：体长 17.5~24mm，体宽 7.5~10.5mm。体青铜色，接近黑色，上颚、下颚须及下唇须黑色，鞘翅星点呈绿色，缘折及腹面有较明显的蓝绿光泽。头及前胸背板刻点较粗且密，刻点之间形成皱褶。触角长达体长之半。前胸背板宽长之比 5∶3，背面刻点粗而密，有皱褶；侧缘弧形，中部处最宽。后胸背板宽大于长，宽长之比约 8∶5，侧缘圆弧形，有 1 根毛，中部之后收狭，侧缘边在基部 1/3 处消失，后角稍突出，无毛，中纵沟浅，基凹常呈 1 小凹陷。雄虫前足跗节基部 3 节膨大，中足胫节稍弯曲，内缘有毛，雌虫中足胫节较直。

（62）亮星步甲 *Calosoma investigator* Illiber，1798

国内分布于东北地区、新疆。国外分布于亚欧大陆的草原地带，从东南欧到俄罗斯（贝加尔湖、西伯利亚）、白俄罗斯、蒙古等。取食舞毒蛾、尺蠖、豆田蝶类、蛾类等幼虫。曾在黑龙江牡丹江地区发现该虫取食柞蚕。多发生在针叶林和草原。

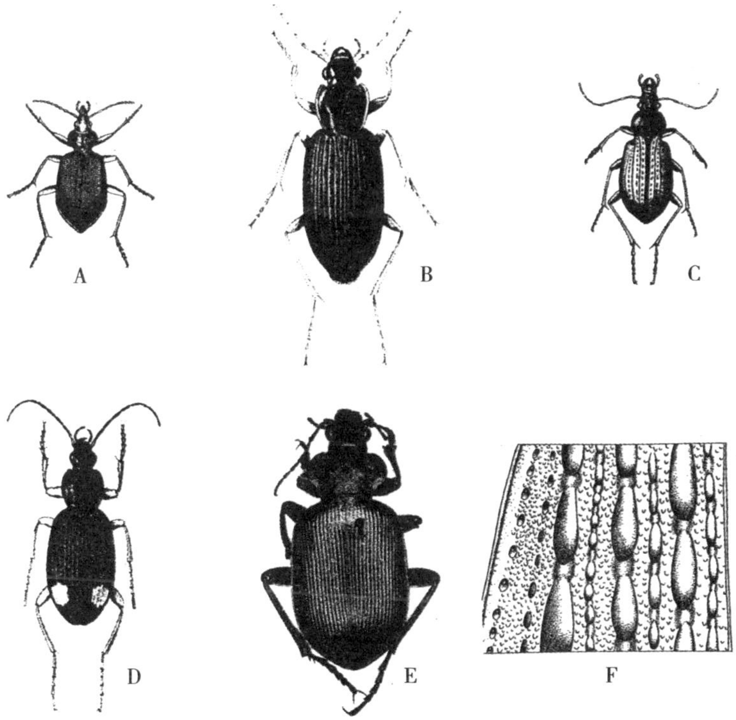

图 19　各种步甲科昆虫形态特征

A 青雅星步甲；B 赤胸长步甲；C 墨光步甲；D 双斑青步甲；E 疆星步甲（仿美国农业部林务局，1985）；F 艳大步甲成虫左鞘翅

形态特征：成虫体长 26mm，体宽 11mm，体黑色。头刻点及褶皱密布，复眼大而突出。触角 1~4 节黑色有光泽，5~11 节暗淡，多被褐色短毛。前胸背板宽长之比 7：4，背面褶皱较粗，侧缘前半部呈弧形，后部略直，中沟附近刻点细。鞘翅宽阔，隆凸明显，星点显著，星行界限不清，约 7 行。腹面及中胸两侧有细刻点，中部刻点少，腹节中线每侧有 3 根毛。足黑色具光泽。

4.1.2 长步甲属 *Dolichus* Bonelli，1810

（63）赤胸长步甲 *Dolichus halensis*（Schaller，1783）

又名赤胸步甲、赤胸地甲、赤胸梳爪步甲。1992 年 6 月在辽宁鞍山地区采到，捕食舞毒蛾幼虫。国内分布于北京、黑龙江、吉林、辽宁、内蒙古、河北、山西、陕西、甘肃、新疆、河南、山东、安徽、江苏、浙江、湖北、湖南、江西、福建、广西、云南、贵州、四川。国外分布于日本、朝鲜、欧洲。

形态特征（图 19：B）：成虫体长 14.5~20.5mm，宽 5~6.5mm。体长形，色泽全黑或部分棕红色。头部复眼间有 1 对棕红色斑，触角、口器及足棕色，前胸背板黑色具棕色边，有时全部棕色或棕红色。小盾片黑色，鞘翅具棕至棕红色斑，两翅色斑合成长舌形，或鞘翅全为黑色。腹面黑色，或仅中纵区或局部棕红色，很少全为棕色。头（复眼）与前胸背板宽度接近，复眼中度突出，眼间光洁，额沟较宽，两侧平行，沟中有皱，上唇横方；口须端节较亚端节为短，端部稍狭，平截。触角细长，超过体长之半。前胸背板筒形，长宽几乎相等，前、后端近于等宽，两侧稍膨出；前缘稍后凹，后缘较平直，后角宽圆；侧缘沟深，后部宽阔，侧缘后部翘起；缘毛 2 根，后缘毛在后角偏前；盘区较平坦，前横凹明显，中纵沟细，基凹深，中区无刻点，前横沟之前、两侧及基部有刻点及皱褶。鞘翅平坦，长形，基部较前胸宽，最宽处在后部 1/3，其后渐收狭；基沟十分弯曲，条沟9行，沟底刻点稀疏，第8条沟有23~28个毛穴；行距较平坦或稍隆起，第3行距有2个毛穴。足细长，后足腿节有4根缘毛。雄虫前足跗节基部3节扩大，第2、3节为长方形，腹面有2排鳞毛，爪梳齿。

生物学特性：赤胸长步甲在江苏一年发生1代，以老熟幼虫在5cm左右深的土内越冬，次年4月间越冬幼虫开始化蛹，4月底至5月初开始出现成虫，5月中旬为成虫羽化高峰，7月上中旬至8月中旬成虫在阴凉处越夏，成虫越夏后于8月底至9月初开始交配，9月上旬开始产卵，10月上旬为产卵高峰期，10月底产卵基本结束，成虫陆续死亡。

该步甲成虫白天一般不活动，多栖息在隐蔽处，直至傍晚开始外出活动，捕食各种昆虫，行动敏捷，搜捕能力很强，据观察1min可爬行6~7m，能捕食体型较大的昆虫。成虫飞翔力弱，但对黑光灯、卤素灯光源有较强趋性。成虫交配多在夜间进行，并能多次交配。交配15天后开始产卵，产卵一般多在夜间，卵产于比较疏松和湿润的土壤内，也有产于土壤表面的。卵以单产为主，少数有2~4粒粘在一起的。产卵期长达25~70天。成虫产卵量最少为13粒，最多可达70粒左右，成虫捕食量因虫种不同而异，1头成虫平均每天捕食蚜虫150多头，捕食舞毒蛾4龄幼虫1~2头。成虫耐饥力很强，如在羽化为成虫后1个月，停止喂饲食料，仍可维持生命30~40天。成虫活动的最适温度范围为18~25℃，但在5~32℃温度条件下仍可活动，如果超过32℃，成虫就停止取食。最高致死温度为37.5℃，最低致死温度为–5℃。在温度为5℃时，行动迟缓，停止取食。

卵在白天、黑夜均能孵化。其孵化率因受气温高低的影响而有很大差异，在平均温度为21.3℃时，孵化率为87.8%，15.1℃时为62.1%，平均温度降到12.5℃时，其孵化率只有40%。幼虫孵化后不久，即可捕食蚜虫及鳞翅目昆虫的卵和幼虫。

室内饲养该步甲时，如果饲养的幼虫密度大，常会自相残杀，特别是在食料缺乏时，幼虫可取食未孵化的步甲卵。卵的密度大小也会影响其孵化率，在 1000cm^3 土壤里，如果放置 100 粒卵，卵的孵化率只有 22%，幼虫存活率为 31.8%；而在有卵 20 粒时，其孵化率可提高到 80%，幼虫存活率可达 75%。

4.1.3 步甲属 *Carabus* Linnaeus，1758

捕食舞毒蛾的步甲属 *Carabus* 昆虫已知有 2 种，区别如下：

1. 体色鲜艳；头部及前胸背板红铜色；鞘翅除瘤突外为绿色，具光泽，末端在翅缝处各形成上翘的刺突；体长 35~43mm……………………………………………………………………………………艳大步甲 *C. lafossei coelestis* Stewart

体色不太鲜艳；头部及前胸背板黑色；鞘翅黑色或带紫色，稍具光泽，末端在翅缝处不形成上翘的刺突；体长 23mm 左右……………………………………………………………………………………墨光步甲 *C. billbfergi* Mannerheim

（64）艳大步甲 *Carabus lafossei coelestis* Stewart，1855

1983 年 5—6 月在北京和 1991 年在山东昆嵛山林场采集到此步甲，捕食舞毒蛾幼虫和蛹，捕食量大。国内已知分布于北京、陕西、山东、安徽、江苏、浙江、湖北、湖南。

形态特征（图 19：F；图版 XIII：68）：体长 35~43mm，体宽 13~16mm。体色鲜艳。头、前胸背板及鞘翅外缘红铜色，有金属光泽；口器、触角、小盾片及虫体腹面黑色；前胸侧板绿色；鞘翅瘤突黑色，余为绿色，常常有绿色光泽。头较长，在眼后延伸；被粗皱纹及细刻点；额中部隆起，两侧有纵凹洼；颚段及唇须端部为斧形；触角 1~4 节光亮，5~11 节被绒毛；眼小，微突出。前胸背板接近心形，前缘微凹，后缘近于平直，侧缘弧形，中部明显膨出，后部两侧近于平行；中部略拱起，背纵沟极浅，不明显，基部两侧有凹洼；后侧角向后下方倾斜，端部圆形。小盾片三角形，端部钝。鞘翅长卵形，基部宽度与前胸基缘接近或较宽，渐向后膨大，后端窄缩，鞘翅末端在翅缝处各形成上翘的刺突；每鞘翅有 6 行瘤突，第 1、3、5 行较短；第 2、4、6 行较长；鞘翅表面除瘤突外，有不规则小颗粒，沿翅缘有 1 行粗大刻点。足细。腹节横沟明显，末节端部有纵皱纹。

（65）墨光步甲 *Carabus billbergi* Mannerheim，1827

本种已知分布于我国的黑龙江、吉林、辽宁，发生数量不多，1982 年 6 月 5 日在黑龙江桦南县孟家岗林场采集到此步甲，除捕食舞毒蛾幼虫外，在柞蚕产区还危害柞蚕。

形态特征（图 19：C）：雄虫体长 23mm，体宽 10mm。头及前胸背板黑色。鞘翅黑色或带紫色，稍具光泽。腹面、足黑紫色。复眼间及额部有皱褶、刻点。上唇前缘凹陷，两侧微突。眉毛 1 根。前胸背板宽稍大于长，前缘弧凹，前角略圆，后角稍后伸略圆。侧缘毛 3~4 根。中沟浅，基凹浅，表面密布粗刻点及网状皱褶；侧缘基部稍上翘。中足胫节背面有 1 列黄褐色刺。鞘翅长卵形，隆起，两侧缘接近平直，最宽处在后部 1/3，后部渐狭，侧缘明显上翘，表面密布小颗粒，呈淡黑紫色，并生有 1 列长毛。鞘翅表面有长链状突起 3 行，行间有短链及瘤状突起 3 行，表面疏生细毛。

4.1.4 婪步甲属 *Harpalus* Latreille，1802

（66）大头婪步甲 *Harpalus capito* Morawitz，1862

捕食鳞翅目等幼虫食性很杂。国内分布于黑龙江、吉林、辽宁、内蒙古、北京、河北、山西、宁夏、陕西、甘肃、河南、山东、湖北、安徽、江西、江苏、浙江、福建、台湾、湖南。国外分布于俄罗斯、朝鲜、韩国、日本。

形态特征：成虫体长 17.3~24.0mm，体宽 6~8mm；前胸背板基部边缘不衔接；鞘翅第 1、3、5、7 间隔处具 1 排盘状气孔；唇舌顶部具硬结圆盘背部具部分刚毛。体黑色，前胸骨板及鞘翅被棕黄色毛。触角、口器（上颚除外）、上唇前缘、唇基前缘及足黄色。头稍宽，稍过于前胸背板，光滑无刻点。上唇前缘中部凹陷较深，每侧着生 3 根长毛。前胸背板方形，宽度明显大于长度；前缘稍凹，后缘平直；前角圆形，后角尖锐，稍向外突出；中纵沟浅细，前部及基部的刻点粗大，中部刻点较细。鞘翅比前胸略宽，有 9 行条沟，沟间密布浅刻点及黄色短毛，末端稍隆起。足跗节背面有刻点及短毛。雄虫前足跗节基部 3 节稍膨大，第 1~4 节腹面有黏毛。

（67）彩婪步甲 *Harpalus tinctulus* Bates，1873

国内分布于贵州。国外分布于日本、韩国、越南。

形态特征：成虫体长 6.5~8.3mm。黑色，有光泽，鞘翅常具弱绿色；头背光滑无刻点，前胸背板及侧沟基区有浓密刻点，伸达侧缘，中间不间断，基窝内刻点愈合，顶角凸圆，基角钝，鞘翅表面光滑无刻点，第 3 沟间毛穴在 2/3~3/4 处，并靠近第 3 沟，第 7~8 沟间无次生毛穴，沟间无刻点、绒毛，后足腿节后缘毛 3 根，腹面光滑，第 2、3 腹板中区有纤毛、刻点。

生物学特性：彩婪步甲在贵州一年发生 1 代，以成虫在土壤中、田埂边的土块中、石块下及堆积物处越冬，次年 4 月初越冬成虫开始出蛰活动。4 月中旬至 5 月中旬交尾产卵。交配后雄虫陆续死亡，雌虫延续至 7 月上旬死亡。卵期 9~12 天。幼虫生活在土壤里，幼虫期 20~35 天。5 月中旬幼虫开始化蛹，蛹期 8~10 天。6 月成虫羽化，10 月下旬入土越冬。成虫夜间在地面活动，白天潜伏在土壤里，13:00 出土交尾，20:00

出土数量剧增，24:00 达高峰，次日 5:00 全部入土。交尾可持续 2~4h。

在室内自然变温条件下，卵期平均 5.6 天，最长 11 天；幼虫期平均 13.6 天，最长 21 天；成虫一般在日平均温度 20℃以上时才能产卵，25℃以上产卵最盛，5 月至 10 月上旬各虫态均能正常发育。

饲养与繁育：吴彤林等（2008）研究了彩婪步甲的室内人工繁殖技术，在早春自田间采集彩婪步甲越冬成虫，于室内用 17cm × 17cm × 28cm 的塑料桶或 1000mL 烧杯饲养（底垫 5cm 厚的泥沙），每组雌雄各 1 只。每天投一定数量的鳞翅目幼虫作为饲料，其产卵后将卵粒（连同附带的土块）移入另处孵化（或将成虫移出），防止成虫取食初孵幼虫等情况发生。幼虫用 1cm × 7cm 的玻璃管进行饲养，老熟幼虫移入垫有泥沙的塑料桶内化蛹。群体饲养有相互残杀现象。

4.1.5 青步甲属 *Chlaenius* Bonelli，1810

捕食舞毒蛾的青步甲属昆虫分种检索表

1. 产卵器端节外缘具刺 7 根以上……………………………………………………2
   产卵器端节外缘具刺 5 根以下……………………………………………………3
2. 产卵器端节外缘具刺 8~9 根。头部及前胸背板绿色。鞘翅青铜色，亚端区具 2 个黄色圆斑…………………………双斑青步甲 *Chlaenius bioculatus* Chaudoir
   产卵器端节外缘具刺 7 根。头部及前胸背板紫铜色，两侧绿色。鞘翅青铜色近似黑色…………………………后斑青步甲 *Chlaenius posticalis* Moschulsky
3. 产卵器端节内外缘各具 1 齿状刺……黄边青步甲 *Chlaenius circumdatus* Bruller
   产卵器端节内外缘无齿状刺……………………………………………………4
4. 阳茎粗壮，基部深裂，端部反翘。头及前胸背板绿色或紫铜色金属光泽。鞘翅黑褐色，绿色光泽……………………脊青步甲 *Chlaenius costiger* Chaudoir
   阳茎不扭曲。头及前胸背板、小盾片铜绿色，紫红光泽。鞘翅垂直较长，暗黑色，亚端区具 1 黄色斑……………黄斑青步甲 *Chlaenius micans* Fabricius

（68）黄斑青步甲 *Chlaenius micans* Fabricius，1792

又名斑青步甲。主要捕食鳞翅目幼虫等昆虫。国内已知分布辽宁、吉林、青海、宁夏、陕西、内蒙古、北京、河北、河南、山东、江苏、安徽、湖北、江西、湖南、福建、台湾、广西、四川、贵州、云南、甘肃。国外主要分布日本。

形态特征（图版 XIII：69）：成虫体长 14~17mm，宽 5~6mm，体黑色，头、前胸背板铜绿色，有金属光泽，头长圆筒形，上颚短宽，端部尖锐口黄褐色；口径端部平截。复眼突出，复眼间隆起，密被刻点及褶皱，近眼内缘有纵褶。触角黄褐色，第 1 节粗，长为第 2 节的 2 倍；第 3 节最长；第 1~3 节光洁，其余各节被黄褐色短毛。前胸背板宽略大于长，前后缘近于等宽，前缘凹陷，前角尖锐，后缘平直，后角圆钝，侧缘弧拱，中纵沟明显，基凹不深，密被刻点及横皱。鞘翅具铜绿光泽，翅面密被金黄色毛，有 8 行半条沟，靠近翅缝的 1 条于翅 1/3 处中断；沟间平坦，密布刻点，刻点横向连接成不规则的"一"字形皱纹；后部于第 3~8 条沟间有 1 个斜行黄斑。足细长，基节和跗节为褐色。转节、腿节、胫节黄褐色。

生物学特性：黄斑青步甲一年发生 1~3 代。4 月下旬当日平均气温稳定在 15℃以上时，越冬成虫开始出蛰、交配和产卵。卵的发育历期为 8~12 天。5 月中下旬，当旬平均气温稳定达到 18℃以上时，卵开始孵化。幼虫从 5 月中下旬开始活动，10 月下旬结束。幼虫期 16~23 天。幼虫共 3 龄，在日平均温度 20℃时，1 龄幼虫历期 8.5 ± 1.5 天；2 龄幼虫历期 6.2 ± 1.0 天；3 龄幼虫历期 5.7 ± 0.5 天。5 月底日平均温度达到 20℃时，即有幼虫化蛹，6 月上旬进入化蛹盛期，蛹期约需 13 天。6 月上旬，当日平均温度达到 22℃以上时，即开始大量羽化出现第 1 代成虫。6 月中下旬高温季节，日平均温度达 25℃以上时，第 1 代成虫开始大量出现。11 月上旬，日平均气温下降至 12℃以下，中午最高气温降至 15℃以下时，成虫开始越冬。一般成虫在土壤、石缝、杂草丛等处越冬，越冬期 4~5 个月，成虫活动期 3~5 个月。

（69）脊青步甲 *Chlaenius costiger* Chaudoir，1856

捕食螟蛾科、夜蛾科等昆虫的幼虫。在国内分布于辽宁、陕西、四川、河南、湖北、江苏、江西、浙江、贵州、云南、广西、福建。国外分布于朝鲜、日本、缅甸、印度、越南、柬埔寨、老挝、印度尼西亚（爪哇岛）等地区。

形态特征：头暗褐色，上颚红褐色，基半色较淡，触角和下颚褐色。前胸、中胸和后胸暗褐色，足黄褐色，腹部背片褐色，尾须暗褐色，基半后呈黄褐色相间的环状节，末端淡黄色，侧板和腹部骨化部分暗褐色。头扁平，宽大于长，几乎成长方形，最宽处在侧单眼区附近。鼻突宽大于长 4 倍，有 5 个小齿。触角显长于上颚，第 1 节长大于宽 5 倍，第 2 节为第 1 节的 0.5 倍，第 3 节稍长于第 1 节，中部膨大，稍弯曲，第 1、2 节光滑，第 3 节中部及端部有 3 根长刚毛，第 4 节较小，呈纺锤形，末端有 3 根长刚毛。上颚特别细长、尖锐。长大于宽的 6 倍，完全弯曲，基部有 1 尖锐小齿。下颚基节较宽，长为宽的 3 倍、外缘及末端各有 1 根长刚毛，内缘有许多短刚毛。外叶第 1 节平截，宽稍大于长，端部有 1 长刚毛，第 2 节尖细，稍长于第 1 节，光滑，下颚须第 1 节宽稍大于长，腹面有 1 根长刚毛，第 2 节长为第 1 节的 4 倍，长大于宽 4 倍，第 3 节为第 2 节的 0.75 倍，较细，第 4 节较细小，末端尖锐，长为第 3 节的 0.33 倍，下唇须较长，长为宽的 1.2 倍，腹面末端有 2 根长刚毛，唇舌突出，有 2 根毛，相互分离。下唇须第 1 节较长，长为宽的 3 倍，第 2 节细长，末端尖锐，稍短于第 1 节，下唇须光滑。前胸背板稍比头宽，侧缘宽、平，有边，有 2 根长刚毛，背面光滑，中线沟深，基部 0.8 处有横沟，中胸和后胸除侧缘有 3 根刚毛外，都较为光滑。足腹面有刺刚毛，爪尖锐，无钩。腹部第 1~8 节背片侧缘有边，有 1 根长刚毛及 1 根短刚毛，中线清楚，背片较为光滑。第 9 背板有 4 根长刚毛，侧缘有 1 对尾突，尾突特别细长，超过体长一半，分节不明显，基半前及末端各有 2 根长刚毛。第 10 腹节很长，超过第 8 节长度，腹面及端部有许多长刚毛。

生物学特性： 成虫每年 4—9 月份可以在灯下诱到，也可在林中石下采到。

（70）黄边青步甲 *Chlaenius circumdatus* Bruller，1835

又名小黄缘步甲、宽边青步甲。国内分布于黑龙江、吉林、辽宁、陕西、青海、宁夏、北京、河北、河南、浙江、安徽、江苏、江西、湖北、湖南、福建、广东、广西、贵州、四川、云南、甘肃。国外分布于日本、韩国。

形态特征： 头部有大而稀的绒毛刻点，在中心区几乎无刻点，无毛；触角第 3 节显著长于第 4 节，除端刚毛外，尚有略密的刚毛；须的端节窄，几乎呈圆筒形，小颏须无毛，下唇须 2 节内侧有若干显著的刚毛。前胸背板不显著地宽大于长，略呈心脏形，上有不规则的散生刻点，无绒毛；侧缘有边埂，黑色，向后波曲；缘刚毛远在基角之前。鞘翅虽略有金属光泽，但基本无光泽，在侧区有黄纹；胸部腹面有大而颇密的绒毛刻点，中间刻点稀或几乎无刻点，腹片有细而密的绒毛刻点，前胸腹突至少在端部有边埂。

（71）后斑青步甲 *Chlaenius posticalis* Moschulsky，1854

国内分布于黑龙江、吉林、辽宁、河北、山东、山西、江苏、安徽、江西、湖南、广西、贵州、四川、云南。主要捕食鳞翅目幼虫。

形态特征（图版 XIII：70）： 成虫体长 12~14mm，宽 4.5~5.4mm。前胸背板、小盾片紫铜色，两侧绿色，有光泽，鞘翅青铜近于黑色，侧缘绿色；触角，口器及足棕红色，触角第 3~7 节黑褐色，跗节棕褐色，腹面黑色（包括足基节）常具深蓝色光泽，腹末节周缘黄色。上颚较宽，端部尖，口须端平截。触角长达体之半，第 1 节较粗，较第 3 节稍短，与第 4~11 节近等长，第 2 节最短。前胸背板前端较后端略狭，两侧弧形，最宽处在中部，前缘后凹，后缘较直，基角端圆形，缘毛位于角前，隆起，中沟及基凹均较深，密被粗、细刻点，在中部及两侧缘有横皱。鞘翅自肩后稍膨，除小盾片行外有 9 条沟，沟底有细刻点，行距平坦，刻点密，常边成横皱。腹面胸部刻点粗大，腹部的较细。

（72）双斑青步甲 *Chlaenius bioculatus* Chaudoir，1856

又名后双斑青地甲、后黄斑青步甲，可捕食多种鳞翅目昆虫的幼虫，1991 年在山东昆嵛山林场观察到该步甲捕食舞毒蛾 2~4 龄幼虫。国内已知分布于黑龙江、吉林、辽宁、河北、河南、陕西、山东、江苏、安徽、浙江、湖北、江西、福建、台湾、广东、海南、广西、四川、贵州、云南、西藏。国外分布于印度、日本、泰国、缅甸、斯里兰卡、马来西亚和印度尼西亚。

形态特征（图 19：D；图版 XIII：71）：成虫体长 11.5~15mm，宽 5mm。头、前胸背板绿色稍带紫铜光泽；小盾片绿色；鞘翅青铜色或近于黑色，幽暗并被黄色毛，后部 3/4 处有近圆形的较大黄斑，占据 4~8 行距。口器棕黄至棕红色，上唇、上颚及下唇近于棕褐色。触角棕黄至棕褐色，基部 3 节及端部各节色较淡。腹面中部深褐色。两侧及缘折蓝色具金属光泽，腹部末节周缘黄色。足棕黄色，跗节及后足转节棕褐色。头部眼间隆起，与后头之间稍凹，被细刻点，后头的刻点较为粗密，近眼内缘有细皱；上颚宽而短，口须端部平截。触角细长，超过体长之半。第 1~3 节光洁，以后各节被毛，第 1、4~9 节长度接近，比第 3 节稍短，比端部 2 节稍长，第 2 节最短。前胸背板宽略大于长，两侧弧形近于对称，后部稍翘，前缘微凹，后缘近于平直，前、后角端稍圆，侧缘毛位于后角之前；背隆，中沟细，基凹深；被粗细刻点，基部及基凹中的刻点较粗大，沿中沟的较细，中沟两侧、侧缘及基凹中尚有皱褶。鞘翅狭长，后部最宽；鞘褶稍显，微凹；除小盾片行外，有沟 9 条，沟底有刻点，沟距平坦，密被刻点。胸部腹面刻点稀少，前侧片光洁。雄虫前足跗节基部 3 节膨大。

卵：乳白色，长椭圆形，两端钝圆，表面光滑。卵长 1.8~2.0mm，宽 0.9~1.0mm。

幼虫：老熟幼虫体长 14.5~17.5mm。头部红色，有光泽，背面黑褐色。头扁平，中央稍隆起，宽稍大于长，单眼区稍后处最宽。鼻突处有 4 个相等小齿。前胸背板比头部稍宽，有毛。足褐色，跗节及爪色较浅，足的腹面具许多刺刚毛，爪尖锐。腹部 1~8 节背片有长刚毛及一些短刚毛。第 9 节背片的尾须有长刚毛。

蛹：裸蛹，浅黄色，长 8~10mm，宽 4~5mm。腹部第 2~5 节两侧各有 1 对瘤状突起。鞘翅伸达腹部第 4 节，后足明显伸出腹部末端。

生物学特性：双斑青步甲发生世代重叠，每年的发生世代数极不整齐，大致一年可以完成 1~4 个世代，以成虫在土块、石块下及堆积物内越冬。据观察，在福建福州地区，越冬成虫活动后于 4 月上中旬开始交配，4 月下旬产卵，5 月中旬至 6 月上旬为产卵盛期，越冬成虫最迟产卵日期可一直延续到 11 月初。该步甲各虫态发育历期因受气温影响差异较大，卵的发育历期在平均温度 20℃时，平均为 8 天，最长为 11 天；在 25℃时平均为 5 天，最长为 7 天。幼虫发育历期在 21℃时平均为 19.5 天；26℃时平均为 11 天，最长为 15 天。蛹的发育与土壤湿度有关，土壤干燥或湿度大，羽化率很低。在平均温度 17.7℃时，蛹的历期平均为 14.5 天，最长为 16 天；25.2℃时平均为 7 天，最长为 9 天。

成虫交配活动以 16:00—17:00 较多，交配时间长达几个小时。当日平均温度达到 20℃以上时成虫开始产卵，25℃左右时成虫产卵最盛。卵多产在比较潮湿的土块上或植株底部叶片上，卵的表面有粘液，容易粘附住。卵多为散产，也有 3~4 粒产成一堆的。1 头雌虫平均每天可产卵 2.2 粒，最多产卵 8 粒。1 头雌虫一生的平均产卵量为 38.6 粒，最多为 90 粒。幼虫共 3 龄，孵化后 1h 即开始爬行，白天活动频繁，喜欢钻进被害虫危害的卷叶内寻食。该步甲生性凶猛，能捕食比其身体大数倍的鳞翅目昆虫幼虫，尤以 3 龄幼虫初期的捕食量最大。幼虫老熟后在 3~5cm 深土层处筑 1 土室，头部朝上，开始化蛹。成虫寿命很长，平均可生活 74 天，最长可活 1 年以上。雌虫产卵前期短的只有 8 天，平均为 25.5 天。该步甲耐饥力较强，在不提供任何食料情况下，雌虫可生活 14~22 天，雄虫只能存活 8~13 天。

饲养与繁殖：室内饲养双斑青步甲可用 9.5cm × 10cm 广口瓶或玻璃缸，底部垫 5cm 厚的泥沙，适当保持湿润，每个容器可放入雌雄成虫各 1 头，投放一定数量的鳞翅目幼虫，如舞毒蛾、菜青虫等。雌虫产卵后将卵粒连同粘附的土块一起移入另管待其孵化。幼虫可用 1cm × 7cm 或 2cm × 10cm 指形管进行个体饲养，幼虫老熟后移入垫有泥沙的玻璃缸内，任其化蛹。

4.1.6 短胸步甲属 *Curtonotus* Stephens，1827

（73）巨短胸步甲 *Curtonotus gigantus*（Motschulsky，1844）

1992 年 6 月在辽宁鞍山地区采到，捕食舞毒蛾中龄幼虫。

形态特征：成虫体长 22~24mm，宽 7.5~8mm，全体黑色，有光泽。头部前半部有细刻点，后半部光滑；额凹短浅，上唇横方，宽约为长的 2 倍。复眼小，稍突出。上颚短粗，末端尖细，弯曲成沟状，下颚须，下唇须褐色。触角第 1~3 节光洁，黑褐色，端部有 1 根黄褐色细长毛，第 4~11 节密布黄褐色短毛。前胸背板宽大于长，前缘内凹，呈弧形，两侧缘前端膨出，基部明显收狭，前后部刻点细密，中部稀疏；中纵沟细浅；侧基凹陷，刻点粗而密。每个鞘翅有 9 条较明显的纵沟，沟间刻点粗细不规则，鞘翅比前胸稍宽，胸腹部腹面密布刻点。

4.2 皮蠹科 Dermestidae

4.2.1 斑皮蠹属 *Trogoderma* Dejean，1821

（74）花斑皮蠹 *Trogoderma variabile* Ballion，1878

皮蠹类昆虫是危害仓储物品、皮毛织物、昆虫虫卵、蚕蛹以及昆虫标本等的重要杂食性害虫。花斑皮蠹分布地区广，发生数量多，耐寒能力强。在我国东北、华北等地林区和农村地区，在村落、农户场院的树木、房檐、墙角、围墙等舞毒蛾经常产卵的场所，被绒毛覆盖的舞毒蛾卵块，常遭到皮蠹捕食，甚至有的卵块的卵粒几乎全被食尽。国内已知广泛分布于北京、吉林、辽宁、天津、河北、内蒙古、山西、陕西、浙江等地。国外分布于俄罗斯、阿富汗、伊朗、伊拉克、美国、墨西哥。

形态特征：成虫体长约 3mm 左右，卵圆形，赤褐色至深褐色，有黄褐色、白色细毛。触角 11 节，棒状，棒节长度达前胸背板基部。前胸背板两侧圆形，前端略成弧形，后缘中央突出，侧面刻点较密。端部刻点稍稀。鞘翅具褐色与暗红色环状纹与花斑。花斑有时不完整，覆有稀疏的毛。雄虫触角棒节 7 节，雌虫棒节 4 节。末端圆锥形。

幼虫：体长 5mm 左右，乳白色至黄褐色，头部每侧有单眼 6 个，触角 3 节。体上着生芒状刚毛。背板侧面箭刚毛末节与末前节间的中轴有两组不规则的附属物，分为 3 小节，末端第 2 节长度约为末第 3 节的 1.2 倍。老龄幼虫背板红褐色，胸节和腹部背板中区箭刚毛极少，背板刚毛排成 1 列，腹后部有 1 束细尾须。

蛹：离蛹，长 3~5mm，卵椭圆形，一端有肉刺。

生物学特性：花斑皮蠹在山西、陕西和浙江等地一年发生 1~2 代，以幼虫隐藏在各种有缝隙的场所越冬，次年 3 月下旬至 4 月初越冬幼虫开始活动，5 月上中旬幼虫进入化蛹盛期，5 月下旬至 6 月上旬为越冬代成虫羽化盛期。第 1 代卵 5 月中下旬开始孵化，6 月上中旬为孵化盛期，7 月下旬为第 1 代成虫羽化盛期，7 月上中旬至 8 月上中旬为第 2 代卵孵化期。卵期 8~12 天，蛹期 5~7 天。幼虫寿命很长，危害期长达 5~7 个月。耐饥力极强。成虫喜群居。具有趋光和假死习性，平均寿命约 16 天。

4.3 葬甲科 Silphidae

4.3.1 树葬甲属 *Dendroxena* Motschulsky，1858

（75）六脊树葬甲 *Dendroxena sexcarinata* Motschulsky，1862

又名四星埋葬虫。1982 年 6 月 6 日中美舞毒蛾天敌昆虫联合考察组在黑龙江桦南县孟家岗林场调查时，观察到六脊树葬甲正在捕食舞毒蛾幼虫。1987 年吉林敦化塔拉站林场天幕毛虫大发生，见到树葬甲成虫大量捕食天幕毛虫幼虫（王志明等，1993）。在辽宁柞蚕产区葬甲则是春蚕的重要敌害。国内仅知分布于黑龙江、吉林、辽宁。国外分布于日本、韩国、俄罗斯（远东地区）。

形态特征（图 XIV：72）：成虫体黑色，长 14mm 左右，有光泽，被稀疏黄色刚毛。头部多刻点，两眼中间凹陷。上唇前缘较宽，弓状。触角棍棒状，末端 3 节膨大，无光泽。上颚和下颚须尖端红褐色。前胸背板密布刻点，暗黄色，近似梯形，两侧有浅沟，中央盘区黑色，明显突起，约占前胸背板 1/2。小盾片黑色。鞘翅暗黄色，密布刻点，每个鞘翅上有 2 个黑色圆斑和 3 条细的纵隆脊。后斑略大于前斑。中间隆脊较低，最侧 1 条明显高出鞘翅。鞘翅后缘圆形。足黑色，跗节 5 节，爪深红褐色。腹部密布黄色短毛，不外露。

卵：椭圆形，黄白色，长 2.5~3.3mm，宽 2.1~2.8mm。卵壳极薄，表面覆有一层黏液。

幼虫：初龄幼虫体长 12.5mm，宽 4.6mm。老龄幼虫体长 24mm，宽 7mm。体黑色，有光泽，腹面黑灰色。腹部各节比腹稍宽，腹末有 1 对尾刺。

蛹：裸蛹，长 20mm，宽 12mm。初蛹为乳白色，后变为浅褐色，蛹体略向腹面弯曲。

生物学特性：六脊树葬甲在我国东北地区一年发生 1 代，以成虫在土层内越冬。在辽宁越冬成虫于次年 5 月中旬开始出土活动，5 月下旬为出土盛期，6 月上中旬成虫逐渐死亡。5 月下旬至 7 月上旬为幼虫期，6 月下旬至 7 月下旬为蛹期，7 月中旬开始变为成虫，待在土室不再外出，天气转冷时以成虫在土内越冬（曲天文等，1984）。在吉林敦化东部山区，越冬成虫于次年 6 月初出土活动，6 月下旬产卵，7 月上旬幼虫孵化，7 月下旬老熟幼虫开始化蛹，8 月中旬成虫陆续羽化（王志民等，1993）。

成虫白天活动，从 10:00—15:00 以中午和晴朗天气活动最盛，常可见到在树上到处爬行，寻找食物，16:00 后活动减弱，夜间多潜伏在树洞或草丛中。成虫能飞，但飞行距离很近。成虫有假死性。易于捕捉。成虫交配前需经 10 天左右补充营养，交配多在树上进行，一般 10min 左右。雌雄虫都可多次交配，一生可交配 3~4 次。

雌虫交配后 5~7 天开始产卵，卵分散产于土壤中，分 4~7 次产出。1 头雌虫平均产卵 17 粒，最多可产 32 粒。卵在 20~21℃土壤温度条件下，经 6~7 天孵化为幼虫，产于腐殖土的卵，其孵化率比产于沙土的要高。卵期约 7 天左右。

初孵幼虫乳白色，经半天后变为灰黑色，幼虫通常在浅土层内，以捕食土层中的小昆虫为生，有时也钻出土层外活动，寻找食物。幼虫共 3 龄，1 龄幼虫仅需 3 天即可进入 2 龄。2 龄幼虫在土层外活动的时间比 1 龄增多，捕食害虫能力增强。2 龄幼虫历期约 10 天左右。3 龄幼虫发育 6~7 天后食量明显减少，开始钻入 6~7cm 深的土层，在土内做 1 个 20mm × 25mm 大小的椭圆形蛹室，经 3~5 天在蛹室内化蛹。蛹期约 2 周。成虫羽化以后不再出土活动，蛰伏越夏越冬，直至次年春后出土活动。

4.4 蝽科 Pentatomidae

蝽科昆虫中益蝽亚科 Asopinae 的大多数种类为捕食性，是农林害虫天敌昆虫的重要类群之一。在我国捕食舞毒蛾的益蝽亚科昆虫已知有 6 种，分属于 4 个属。

捕食舞毒蛾的益蝽亚科 Asopinae 昆虫分属检索表

1. 前足腿节亚端部具大刺……………………………………………………………2
   前足腿节亚端部无大刺……………………………………………………………3
2. 头部侧叶长于中叶，并在中叶前方会和……………………并蝽属 *Pinthaeus* Stål
   头部侧叶等于中叶，不在中叶前方会和 …益蝽属 *Picromerus* Amyot & Serville
3. 体部分或全绿色，长于 18mm；头部侧叶长于中叶，腹部腹面基部中央有一明显短刺突………………………………………………喙蝽属 *Dinorhynchus* Jakovlev
   体棕色，短于 18mm；头部侧叶与中叶等长，腹部腹面基部中央无刺突………………………………………………………………………………蠋蝽属 *Arma* Hahn

4.4.1 蠋蝽属 *Arma* Hahn，1832

（76）蠋蝽 *Arma custos*（Fabricius，1794）

本种前胸背板侧角的长度及雄虫的抱器存在连续变异，很多人将前胸背板侧角稍短的种鉴定为 *A. chinensis*（Fallou）。赵清等（2018）根据 DNA 分类研究，将 *A. chinensis* 异名为 *A. custos*。因此国内的著作论文中记载的 *A. chinensis* 实为此种，作者采纳赵清意见，应用本学名，中文名沿用蠋蝽。

在我国，蠋蝽是农林、果树害虫的重要捕食性天敌之一，在野外种群数量较多，捕食舞毒蛾、舟蛾、尺蛾、枯叶蛾、叶蜂、叶甲等科的害虫。在北京常可见到捕食舞毒蛾、侧柏毒蛾等幼虫和蛹。1980—1985 年徐崇华等在北京对蠋蝽进行了详细研究。1981 年中国农业电影制片厂和中国林业科学研究院合作在北京摄制《臭大姐——蠋蝽》彩色科教影片，1983 年 2 月，中央电视台和 1983 年第 5 期《人民画报》（海外版）分别宣传介绍蠋蝽。国内广泛分布于北京、黑龙江、吉林、辽宁、内蒙古、天津、河北、山西、山东、江苏、浙江、安徽、湖南、湖北、陕西、甘肃、新疆、四川、贵州、云南等地。国外分布于朝鲜、韩国、日本、蒙古、俄罗斯（远东地区）。

形态特征（图版 XIV：73~77）：成虫体长 10.3~13.5mm，宽 5.8~7.5mm。体黄褐、灰褐至黑褐色，深浅不一。全身满布深色小刻点，体背面平，腹面色浅。头部中叶与侧叶末端平齐。喙第 1 节粗壮，基部被小颊包围，一般不紧贴于头部腹面，可活动。第 2 节长几乎等于第 3、4 节总长，前胸背板侧缘前端色浅，不成黑带状，侧角略短，不尖锐上翘。

卵：圆筒状。高 1.0mm。宽 0.8mm。侧面中部稍鼓起。卵盖周围有 11~16 根白色长毛。上侧面 1/3 处及卵盖上部有长短不等的深色突起，组成网状斑纹。初产卵粒灰白色或淡黄色，孵化前为灰褐或黄褐色。

若虫：初孵若虫杏黄色，复眼赤红色。不久头部、前胸背板和足变为黑褐色。腹部背面为黄色，中央出现 4 个大小不同的黑色斑纹，侧接缘接缝处具赭色斑点。1 龄若虫体长在 1.1~1.6mm，体宽 1.0~1.2mm，胸背无斑纹，无翅芽。2 龄若虫体长 2.2~2.6mm，体宽 1.6~2.0mm，胸背出现淡黄色斑纹。3 龄若虫体长 3.4~4.2mm，体宽 2.4~3.0mm，胸背斑纹明显。4 龄若虫体长 5.2~6.7mm，体宽 3.3~4.6mm，体背出现针尖状黑点，翅芽隐现。5 龄若虫体长 7.8~10.2mm，体宽 5.5~6.6mm，体背褐色刻点增大或连成一片，翅芽明显。

生物学特性：蠋蝽每年发生的世代数因地区不同而异。在吉林一年发生 1~2 代（吉林省防治金花虫协作组，1979），在甘肃兰州等地一年发生 2 代（上官斌，2009），在浙江每年可发生 3 代（柴希民等，2000）。在北京地区，据作者等研究，一年可完成 2~3 个世代（徐崇华等，1981，1983，1984），以成虫在枯枝落叶，土块和石块缝隙处等隐蔽场所越冬。次年 4 月中下旬越冬成虫开始上树活动，5 月上中旬交配产卵，到 7 月上中旬越冬代成虫相继死亡，5 月中旬产生第 1 代卵，6 月中旬出现成虫。第 2 代卵于 6 月下旬开始出现，7 月下旬出现第 2 代成虫，这代成虫一部分正常交配产卵，产生第 3 代；另一部分成虫不行交配，也不产卵，产生滞育，直到 10 月中下旬进入越冬。第 3 代卵于 8 月上旬出现，9 月下旬开始变为成虫，继续捕食各种害虫，但不交配产卵，一直生活到 10 月中下旬进入越冬，次年出蛰后进行交配产卵。

蠋蝽卵期越冬代平均 8.1 天，第 1 代平均 7.7 天。第 2 代平均 6.5 天。若虫共 5 龄，各代若虫发育历期受气温影响略有不同，越冬代 1~5 龄平均发育天数分别为 5.0 天，6.2 天，4.4 天，7.6 天和 9 天。第 1 代为 5.4 天，6.9 天，5.2 天，4.9 天和 7.1 天。第 2 代平均为 4.0 天，6.4 天，3.5 天，4.5 天和 5.5 天。发育正常的蠋蝽，从卵孵化到变为成虫，完成 1 个世代的历期，越冬代平均为 39.6（38~44）天。第 1 代为 37.1（35~40）天。第 2 代为 30.5（29~32）天。成虫寿命较长，第 1 代雌虫寿命为 28.4 ± 7.28 天，雄虫 42.3 ± 14.3 天。越冬代成虫寿命长达 200 天左右。

蠋蝽卵的发育起点温度为 14.3 ± 1.05℃，有效积温 82.7 日度；若虫发育起点温度 12.7 ± 0.76℃，有效积温 322.4 日度。

成虫全日都有羽化，羽化 6~7 天开始交配，雌虫一生可多次交配，多次产卵，也有交配一次而分批产卵的。卵多在 14:00—18:00 产出，占总产卵量的 94.6%，产卵次数和产卵量因不同世代而异。越冬代雌虫平均产卵次数为 12.0 ± 5.9 次，第 1 代为 10.1 ± 5.1 次，第 2 代为 9.2 ± 2.3 次，产卵次数最多的可达 26 次，每次产卵量 6~50 粒不等，1 头雌虫一生产卵量，越冬代平均为 199.0 粒，第 1 代为 225.6 粒，第 2 代为 203.2 粒，最高产卵量达 586 粒。产卵期长短也受气温影响，越冬代平均气温 25.5℃时，产卵期平均为 38.2 天，第 1 代平均气温为 27.4℃时，产卵期为 16.7 天。

在野外自然变温条件下，进行成虫越冬模拟实验，覆盖树枝落叶，半埋土中，经过一个冬季越冬成虫的死亡率为 25.0%~46.9%，平均为 32.0%。在 10~14℃室温下模拟越冬状态，仅覆盖枝叶，其死亡率高达 66.2%~96.3%。

蠋蝽的卵多产于植株叶片和枝条上，排列成行，每块卵的卵粒数以 10~50 粒不等。卵全天均有孵化，但以 4:00—10:00 较多，约占 59.1%。8:00 左右为卵孵化高峰占 22.8%。卵的孵化率第 1 代平均为 86.0% ± 7.0%。第 2 代为 60.7% ± 11.9%。第 3 代为 70.3% ± 14.0%。

初孵若虫常聚集在卵块四周，只需吮吸水分或树叶汁液，即可进入 2 龄，但若缺水，2~3 天就死亡。2 龄若虫开始分散活动，喜在枝叶处爬动寻找猎物，常可见到若虫聚集在一起，围攻较大猎物，若虫敢于捕食比其体大几倍的害虫。

蠋蝽搜索能力很强。可以钻入害虫卷叶、结网内以及树皮裂缝内捕食害虫，其捕食量以老龄若虫和成虫捕食量最大，除捕食害虫的卵、幼虫外还可以捕食害虫的蛹，尤其喜欢捕食体软不太爱爬动的幼虫。1 头 2 龄若虫平均一天可捕食 15 粒杨扇舟蛾卵，3、4 龄若虫可捕食 20~30 粒卵。

蠋蝽的捕食量随虫龄增长而加大，也随捕食虫种虫龄的大小而有差异，以捕食杨毒蛾为例，1 头 4 龄若虫平均每天可捕食 1 龄幼虫 10.4 头，2 龄幼虫 5.1 头，3~5 龄幼虫 1~2 头。成虫一天可捕食 3~5 龄幼虫 2~3 头，1 头 4 龄若虫一天可捕食松毛虫 2~3 龄幼虫 2~3 条，或 2~4 龄杨扇舟蛾幼虫 2~3 条。1 头成虫平均一天可捕食松毛虫 3~6 条。另据姜秀华

（2003）试验，1头蠋蝽平均一天可捕食榆蓝叶甲卵11.8粒，老熟幼虫3.7头，蛹4.7头或成虫2.3头。

蠋蝽耐饥能力也因虫龄不同而异，若虫期耐饥天数为3~6天，成虫耐饥力稍强，可耐饥饿6~7天。

饲养与繁殖：室内饲养蠋蝽，可将采集到的蠋蝽放在10cm × 9cm玻璃水果瓶内饲养。瓶口覆盖纱布，瓶内放入不易干枯的新鲜枝条和2~3cm大小沾水薄海绵。饲养1龄若虫只需要在海绵上滴水，进入2龄需要投放昆虫，供其捕食。4龄食量增大，排泄物增多，必须每天更换饲养瓶，补充新鲜饲料，保持清洁。成虫喜在瓶盖纱布上产卵，也有产在树枝上，每天取出的卵块放在一个瓶内便于管理。

室内群体饲养蠋蝽，可用高23cm、直径14cm玻璃饲养缸，每缸饲养20头，缸内插有树枝，只要食量充足，蠋蝽不会自相残杀。如果再增加饲养数量，必须加大饲养容积，否则会出现自相残杀的现象。用柞蚕蛹饲养，从2龄若虫养到成虫产卵盛期，平均每个柞蚕蛹可繁殖出43.7粒蠋蝽卵。用大蜡螟饲养的，各龄若虫体质和发育历期与用柞蚕蛹饲养的基本相同。

如果需要冬季连续繁殖，可以不经过低温阶段处理，直接放在控温箱饲养，温度保持26℃，相对湿度50%，光照8~9h，用柞蚕蛹作为饲料，40~50天即可繁殖一代，柞蚕蛹可储藏4~5℃冰箱内。

蠋蝽卵和活动期成虫抵抗低温能力较弱，在0~10℃条件下成虫经过1周其死亡数达26%~27%。保存4周全部死亡。卵在9℃时储藏15天全部不能孵化，饲养繁殖只能用越冬成虫冷藏保种。

在人工饲养方面，俄罗斯学者奇里斯托夫斯基（1985）等研究报道了饲养蠋蝽的含有麦蛾成虫干粉的半人工饲料。高长启等（1993）利用柞蚕蛹作为主要成分配制的半人工饲料，可以连续饲养繁殖3代蠋蝽，成虫获得率高达83%。邹德玉等（2013）配置人工饲料，以猪肝、鸡蛋、金枪鱼等为主要成分，未加入昆虫材料，也能连续饲养蠋蝽。国家林业局于2017年6月发布了《蠋蝽人工饲养及应用技术规程》。

释放利用：20世纪70年代，吉林省林业科学研究所利用蠋蝽进行防治榆紫叶甲的野外试验，以1∶18比例释放老龄幼虫，13天后其捕食率达到61.9%（高长启，1991）。徐崇华等从1980年起，在野外利用蠋蝽，对侧柏毒蛾、杨扇舟蛾和油松毛虫进行罩笼试验和多次林间释放试验，用1.3m × 1.3m × 2.0m罩笼，笼内树上有2~3龄侧柏毒蛾幼虫120头，移放初孵蠋蝽若虫26头，经过20天检查，侧柏毒蛾数量下降达88%，用同样方法对油松毛虫进行试验，笼内松树挂松毛虫卵卡3块，550粒卵，分别放入蠋蝽2~3龄若虫5头和10头，经过30天检查，释放10头的松毛虫虫口数量下降95.5%，释放5头的下降37.0%，对害虫发生数量显示出较为明显的抑制作用。

1981—1982年，在中国林业科学研究院苗圃和北京温泉苗圃进行野外释放试验，释放比例为蠋蝽1∶5和1∶10，1周后检查，杨扇舟蛾数量都有明显下降，按1∶5释放的虫口下降率达88.18%~90.32%，防治效果达73%；按1∶10释放的虫口下降83.91%~90.30%，防治效果达58%~74%。1981—1985年进行释放蠋蝽防治2~3龄油松毛虫试验，用1∶4释放量虫口下降76.43%~92.60%，防治效果达56%~62%；1∶8释放量的，虫口下降46.88%~56.00%，防治效果36.88%（徐崇华等，1981，1986）。郑志英（1992）利用蠋蝽防治黄刺蛾低龄幼虫，防治效果达65.4%。

4.4.2 益蝽属 *Picromerus* Amyot et Serville，1843

在我国已知捕食舞毒蛾的益蝽属有2种：

1. 头部小颊较低，具2~3列浅刻点，下缘几成直线。腹下两侧黑斑分散，不连接成片……………………………双刺益蝽 *Picromerus bidens*（Linnaeus）

头部小颊较高，具4~6列深刻点，下缘呈弧形。腹下两侧黑斑分散，连接成不规则带状……………………………………………益蝽 *Picromerus lewisi* Scott

（77）双刺益蝽 *Picromerus bidens*（Linnaeus，1758）

1992年6月作者等在辽宁鞍山、海城等地调查时，观察到双刺益蝽成虫正在捕食舞毒蛾幼虫。国内已知分布于黑龙江、吉林、辽宁、内蒙古、宁夏。国外分布于蒙古、朝鲜、阿富汗、土耳其、俄罗斯、阿塞拜疆、波兰、匈牙利、塞尔维亚、阿尔巴尼亚、德国、希腊、奥地利、瑞士、西班牙、葡萄牙、意大利、英国（英格兰）、荷兰、芬兰、比利时、法国、瑞典、丹麦、阿尔及利亚、加拿大、美国。

形态特征（图版XV：78）：成虫体棕黑色，长10.5~15.5mm，前胸背板宽6.2~8.9mm，背面平整。喙较粗壮，黄白色至棕褐色；小颊较低矮，下缘直，具2~3列浅刻点，后方围住喙的基部。触角黑褐色，第1~2节和第3节基半部棕褐色，第4~5节基半部黄色。前胸背板宽约为长的2.5倍以上，后半部略拱起，刻点深大，黑色，分布均匀；前缘内凹，前角刺状；前侧缘黄褐色，小齿粗厚不均；侧角尖，不分叉，有时后方有1圆钝小齿。小盾片长宽相等，刻点均匀，基角有深凹，内侧具黄斑。胸节侧板黄褐色，基节外侧色斑浅黄色或橘黄色。前足腿节近末端有黑刺，中后足腿节无大刺；各胫节中段色浅，末端具长刚毛。腹部腹面黄褐色，刻点浅，较稀，基部突起短钝。腹下两侧黑斑破碎分散，不连成片。第7节具大黑斑。侧接缘黄黑相间。

卵：黑色，圆筒状，高0.8~1.0mm。环绕卵盖周围有26~34个突起物（卵孔）。

生物学特性：在加拿大安大略省东部和魁北克省西南部地区，双刺益蝽以卵越冬。次年 4~5 月气温上升变暖时，越冬卵胚胎开始发育，6 月上旬越冬卵开始孵化。6 月中旬为 1~3 龄若虫期，以 2 龄若虫占大多数。7 月至 8 月初全部为 4~5 龄若虫。若虫共 5 龄。各龄发育历期，1~2 龄平均各为 8 天，3~4 龄分别为 9 天，5 龄为 10 天。7 月中旬成虫开始出现。成虫羽化 15~20 天后进行交配并开始产卵。在此期间，雌雄成虫活动最盛，四处爬动寻找猎物，大量捕食，补充营养。成虫能飞，但飞行距离不远。

雌虫一生可交配 3~6 次。成虫产卵期在 8 月中旬至 10 月中旬。卵分批产出，每块卵的卵粒数 2~73 粒不等。1 头雌虫的产卵量在 20℃条件下为 217 粒；23.5℃时可产下 257 粒，平均 224 粒。但在 28.5℃条件下一生只能产下 100 粒卵。未经交配雌虫也能产卵，但产下的是不育卵，其产卵量仅为交配雌虫的一半，但其寿命长达 191 天。

成虫寿命在相对湿度 75% 条件下，20℃时雌虫平均 122 天，雄虫 93 天；23.5℃时雌虫 91 天，雄虫 90 天；在 28.5℃条件下雌雄平均可生活 73 天。成虫缺食情况下经过 12 天死亡。

初卵若虫常见 3~56 头若虫群聚在卵块上，数量多少与卵块的卵粒数有关。刚卵化的若虫直至进入 2 龄 1~2 天可以不需取食。若虫和成虫均有自相残杀习性。末龄若虫分散活动，种群密度很低。卵期有黑卵蜂属 *Telenomus* 和沟卵蜂属 *Trissolcus* 寄生蜂寄生。

双刺益蝽卵需要经过低温阶段，胚胎才能开始发育，室内饲养繁殖该蝽时必须放在 2±1℃冰箱保存几个月，相对湿度 85%。卵放在盛有消毒沙土的广口瓶内，保持一定湿度，瓶盖纱布。终止休眠，继续繁殖（Javahery，1986）。

（78）益蝽 *Picromerus lewisi* Scott，1874

1982 年 6 月中美舞毒蛾天敌联合考察组在黑龙江孟家岗、镜泊湖和吉林敦化等地采集到益蝽成虫，是舞毒蛾的捕食性昆虫之一，较为常见。国内广泛分布于黑龙江、吉林、辽宁、内蒙古、北京、河北、山西、陕西、河南、山东、江苏、浙江、福建、安徽、江西、湖北、湖南、广东、海南、广西、云南、贵州、四川、新疆、甘肃、宁夏等地。国外分布于日本、朝鲜、韩国、俄罗斯（西伯利亚）。

形态特征（图版 XV：79~82）：成虫暗黄褐色，长 11~16mm，前胸背板宽 6~9mm，背面平整。头部喙较粗壮，黄白色至棕褐色；小颊较高，下缘弧形，具 4~6 列深刻点，后方连接围住喙的基部。触角黄褐色，第 3 节端部，第 4~5 节端半部黑色。前胸背板宽为长的 2 倍以上，中央有 1 浅黄色纵线伸达小盾片后缘，前半部黑色斑破碎，分布不规则；后半部稍拱起，刻点黑色深大，分布均匀。前角黄色小刺明显，前侧缘具黄褐色小齿；侧角发达尖长，末端不分叉。小盾片长宽等长，刻点均匀，基角深凹，具浅色黄斑。胸节侧板黄褐色，基节外侧具 2~3 个浅黄色斑。前足腿节近末端具长刺，刻点大，黑色；中后足腿节无大刺；胫节中段均为黄白色，端半部具长刚毛。腹部腹面棕褐色，刻点浅而稀疏基部有短钝突起。腹下两侧分散黑斑连成不规则黑斑。第 3~7 节中央具大黑斑，以第 7 节黑斑最大。侧接缘黄黑相间。

卵：椭圆形，具光泽。初产时黄白色，后变成深古铜色。卵高 1.4mm，最宽处 1mm。卵盖扁平，直径 0.7mm，上面周缘有 30 个左右的突起物，卵壳破碎器三角形，高 0.3mm，最宽处 0.5mm，轴暗褐色，其余部分无色透明。

若虫：初孵若虫体长 1.2mm，头部和前胸背板黑色，腹部暗褐色。末龄若虫头部黑褐色，复眼和单眼紫黑色。前胸背板侧缘灰白色，前后端蓝黑色，中部正中线两侧刻点稀疏，具四方形斑，后侧角黑色，翅芽 1/2 处有 1 白色斑。末龄若虫体长 9.4mm 左右。

生物学特性：在我国东北地区，每年发生 2 代，第 1 代成虫于 6 月中下旬开始产卵，卵紧密排列在一起，每块卵的卵粒数 36~58 粒不等。卵期 9~10 天，若虫孵化时，借助卵壳破碎器将卵盖顶开，然后卵孵化出壳。卵的孵化率一般在 81%~89%。若虫共 5 龄。第 1 龄若虫常群集在卵块处，第 2 龄起开始分散活动，捕食猎物。2~4 龄若虫体长分别为 3.1~3.4mm，4.4~4.5mm 和 7.6mm。7 月上旬若虫孵化，7 月中旬第 1 次蜕变和第 2 次蜕皮，第 3 次蜕皮在 7 月下旬，最后一次蜕皮在 7 月 23 日。在 24℃温箱中饲养，整个若虫期约需 40 天。10 月中下旬以卵进入越冬状态。

在日本九州等地益蝽一年可完成 2 个世代，以卵越冬，少部分以成虫越冬。5—7 月出现第 1 代成虫，8—10 月为第 2 代成虫活动期。

4.4.3 喙蝽属 *Dinorhynchus* Jakovlev，1876

在我国东北地区，已知捕食舞毒蛾的喙蝽有 2 种：

1. 前胸背板侧角圆钝，棕黑色；身体背面棕褐色，具绿色金属光泽；触角黑色，侧接缘黄黑相间……………………黄褐喙蝽 *Dinorhynchus opulentus* Distant

   前胸背板侧角尖锐，红棕色；身体背面具蓝绿色金属光泽；触角第 3、4、5 节端半部黑色，其余黄褐色…………绿喙蝽 *Dinorhynchus dybowskyi* Jakovlev

（79）绿喙蝽 *Dinorhynchus dybowskyi* Jakovlev，1876

1982 年 6 月中下旬在吉林长春净月潭和敦化东部林地调查时，采集到绿喙蝽，是舞毒蛾的重要捕食昆虫之一。国内已知分布于北京、黑龙江、吉林、内蒙古、甘肃、河北、山东。国外分布于日本、朝鲜、韩国、俄罗斯（西伯利亚）。

形态特征（图版 XVI：84~86）：成虫红棕色，具金绿色金属光泽，密布黑色刻点及短刚毛。体长 18~23mm，前胸背板宽 9~12mm。头部长大于宽，复眼棕黑色，离前胸背板较近，单眼红色。侧叶明显长于中叶，金绿色，刻点浅小，侧叶在中叶前方会合，末端圆钝。中叶平坦，末端 1/5 黄色。触角第 1 节黄白色，第 4 节红褐色。小颊黄色，刻点少，前胸背板金绿色，前后端色暗。前缘及前侧缘黄褐色极细；前侧缘具小齿；侧角黑色，明显伸出，末端圆钝，微上翘；后角圆钝。小盾片三角形，金绿色，表面光滑，基角有 2 个小凹陷，末端黄白色，前胸侧板黑色小刻点较多，前、中胸侧板中央具 1 黑斑。各胸节腹板黄白色。足黄褐色，前足腿节无大刺，胫节不膨大。近端有 1 刺突；跗节第 3 节末端褐色，余为黄白色或略带红色。腹部腹面黄白色，光滑，刻点浅。侧接缘黄黑相间，黑色部分带金属光泽，腹基刺突明显。

卵：圆锥形，淡黄褐色，直径 1mm 左右。顶端稍圆突起，中央有 1 大黑斑，外具 2 个黑色圆形环纹，侧面有“U”字形黑色斑纹，与外缘黑色环纹相连接。

若虫：各龄若虫色泽差异明显。3 龄若虫体黑绿色，头部黑色，胸部背面具金属光泽，前中胸背面具 1 纵沟。5 龄若虫腹部背面中央有 3 个黑斑，黑斑中间部分为黄色；各节两侧各具 1 黑纹，侧接缘黄黑相间；腹面赤色。

生物学特性：绿喙蝽在我国东北吉林、黑龙江等地区每年发生 1 代，以卵越冬。若虫，成虫出现期正好与舞毒蛾相吻合，捕食舞毒蛾的幼虫和蛹，对抑制种群数量有一定作用，在日本北海道，绿喙蝽越冬卵于 6 月初开始孵化，孵化率一般在 80% 左右。在 16h 光照、8h 黑暗条件下饲养，若虫蜕皮 4 次，共 5 龄。在温度为 20℃时，1 龄若虫发育历期为 6 天，2 龄若虫 5.5 天，3 龄 10 天，4 龄 11 天，5 龄 16 天，整个若虫期共需 48.5 天。温度保持 26℃时，1~5 龄若虫的发育历期分别为 3.6 天，6.7 天，7.6 天，8.3 天和 11.8 天，完成整个若虫期需 38 天，发育历期明显缩短。1~3 龄若虫，特别是 1~2 龄时群聚习性特征明显。3~4 龄起开始分散活动，找到捕食害虫时，先用粗壮的喙刺入害虫腹面体内，将其麻醉，几分钟后开始吸食体液，直至把害虫杀死。

7月上中旬，若虫变为成虫，继续捕食害虫，经过补充营养后开始交配。雌虫交配后经过16~21天，卵在母体内逐渐发育，开始产卵。产卵一般多在10:00—14:00进行，卵产于树木叶片或光滑树枝上，排列成长条状，每个卵块平均有卵40粒左右，多的可达83粒，产卵期从8月初开始，一直延续到10月上旬，长达3个月。

在日本，绿喙蝽卵常受到寄生蜂侵害，有舞毒蛾卵平腹小蜂 *Anastatus disparis*（Ashmead）、克什米尔平腹小蜂 *A. kashmirensis* Mathur 和黑卵蜂 *Telenomus* sp. 等（Schaefer等，1979）。

（80）黄褐喙蝽 *Dinorhynchus opulentus*（Distant，1890）

1982年6月下旬中美舞毒蛾天敌联合考察组在吉林敦化东部柞树次生林内采集到黄褐喙蝽若虫，正在捕食舞毒蛾幼虫。

形态特征（图版XVI：87，88）：与 *D. dybowskyi* Jakovlev 极为相似，但前胸背板侧角尖锐，红褐色，触角第3~5节端半黑色，其余黄褐色。

4.4.4 并蝽属 *Pinthaeus* Stål，1868

（81）并蝽 *Pinthaeus sanguinipes*（Fabricius，1781）

1982年5月下旬联合考察组在黑龙江亚布力林地和6月中旬在吉林蛟河森林地区分别采集到本种并蝽。捕食舞毒蛾幼虫，国内分布于黑龙江、吉林、辽宁、内蒙古、河北、山西、陕西、甘肃、山东、江西、福建、湖南、河南、广西、重庆、四川、贵州、云南、西藏。国外分布于日本、韩国、俄罗斯（西伯利亚）、德国、法国、意大利、匈牙利、希腊、比利时、丹麦、荷兰、波兰、葡萄牙、土耳其、塞尔维亚、西班牙、叙利亚、澳大利亚。

形态特征（图版XV：83）： 成虫体棕褐至红褐色，体长 14~16mm，前胸背板宽 6.7~10.5mm。头部黑色，近方形。侧叶长于中叶，在前方会合，黑色。中叶黑色至黄色不等。触角第 1 节黄褐或微红色，第 5 节基部略带黄色，其余全部为黑色。喙黄褐或红棕色。小颊黄褐色。前胸背板前侧缘锯齿宽厚、黄色，边缘光滑。侧角黑色至红棕色不等，伸出长短相差很大。小盾片平坦，棕褐色，基角色斑黄白色，末端较狭，圆形。胸部各节侧板黄色或红褐色。各足基节外侧具黑斑，前足腿节近端部有 1 大黑刺，前足胫节膨大，背面有 1 小刺；中后足胫节中部浅黄白色，腹部腹面黄褐色或灰色。腹基部有 1 黄色微突。第 4~7 腹节中央各有 1 大黑斑，两侧具 2 列纵向云斑。侧接缘黄黑相间。

此种的前胸背板侧角长度及体背面的黄斑存在连续变异，国内著作论文中记载的 *Pinthaeus humeralis* 属于这个种的变型。

4.5 猎蝽科 Reduviidae

4.5.1 哎猎蝽属 *Ectomocoris* Mayr，1865

（82）黑哎猎蝽 *Ectomocoris atrox*（Stål，1855）

国内分布于贵州、陕西、西藏、江苏、浙江、江西、湖南、福建、四川、台湾、广东、广西、云南、海南。国外分布于印度尼西亚、菲律宾、越南、斯里兰卡、缅甸、马来西亚、印度。

形态特征（图版 XVII：89）：黑色。喙第 3 节端部、触角第 2、3、4 节褐色至黑褐色；前翅黑褐色至浅黑，膜片内室有 1 大黄斑，斑的基部及外室均为深黑色，膜区外室 M 脉与 Cu 脉的连接处黄褐色至褐色；中、后足股节的基半部、胫节基部、各足跗节及腹部侧接缘各节端半部呈淡黄色至褐色，有的个体胫节除端部外几乎全为淡黄色，有的个体胫节除基部外几乎全为黑褐色。体长 16.30~20.50（♀，mm），腹部最大宽度 3.80~5.10（♀，mm）。头的眼前部分稍向下倾斜；雄虫触角第 1 节稍短于眼前部分；喙直，基部两节粗壮，第 3 节细而尖。前胸背板前叶后部中央具浅纵纹，斜印纹很不明显；小盾片末端尖细，略微上翘。发音沟长型，雄虫前翅超过腹部末端，雌虫大多数前翅可达腹部末端。

捕食舞毒蛾的真猎蝽亚科 Harpactorinae 分属检索表

1. 触角基后方各具 1 个显著的刺或突起；一般头部成圆柱状，眼后区延长；一般前胸背板侧角向两侧伸出，或具侧角刺……………………………………………2
   触角基后方不具刺或突起；一般头部成椭圆至长椭圆形，或梭形；前胸背板侧角不伸出，钝圆………………………………………………………………………3
2. 前胸背板前叶侧缘后部有 1 个显著的突起；前胸背板后叶中部无刺状突起…
   ……………………………………………………………菱猎蝽属 *Isyndus* Stål

前胸背板前叶侧缘后部无突起；前胸背板后叶中部具有 1 对刺状突起 ………………………………………………………………………………… 素猎蝽属 *Epidaus* Stål

3\. 头部和喙前后延长，长梭形，头显著长于前胸背板，喙伸达前足基节；腹部侧接缘多少扩展，表面呈突起和凹陷 ……………………………………………… 4

头部和喙不延长，椭圆形至长椭圆形，一般短于或约等于或不显著长于前胸背板，喙不达前足基节；腹部侧接缘一般不扩展，不呈凸起和凹陷 ……… 6

4\. 头短，短于前胸背板和小盾片之和 ……………… 田猎蝽属 *Agriosphodrus* Stål

头长，长于前胸背板和小盾片之和 ………………………………………………… 5

5\. 小盾片端部不具刺或突起 …………………… 裙猎蝽属 *Yolinus* Amyot & Serville

小盾片具刺或突起，或长刺，刺的顶端常分叉 ………………………………………………………………………………… 犀猎蝽属 *Sycanus* Amyot & Serville

6\. 腹部两侧后部扩展，侧接缘各节显著凸起或凹陷，各节间缺刻显著，各足股节显著呈结节状；小盾片端部具有勺状或乳突状坠突 …… 脂猎蝽属 *Velinus* Stål

腹部两侧不扩展，侧接缘各节不呈显著凸起或凹陷，各节间无缺刻；各足股节不显著呈结节状；小盾片端部无任何坠突 ……………………………………… 7

7\. 前胸背板前叶较大，长于后叶的 1/2；前叶中纵沟短，向前不及领，向后不与横沟相通；前胸背板后叶前部中纵沟不显著，也不鼓起；后缘在小盾片前方平直，后角显然伸出 ……………………………… 瑞猎蝽属 *Rhynocoris* Hahn

前胸背板前叶较小，不长于后叶的 1/2；前叶中纵沟向前及于领，向后与横沟相通；前胸背板后叶中央凹陷成较宽阔的纵沟；前胸背板后缘通常平直或向内弧形弯曲，后角不显著 ………………… 猛猎蝽属 *Sphedanolestes* Stål

4.5.2 田猎蝽属 *Agriosphodrus* Stål，1866

（83）多氏田猎蝽 *Agriosphodrus dohrni*（Signoret，1862）

据作者等 1993 年在四川大邑、都江堰林区调查，多氏田猎蝽是捕食舞毒蛾的优势种，较为常见。国内分布于吉林、安徽、福建、甘肃、新疆、贵州、广东、广西、海南、河南、湖北、湖南，江苏、江西、陕西、上海、四川、云南、浙江。国外分布于日本、印度、越南、老挝。

形态特征（图版 XVIII：93，94）：成虫体黑色，光亮。单眼外侧的斑、腹部侧接缘第 2~4 节端半部及第 5~7 节外缘及端半部淡黄色至暗黄色；喙第 2~3 节黑褐色至黑色；复眼褐色至黑色；各足基部色泽变化大，全部黑色或全为红色或仅前足基节为红色，有时亦可见到基节为黄色的个体；雄虫第 7 腹节腹板中部、雌虫腹部末端多为红色；中、后胸侧板前部、腹部各节腹板两侧各具 1 白色蜡斑。体长 19.95~20.50 / 21.00~25.20（♂ / ♀，mm），腹部最大宽度 7.88~9.8 / 8.6~10.7（♂ / ♀，mm）。体表除喙、触角、翅及侧接缘外密被较长直立黑色刚毛；触角第 1~2 节具短毛，末端两节毛更短；前翅革片具弯曲短毛；腹部侧接缘背、腹两面稀被长短不一的斜生细毛。头较长，略短于或近等于前胸背板之长；喙长，伸达前足基节后部；单眼远离。领端突较发达；前胸背板前叶圆鼓，后部中央具深凹；前胸背板后叶中部浅凹，侧角钝圆，后缘近直；小盾片中部凹陷；前翅超过腹末。腹部侧接缘向两侧强烈扩展，各节中部背面圆隆；雌虫第 1 截瓣片内侧具毛丛。

卵：椭圆形，长 1mm，宽 0.4mm，浅棕色，卵盖白色。

若虫：1 龄若虫长 1.37~1.43mm，宽 0.29~0.34mm。体棕色，复眼黑色，各足基节黄色，胫节中部具 2 个黄色环，前胸背板浅黑色，腹部腹面浅黄色，腹背具 3 个浅黑色臭腺。2 龄若虫，体长 3.85~4.03mm，宽 1.07~1.17mm，体黑色，触角第 4 节基前部为黄色，喙褐色，各足基节黄色，胫节中 2 个褐色环，腹背具 3 个黑色臭腺，臭腺周围褐色。3 龄若虫，体长 6.13~6.31mm，宽 1.69~1.78mm，腹背 3 个臭腺开口两侧各具 1 根刚毛，第 3 个臭腺后都具 1 对圆形黄色斑，腹部腹面黄色。4 龄若虫，体长 8.23~8.41mm，宽 2.01~2.13mm，触角黑，喙第 1、2 节黑色，第 3 节褐色，腹部各节腹面两侧分别各具 1 白色霜点，并向侧缘扩展，侧缘黑色和白色霜点相间，中、后胸背部分别各具1对翅芽。5龄若虫长13.60~14.49mm，宽4.60~5.20mm。各足基节为橘红色，胫节中部具1褐色环，腹部各节腹面分别各具1白色霜点，并向侧缘扩展，侧缘黑色和白色霜点相间更为明显。

生物学特性： 多氏田猎蝽在四川一年发生1代，以5龄若虫在树皮裂缝或枯枝落叶层内越冬，次年4月上旬越冬若虫开始活动。据姚德富等（1995）在北京饲养观察，多氏田猎蝽成虫于5月中旬开始产卵，产卵期前后约25~31天，6月中旬结束。卵期25~28天，平均27.08±1.0天。卵的孵化期5~15天，平均9.64±4.15天，6月中旬开始出现若虫，一直至越冬后于次年5月上旬羽化为成虫。若虫共5龄。各龄若虫发育历期：1龄若虫7~43天，平均18.03±6.51天；2龄若虫13~35天，平均21.30±5.87天；3龄若虫15~40天，平均27.92±8.28天；4龄若虫28~32天，平均29.33±2.31天；5龄若虫（越冬虫态）235~246天，平均238.17±4.26天。

多氏田猎蝽卵的平均孵化率为84.45%，5月间产的卵孵化率高达94.2%。初孵若虫群集于卵块附近，停1~2h后逐渐扩散。1龄若虫在喂水不供给食料情况下，可存活8~10天。成虫羽化在白天，15:00—19:00占57%，雄虫比雌虫平均提前5天羽化，羽化率为82.3%。雌雄性比为1：0.46。5月上旬（羽化后16~18天）开始交配，雌虫羽化8天、雄虫羽化13天后开始交配，雌虫交配最少1次，最多3次，雄虫可交配3~5次，87.0%交配在17:00—19:00；5月中旬（交配后18~19天）开始产卵，产卵期25~31天（5月中旬至6月中旬），产卵一般在13:00—16:00，1头雌虫产卵量平均69.13±20.57（48~97）粒，一般可产2~3块卵，每块卵含卵42.4±11.34（28~58）粒；卵的孵化期5~15天，6月中旬开始出现若虫，至次年4月上旬越冬后羽化，若虫共5龄，若虫历期平均334.75天。雌虫未交配能产卵，但不能孵化。

根据姚德富等（1995）的室内外观察，该虫可捕食多种林木害虫，如舞毒蛾 *Lymantria dispar*（Linnaeus）、杨扇舟蛾 *Clostera anachoreta*（Fabricius）、春尺蠖 *Apocheima cinerarius* Erschoff、北京杨锉叶蜂 *Pristihora beijingensis* Zhou et Zhang、柳毒蛾 *Stilpnotia salicis*（Linnaeus）、刺槐蚜 *Aphis robiniae* Macchiati 等。成虫多在白天捕食，尤以 14:00—18:00 较多，各龄若虫随虫龄增加捕食量亦增加，因此若虫在捕食各种害虫过程中起主要作用。1 龄若虫可捕食蚜虫和杨扇舟蛾、黄刺蛾的 1 龄幼虫，2 龄后可捕食较大的幼虫，4 龄前常有几头若虫捕食 1 头害虫的现象，若虫可全天捕食，下午为多。1 头 5 龄若虫一天可捕食 2 条 3~4 龄舞毒蛾幼虫。1 头多氏田猎蝽成虫一天可捕食舞毒蛾 3~5 龄幼虫 2~3 条。有自相残杀习性，龄期越高，越严重，特别是在饲料不足时。

4.5.3 素猎蝽属 *Epidaus* Stål，1859

（84）暗素猎蝽 *Epidaus nebulo*（Stål，1863）

国内分布于黑龙江、江西、湖南、四川、浙江、云南、福建、安徽、陕西。

形态特征（图版 XVII：90）： 红褐色至深褐色，不同个体间有变化。复眼黑色；眼后区背面与侧面大部、前胸背板后叶横带及其上中部两瘤突与触角钝突，腹部侧接缘第 2、3、4 节前半黑褐色；第 5 节侧接缘基部 3/4，第 6 节侧缘基部 2/3，第 7 节侧接缘前半暗红褐色；除侧接缘末节外，其他部分黄褐色。触角第 3 节基部较触角其他部分稍暗；小盾片端部色泽略淡于小盾片其他部分；膜区半透明浅褐色，脉纹色泽略深。喙末节稍深于第 1、2 节。体长 17.08~22.64 / 24.72~25.56（♂ / ♀，mm），腹部最大宽度 3.80~4.00 / 4.73~5.60（♂ / ♀，mm）。前胸背板侧角瘤突状，不呈尖锐刺状，后叶中后部各着生 2 个瘤状突起，领两侧膨突上有瘤状突起，不显著；触角基后方突起较小；雌虫腹部不呈菱形扩展。

4.5.4 菱猎蝽属 *Isyndus* Stål，1858

（85）褐菱猎蝽 *Isyndus obscurus*（Dallas，1850）

1991 年，作者等在山东昆嵛山林场研究舞毒蛾天敌时，采集到褐菱猎蝽，若虫和成虫特别喜欢捕食舞毒蛾，捕食量很大。国内分布于辽宁、北京、甘肃、陕西、西藏、山东、河南、安徽、河北、湖北、浙江、江西、四川、重庆、贵州、福建、广东、广西、海南、云南。国外分布于朝鲜、日本、印度、不丹、越南。

形态特征（图版 XVIII：95，96）：成虫深褐色。触角第 2 节基部、第 3 节亚端部、第 4 节基半部黄褐至红褐色，第 3 节基半部和端部、第 4 节端半部淡黄至红色；复眼灰黄色至黄褐色，有不规则的暗色斑纹。腹部侧接缘上的斑点红褐色至浅褐色。体长 20.1~22.8 / 23.1~29.2（♂ / ♀，mm），腹部最大宽度 4.7~6.0 / 7.8~10.0（♂ / ♀，mm）。体密被黄白色平伏短毛并疏杂有直立长毛。头较细长；触角基后方的突起呈乳突状。前胸背板前叶印纹较深，后部中央有 1 深凹；后叶具有明显的横皱纹；侧缘不规则，侧角略成角状，侧角后方有 1 明显的突起，后角圆钝，后缘近平直；小盾片中央突起明显；雌虫前翅略超过腹部末端或仅达腹部末端，雄虫前翅显著超过腹部末端。雌虫侧接缘 5、6 两节明显向两侧扩展；雄虫第 7 腹板基部有 1 突起，突起的顶端平截。

卵：长椭圆形，长 1.7~1.9mm，宽 0.62~0.76mm。卵盖褐色，上有棕黄色毛状附属物。

若虫：1 龄若虫长 3.8~4.8mm，宽 0.8~1.2mm，体棕褐色，头、胸和足黑色；触角第 1~3 节黑色，第 3、4 节基部橘黄色；喙橘黄色；复眼棕红色；腹部棕黄色，背 1 节具 2 块褐色方形斑，背部具 3 个臭腺，臭腺开口周围褐色。2 龄若虫体长 6.3~7.2mm，宽 1.2~1.8mm，体棕褐色；头、胸和足黑色；股节中前部橘黄色；触角第 1、2 节黑色，第 3、4 节基部橘黄色；喙第 1、2 节枯黄色，第 3 节棕褐色。3 龄若虫体长 9.2~10.2mm，宽 2.8~3.6mm，体棕褐色；头、胸和足黑色；股节中前部橘黄色，胫节棕黄色；触角第 1 节黑色，第 2 节基半部和第 3、4 节端半部橘黄色，翅芽棕褐色。4 龄若虫体长 12.0~14.0mm，宽 5.0~5.5mm，体棕褐色；头、胸和足黑色；股节和胫节棕黄色；触角第 1 节黑色，第 2 节基半部、第 3 节基部和端部、第 4 节端半部为橘黄色；喙第 1、2 节棕黄色；翅芽棕褐色，前翅芽长于后翅芽。5 龄若虫体长 16.0~18.0mm，宽 5.1~5.5mm，体棕褐色；触角第 1 节黑色，第 2 节基半部第 3 节基部和端部、第 4 节端部橘黄色。

生物学特性：褐菱猎蝽在北京、山东一年发生 1 代。据姚德富等（1993）在北京饲养观察，以成虫在枯枝落叶层和石缝等处越冬，次年春天开始活动，5 月中旬雌虫开始产卵，产卵期长达 60~70 天，7 月下旬结束产卵。卵期 10~13 天，平均 12 ± 1.0 天。5 月下旬开始出现若虫，至 9 月下旬均可见到若虫。若虫共 5 龄。在 25℃温度条件下，各龄若虫发育历期：1 龄 11~18 天，平均 14.1 ± 2.4 天；2 龄 11~19 天，平均 11.5 ± 2.5 天，3 龄 9~16 天，平均 11.9 ± 2.3 天；4 龄 11~15 天，平均 13.3 ± 1.8 天；5 龄 18~42 天，平均 27.1 ± 6.1 天。整个若虫期 61~83 天，平均 72.6 ± 6.2 天。变为成虫后当年即可交配，但至次年 5 月才开始产卵，第 1~4 次产卵期间隔期为 1~3 天，平均 2.3 ± 1.2 天。第 4~8 次产卵，其间隔期为 5~11 天，平均 7.3 ± 2.6 天。第 8~10 次产卵的平均间隔期为 3 天，9 月下旬至 10 月上旬成虫交配，10 月下旬进入越冬状态。

褐菱猎蝽卵的孵化率，第 1~7 次产卵，100% 孵化，第 8 次产的卵孵化率为 83.7%，第 9~10 次产的卵，其孵化率只有 50%。1 头若虫孵化出卵壳历时 12~21s，整个卵块全部孵化约需 1h。初孵若虫群集于卵块周围，1~2h 后逐渐扩散活动，常可见到多头 1~4 龄若虫围捕 1 头害虫幼虫。在烈日下若虫常隐蔽在叶片背面或阴凉处，雨天不大活动。

成虫羽化以 14:00—18:00 最多，占全日羽化的 56%，羽化率 81.6%，雄虫羽化比雌虫要早 6 天。羽化前若虫停食，羽化后 1 天开始捕食。雌雄性比 1∶0.63。9 月下旬至 10 月上旬成虫交配期。雌虫羽化 8 天后，雄虫羽化 27 天后开始交配；雌雄虫可交配多次。越冬后于次年产卵。产卵多在白天，以 14:00—18:00 产卵最多。卵常产于树木叶片背面或小枝条上。产卵时分泌黄褐色胶状物，将卵粒粘结在一起。卵粒排列整齐，成块状。每块卵含卵 4~43 粒。未经交配雌虫也能产卵，但卵不能孵化。

1 龄若虫可捕食蚜虫和杨扇舟蛾、黄刺蛾、舞毒蛾等 1 龄幼虫。2 龄后可捕食较大的幼虫，甚至可捕食比自己体重重 2~5 倍的幼虫，若虫可全天捕食，但以下午为多。1 头 4 龄若虫平均 3 天可捕食舞毒蛾 3 龄幼虫 9.0 ± 2.2 条。还可捕食多种林木害虫如春尺蠖 *Apocheima cinerarius* Erschoff、榆毒蛾 *Ivela ochropoda* Eversmann、杨叶蜂 *Nematus* sp.、黄刺蛾 *Cnidocampa flavescens* Walker、马尾松毛虫 *Dendrolimus punctatus* Walker、油松毛虫 *Dendrolimus tabulaeformis* Tsai et Liu、黄褐天幕毛虫 *Malacosoma neustria testacea* Motschulsky 和黄杨绢野螟 *Diaphania perspectalis* Walker 等。

4.5.5 瑞猎蝽属 *Rhynocoris* Hahn，1834

（86）云斑瑞猎蝽 *Rhynocoris incertis*（Distant，1903）

又名云斑真猎蝽。1993 年 4—6 月，作者等在四川大邑、都江堰林地调查时，观察到云斑瑞猎蝽成虫正在捕食舞毒蛾幼虫。国内分布于河北、陕西、河南、江苏、安徽、湖北、浙江、江西、湖南、四川、重庆、贵州、福建、广东、广西。国外分布于日本。

形态特征（图版 XVII：91）：体黑色，具红色斑纹，色斑变化显著。头部腹面后半部、头部前叶背面复眼间横斑、单眼间小圆斑、前胸背板前叶中部、前胸背板后叶侧缘、基节、转节、前翅革片前缘基部、尾节红褐色至红色；喙第 1 节外侧、头前叶大部红色至红褐色，甚至黑褐色；前胸背板前叶从完全红色，逐渐加深，至完全黑色（除中央红褐色）；前胸背板后叶侧缘和后缘红色，红色区域逐渐减少，最后完全黑色；侧接缘从完全红色至完全黑色；小盾片完全黑色，或端缘红色；腹部第 4~6 节后缘侧面，第 7 节前缘散布褐色斑点，或第 4~7 节完全黑色。体长 14.8~15.5 / 17.0~17.8（♂ / ♀，mm），腹部最大宽度 4.8~5.3 / 6.7~6.9（♂ / ♀，mm）。体粗壮，腹部两侧适度扩展。体被褐色平伏软毛和中等长度的刚毛。眼后区向基部细缩；触角第 2 节明显长于第 3 节。领端角短锥状；前胸背板前叶表面具显著云形刻纹，后叶中部平；侧角圆钝；后侧缘边缘翘起；后缘略凹入；小盾片端部圆钝；前翅略超过腹部末端；腹部向两侧中等扩展。

（87）青背瑞猎蝽 *Rhynocoris leucospilus*（Stål，1859）

国内分布于黑龙江、内蒙古。国外分布于俄罗斯、朝鲜、日本、波兰、澳大利亚、美国。

形态特征（图版 XIX：97，99）：体黑色，闪光。单眼之间及与同侧复眼之间的斑、头腹面、前胸背板前叶侧缘、前足基节臼边缘斑、中、后足基节臼缘斑、中胸腹板中部、发音沟、腹部第 2 节背板前缘、侧接缘各节端半部淡黄色至暗黄色；复眼褐色，具不规则黑色斑纹；喙第 2 节、触角第 1 节中部大部、触角第 2、3、4 节、股节亚基部和亚端部具不显著的环斑、胫节（除基部和端部）、跗节红褐色至暗褐色；喙第 1 节端半部、革片棕褐色；膜片黄褐色，半透明；雌性腹部腹面中纵部褐色，雄性向后部由褐色至暗黄色。体长 11.50 / 12.90（♂ / ♀，mm），腹部最大宽度 3.23 / 4.30（♂ / ♀，mm）。体中到小型，长椭圆形。体被黄白色不同长度的软毛。头部眼前区略长于眼后区，眼后区略粗壮；触角第 2 节明显长于第 3 节，第 1 节约等于触角第 2、3 节长度之和。前胸背板领较发达，前角突出，短锥状；前叶具深中纵沟，两侧具弧形浅印纹；前胸背板后叶中部较平，前部略凹陷；后角不显著；后缘窄，略凹入；前翅达腹部末端或超过腹部末端。

（88）斑缘瑞猎蝽 *Rhynocoris sibiricus* Jakovlev，1893

1991年4—7月，作者等在山东昆嵛山林场调查舞毒蛾天敌昆虫时，调查发现斑缘瑞猎蝽是当地的优势种，1头老龄若虫一天可捕食舞毒蛾2~3龄幼虫3~4条。国内分布于黑龙江、吉林、辽宁、内蒙古、山东。国外分布于朝鲜、俄罗斯。

形态特征：体黑色，闪光。头腹面、单眼之间及与同侧复眼之间的圆斑、前、中足基节臼缘斑、发音沟、中胸腹板中部、腹部第2节腹板前缘、前足基节内侧（有时黑色）、前足转节基部（有时黑色）浅黄色；复眼暗褐色，具淡黄褐色不规则斑纹；触角、胫节、跗节黑褐色至黑色；雄性腹部第7节腹板中后部，前胸背板前叶侧纵纹，喙第1节外侧黄色至黄褐色；前胸背板侧角外缘（有时后叶完全黑色），侧接缘各节端半部橘黄色至褐红色；侧接缘基半部，胫节中部大部暗红褐色至黑褐色；膜片褐色。体长12.7~13.8 / 14.7~15.3（♂ / ♀，mm），腹部最大宽度3.8~3.9 / 4.3~5.8（♂ / ♀，mm）。体长椭圆形，中等大小。体被黄白色软毛；革片被平伏短刚毛。头部眼前区略长于眼后区，眼后区基部细缩；触角第2节明显长于第3节，第1节长于第2、3节长度之和。前胸背板前角短锥状，发达；前胸背板前叶两侧圆鼓，具深中纵凹；前胸背板后叶中部略凹；后角略显突出，圆；后缘略宽，近直；前翅超过腹部末端；腹部两侧略扩展。

（89）红缘瑞猎蝽 *Rhynocoris rubromarginatus* Jakovlev，1893

据作者等于1992年在辽宁鞍山、海城等地调查，红缘瑞猎蝽是栎树林中的常见种，也是舞毒蛾的重要捕食性昆虫之一。国内分布于黑龙江、吉林、辽宁、内蒙古、北京、江西。国外分布于俄罗斯、朝鲜。

形态特征（图版 XVII：92）：体黑色，闪光。前胸背板后叶侧、后缘，腹部侧接缘红色，或黄褐色至暗红褐色；头腹面、基节臼缘斑、前足基节臼内侧、发音沟、转节基部、中胸腹板中部乳白色至浅黄色；单眼之间及与同侧复眼之间的圆斑黄色至黄褐色；复眼暗褐色，具淡黄褐色不规则斑纹；触角、胫节、跗节黑褐色至黑色；腹部第 7 节腹板后缘暗黄色至黑色。体长 12.0~13.1 / 13.2~13.6（♂ / ♀，mm），腹部最大宽度 3.1~3.8 / 4.3~4.7（♂ / ♀，mm）。体长椭圆形。头、胸、腹部腹面被不同长度的淡色直立长刚毛；革片被平伏短刚毛。头部眼后区略粗壮；触角第 2 节明显长于第 3 节，第 1 节长于第 2、3 节长度之和；前胸背板前角短锥状，圆；前叶后部具深中纵凹；前胸背板后叶中部较平；后角略显突出；后缘略凹入，近直；雌性前翅达到或略超过腹部末端，雄性超过腹部末端。抱器棒状，基部 2/5 强烈弯曲，略纤长，端部略膨大。尾节中突短，端部中央凹入，两侧具 2 个较大的圆形小突起。阳茎的基片弯曲，基片桥短、细，基片延茎短。阳茎鞘背片骨化（除中基部 1/3），端部翘起，端部两侧具唇形骨化结构；鞘背片基部两侧延臂强烈骨化，细长，延伸到鞘背片的端部，延臂的端部具一端部钝圆突起；阳茎鞘腹片两侧具 2 个深色的骨片；阳茎鞘背片支片粗壮，略短于阳茎鞘背片的 1/2；内阳茎体端部具未骨化的囊状结构；内阳茎体的侧叶小；阳茎端中部背面基部具超过 10 个大齿突，端部和腹面具许多中等大小的小齿突。

卵：0.8~0.83mm，高 2.1~2.2mm，长茄形，初产时卵盖乳白，卵壳浅黄褐色，后变为深褐色。

若虫：1 龄若虫体长 2.7~3.7mm，宽 0.7~1.3mm。体浅黄色，全身稀疏长绒毛。触角第 4 节红色，其余各节浅暗色。头基半部及胸部背面中央有白脊，中脊两侧淡紫色。3 龄若虫体长 6.7~8.5mm，宽 2.3~3.0mm。体黄褐色，翅芽达第 2 节腹节后缘。腹背第 3~4 节和第 4~5 节之间有臭腺孔。5 龄若虫体长 12.3~13.8mm，宽 3.2~4.0mm，暗褐色。头部腹面和各足径节臼周缘浅黄色。前后翅白芽达腹部第 5 节前缘。

生物学特性：一年发生 1~2 代，以成虫在枯枝落叶，土缝石块下越冬。次年 4 月底开始出蛰活动，5 月中旬至 6 月中旬交配产卵。各龄若虫发育历期：1 龄 4~8 天，2 龄 6~9 天，3 龄 7~10 天，4 龄 8~11 天，5 龄 10~15 天。成虫产卵前期 22~35 天，产卵期长达 14~38 天。成虫寿命第 1 代 45~80 天，第 2 代（越冬代）238~289 天。成虫早晨、傍晚及夜间活动，捕食猎物时行动敏捷，产卵前期常可飞到植物花序吸食花蜜，补充营养，以增加其产卵量。成虫有弱趋光性。雌虫产卵多在夜间，一次产卵 17~59 粒，平均每块 33 粒卵，一生可产卵 2~5 块。若虫在 10:00 至次日 6:00 孵化，以 17:00 至次日 1:00 孵化最多。初孵若虫常静息在卵壳上，经半天后才开始离开卵壳寻找食物，行动迅速（胡梅操，1995）。

4.5.6 猛猎蝽属 *Sphedanolestes* Stål，1866

（90）环斑猛猎蝽 *Sphedanolestes impressicollis*（Stål，1861）

1991 年 6 月和 1992 年 6 月中旬，姚德富等在山东昆嵛山林场和辽宁海城分别观察到本种猎蝽正在捕食舞毒蛾幼虫。国内分布于黑龙江、吉林、辽宁、北京、河北、陕西、甘肃、山东、河南、江苏、安徽、湖北、浙江、江西、湖南、四川、重庆、贵州、福建、台湾、香港、广东、广西、云南、西藏。国外分布于朝鲜、日本、越南、印度。

形态特征（图版 XIX：98，100）：成虫色斑型变化较大，基本色泽为黑色；喙第 1 节端半部或大部、头部腹面、单眼外侧、单眼之间的斑纹、腹部腹面、侧接缘侧各节端半部或大部黄至黄褐色。变化主要表现在前胸背板、触角第 1 节、各足股节上的环纹、胫节的颜色及革片的色泽等处；前胸背板后叶全部黄色或淡黄褐色，具有 2 个小斑，小部分区域为黑色，大部分区域为黑色到全部为黑色，在淡色个体中触角

第 1 节有 2 个明显的浅色环纹，各足股节多具 3 个完整的淡色纹，各足胫节中后部，革片可从黄色至黄褐色；而在黑色个体中，触角第 1 节的淡色环模糊，各足股节端部的淡色环不完整或完全消失，各足胫节、革片黑褐色，胫节近基部有 1 明显的淡色环纹。体长 13.1~15.8 / 13.5~18.0（♂ / ♀，mm），腹部最大宽度 3.4~4.2 / 3.8~5.2（♂ / ♀，mm）。体中大型，较粗壮。头部背面、前胸背板较密地分布着黄色中等长度的直立毛，头部腹面、各足生有不同长度的细毛，革片上密被弯曲短毛；腹部腹面较密地被有斜生短毛；各胸侧板与腹板上常密布白色短毛，形成明显的斑纹。头部较细长，复眼较大明显向两侧突出，其直径大于单眼间距；喙第 1 节明显短于第 2 节；触角第 1 节略长于第 2、3 节长度之和，第 2 节明显短于第 3 节，第 3 节略短于第 4 节。领端突发达，短锥状；前胸背板前叶圆鼓，两侧中央各具 1 个明显的小瘤突，后叶中央纵沟较宽深，侧角钝圆，后缘略凹；雌虫前翅略微超过腹部末端，雄虫前翅明显超过腹末。雌虫腹部略向两侧扩展。

卵：长 1.9mm，宽 0.4mm。初产时橘黄色，后为棕红色。微弯曲，上端顶部具圆形的白色卵盖，卵盖中间有 1 丛白色毛。

若虫：1 龄若虫体长 2.8~3.1mm，宽 0.8~1.1mm，体棕褐色，头为纺锤形，触角第 1 节基部黑色，第 1 节端大半部、第 4 节基半部及第 2、3 节褐色，第 4 节端部为橘黄色；喙为橘黄色；复眼棕红色；前胸背板棕褐色；前、中、后足股节端部和胫节基部为黑色，股节具红褐色及黄色环纹，胫节基前大半部为橘黄色，腿节、胫节和跗节具无色透明刺毛；腹背棕褐色，具 3 个臭腺，臭腺开口周围褐色；腹背面具黑色和无色透明短毛；腹部面白色。2 龄若虫体长 3.0~4.1mm，宽 1.0~1.3mm；触角第 1 节基部黑色，第 1 节端部大半部、第 4 节基部及第 2、3 节褐色；第 1 节中前部、第 4 节端部为橘黄色。3 龄若虫体长 5.7~6.1mm，宽 1.6~2.1mm；触角第 1 节基部、第 2、3 节及第 4 节基部为黑色；第 1 节基前大半部、第4节端部为棕色；头部、前胸背板黑色；翅芽棕褐色。4龄若虫体长6.5~7.0mm，宽2.4~2.8mm，触角第1节基部黑色；第1节端大半部和第2~4节具橼褐色及黄色环纹；前、中和后足基节、转节、股节、胫节和跗节均具黑色及橘黄色环纹；翅芽黑色。5龄若虫体长12.5~15.5mm，宽3.2~4.8mm，体色同4龄若虫。

生物学特性：环斑猛猎蝽在北京、山东、辽宁等地一年发生1代，以4龄若虫于10月下旬在枯枝落叶层和石缝等处潜伏越冬。据姚德富等（1993）在北京室内观察，3月下旬越冬若虫开始陆续活动，5月末到7月下旬为成虫出现期，6月下旬至7月上旬成虫交配。6月末开始产卵，产卵期长约21~29天。7月下旬结束产卵。卵期8~11天，平均9.88±1.09天。7月上旬开始出现若虫，一直到次年5月下旬仍可见到。若虫共5龄。各龄若虫发育历期：1龄13~34天，平均18.61±3.96天；2龄6~26天，平均15.65±4.69天；3龄10~38天，平均24.67±8.49天；4龄若虫（越冬状态）223~233天，平均228±4.2天；5龄25~31天，平均28.7±3.2天。整个若虫期平均315±4.9天。

成虫羽化以13:00—18:00最多，约占总羽化数的53%，成虫羽化率为82.8%，雄虫一般比雌虫提前5天羽化。羽化后经12~24h开始取食。雌雄性比为1∶0.54。雌虫羽化7天，雄虫羽化25天后开始交配。交配历时8h，雌雄虫一生可交配多次，雌虫交配1~3次，雄虫交配3~6次。雌虫交配后22~23天开始产卵，产卵多在白天，以14:00—18:00最多。卵产于植物叶片背面或小枝上，随产卵随分泌紫红色胶状物，卵粒排列整齐，成卵块状。每块含卵17.67±5.95粒。卵分多次产出，最多可产卵12次，1头雌虫平均可产卵215粒。卵的孵化率达90%以上。未经交配雌虫也能产卵，但卵不能孵化，室内饲养时常见有自相残杀现象。

另据李梦钗等（2009）报道，在29~30℃人工气候箱内，环斑猛猎蝽170天即可完成1代，在28℃条件下若虫耐饥力1龄14.6天，3龄31

天。雌虫寿命 20 天左右。

1 龄若虫可捕食刺槐蚜，高龄若虫可捕食较大的幼虫，该虫捕食多种林木害虫：杨扇舟蛾 *Clostera anachoreta*（Fabricius）、黄刺蛾 *Cnidocampa flavescens* Walker、杨叶蜂 *Pristiphora* sp.、舞毒蛾 *Lymantria dispar*（Linnaeus）、油松毛虫 *Dendrolimus tabulaeformis* Tsai et Liu、黄褐天幕毛虫 *Malacosoma neustria testacea* Motschulsky、刺槐蚜 *Aphis robiniae* Macchiati 等。1 头 4~5 龄若虫平均每天可捕食 2~3 龄舞毒蛾幼虫 2~3 条。

4.5.7 犀猎蝽属 *Sycanus* Amyot & Serville，1843

（91）四川犀猎蝽 *Sycanus sichuanensis* Hsiao，1979

1993 年在四川大邑调查时发现捕食舞毒蛾幼虫。国内分布于湖北、湖南、四川、贵州、广西、云南。

形态特征（图版 XX：101）：棕褐色至黑色，光亮。前翅革片端半部（除顶端外）、膜区基部草黄色；第 3~7 腹节侧接缘外缘基部斜伸向内中部的斑纹鲜红色至暗红色；复眼褐色具黑色斑纹；单眼外侧及头部腹面复眼内侧后部的斑黄色至黄褐色；喙第 2、3 节，前足基节褐色至黑褐色；各足股节亚端部的环纹黄褐色至褐黑色；腹部第 3~7 节侧面的毛斑白色；腹部气门黄褐色。体长 22~58mm，腹部最大宽度 11~16mm。体大型。头的背面、前胸背板、小盾片、各胸节侧板与腹板、各足、腹部腹面密被长短不一的褐黑色粗刚毛；触角第 1 节、第 2 节基半部、头部腹面被长短不一的稀疏细毛；触角第 2 节端半部密被较短细毛，第 3、4 节密被短绒毛；喙除第 1 节基部及第 3 节末端外光滑无毛；前翅被弯曲短毛。头前、后叶近等长，眼前区明显短于眼后区；喙末端伸过前足基节。领端突不甚发达，短锥状；前胸背板前叶圆鼓，具不明显的印纹，后部中央具凹陷；前胸背板后叶表面具网状脊，前部中央具 2 短纵脊，侧角圆钝，后缘近直或微凸；小盾片具顶端分叉略弯曲的长刺；各足股节近等粗；雄虫前翅超过腹部末端，雌虫前翅伸达或超过腹末。腹部侧接缘近半圆形向两侧扩展。

4.5.8 脂猎蝽属 *Velinus* Stål，1865

（92）黑脂猎蝽 *Velinus nodipes* Uhler，1860

国内分布于贵州、河南、江苏、浙江、江西、四川、福建、广东、广西、云南。国外分布于日本、印度。

形态特征（图版 XX：102）：黑色，油亮。触角第 1 节上的 2 个环纹、单眼间的斑、小盾片端部黄白色至淡黄色；各足股节上的 2 个环纹及胫节亚端部的环纹、腹部第 2~4 节侧接缘的后端、腹部腹面大小不一的淡色斑点黄色至黄褐色；触角第 3~4 节、各足股节（除淡色环纹外）黑褐色至黑色；复眼灰褐色具不规则的黑斑；前翅膜区灰褐色；腹部腹面第 5 节以后色淡，第 6~7 节腹节侧接缘黄褐色至黑褐色；各足胫节亚端部的环纹常消失。体长 12.58 / 13.33~14.08（♂ / ♀，mm），腹宽 4.3 / 4.73~5.91（♂ / ♀，mm）。头、前胸背板、各足（特别是股节膨大部分）密被黑褐色较长刚毛；胸部腹板、腹部腹面被长短不一的刚毛；前翅革区被弯曲短毛；眼前区明显短于眼后区，眼后区较粗；喙较短，不达前足基节着生处。领端突发达，乳突状斜伸向前侧方；前胸背板前叶隆起，中央纵沟宽而深；前胸背板后叶中央具浅纵凹，侧角钝圆，后缘略凸；小盾片具"Y"形脊，末端突略膨大；各足股节呈明显的结节状，胫节略弯曲，基半部略粗；前翅超过腹末。侧接缘向两侧扩展，边缘成波状，雄虫腹末背面观平截。

4.6 姬蝽科 Nabidae

4.6.1 希姬蝽属 *Himacerus* Wolff，1811

（93）泛希姬蝽 *Himacerus apterus*（Fabricius，1798）

作者曾观察到泛希姬蝽捕食舞毒蛾 2~3 龄幼虫的情况。国内分布于北京、河北、黑龙江、内蒙古、山西、陕西、青海、四川、西藏。国外分布于欧洲、北非、西伯利亚、日本。形态特征参见图版 XX：103。

4.7 螽斯科 Tettigoniidae

螽斯俗称蝈蝈，食性很杂。根据食性常把螽斯分为2类：植食性种类列入害虫类；肉食性种类主要捕食害虫，属于有益昆虫。但在柞蚕产区因危害柞蚕对人类是有害的。有的种类幼虫期取食植物，大龄若虫和成虫捕食昆虫，有害有益。蝈螽属 *Gampsocleis* Fieber 种类几乎全是肉食性的，一些种类体型较大，营养成分丰富，可以食用。有的种类鸣声洪亮悦耳，常作宠物饲养。螽斯鸣声，功能很多，是仿生研究重要内容之一。在我国东北、华北等地，螽斯是舞毒蛾的捕食性天敌，在北京常可见到螽斯捕食，对抑制害虫数量具有一定作用。

捕食舞毒蛾的常见螽斯属检索表

1\. 前胸背板长度超过前足腿节，具侧隆线；中胸背板裂叶长不大于宽；后足跗节基节的垫叶较小，不能活动；雄虫尾须内齿位于近端部……………………………………………………………………寰螽属 *Atlanticus* Scuddere

前胸背板长度短于前足腿节，缺侧隆线；中胸背板裂叶长大于宽；后足跗节基节的垫叶较大，能活动；雄虫尾须内齿通常位于基部……………………………………………………………………蝈螽属 *Gampsocleis* Fieber

4.7.1 蝈螽属 *Gampsocleis* Fieber，1852

（94）短翅蝈螽 *Gampsocleis gratiosa* Branner vor Wattenwyl，1862

中文名曾用短翅鸣螽、优雅蝈螽、锐声鸣螽、蝈蝈。国内分布于北京、黑龙江、吉林、辽宁、内蒙古、天津、河北、陕西、山西、甘肃、山东、河南、江苏、安徽、福建、重庆等地。国外分布于俄罗斯、蒙古、韩国。栖息于矮林、灌木、草丛。

形态特征：成虫体长，雌虫 42~45mm，雄虫 35~41mm。体色草绿色或褐绿色。头部大，宽于前胸背板，与头顶垂直。前胸背板宽大，雌虫长 11~12.5mm，雄虫长 10.5~11.5mm，马鞍形，侧板下缘和后缘边缘为浅黄色或白色。前胸背板长 10.5~12.5mm。腹部背板各具 1 对锥状刺，依次渐大。前翅短，绿色，翅长仅 9~19mm，为腹部长度之半，翅短宽圆，翅面无斑点；后翅极小，呈翅芽状，后足跳跃式，腿节长 26.5~31.5mm，跗式 4–4–4，第 1~3 跗节有垫，各足跗节分成 2 个叶片，有距 6 个（背面 2 个，腹面 2 个），中间 2 个略小。产卵器镰刀状，较平直，产卵瓣长 28.5~34mm。

卵：长椭圆形，褐色，光滑，长 6.14 ± 0.19mm，宽 1.82 ± 0.21mm。

生物学特性：短翅蝈螽在华北、东北地区每年发生一代，以卵在湿度适中的 2~3cm 土层中越冬。越冬卵孵化时间因地区不同略有差异，在山东济南附近地区，越冬卵于 4 月上旬开始孵化，5 月为孵化盛期，极少数越冬卵也有拖延到 9 月才孵化，6 月上旬至 8 月中旬羽化为成虫，7 月上旬开始产卵，8 月为盛期，一直延续到 9 月末产卵结束，甚至到 10 月仍有个别产卵的（徐延强等，1995）。在河北石家庄一带，越冬卵于 4 月下旬至 6 月中旬孵化，6 月下旬至 8 月中旬为成虫出现期，7 月上旬开始产卵，8 月至 9 月上旬为产卵盛期，9 月下旬为产卵末期（张洪喜等，1992）。越冬卵期长达 244~669 天，有的卵需要经过 2 个冬季才能孵化。孵化集中在 5:00—8:00，约需 2h 孵化为若虫，初孵若虫第 2 天开始取食叶片、蚜虫等小昆虫，也有自残现象。随着虫龄增大，捕食各种昆虫，食量随之加大，一生总食量可达 156~165g。若虫共 5 龄，1~3 龄若虫发育慢，历期长，4~5 龄发育快。各龄若虫历期 1 龄为 11~23 天，2 龄 8~13 天，3 龄为 6~12 天，4 龄 6~8 天，5 龄 10~11 天。整个历期 30~60 天，4~5 月若虫历期长，6 月间历期短。若虫全天都有蜕皮的，但从 3:00—6:00 蜕皮最多，其次是在 11:00—14:00。

成虫羽化多集中在5:00—7:00，占75%，傍晚羽化次之，羽化不久即取食蜕下的皮壳，补充营养。羽化7~13天性达到成熟，开始寻找异性。求偶时雄虫发出鸣叫声，雌虫随声寻找雄虫进行交配，交配10~20min后，腹末显露出乳白色精托，精托宽10~12mm，长8~9mm。雌虫取食精托内精子，并将精托压挤入藏精囊，约经1~2天精托被食尽或还存一小部分。雌虫取食精托可弥补其多次交配生殖的消耗。成虫食性较杂，但在野外以捕食昆虫为主，雌雄一生可多次交配，交配以6:00和12:00—14:00最多。交配后14~20天雌虫开始产卵。卵散产，一般多产于林间疏松湿润土壤2~3cm深处。产卵时产卵管垂直插入土内，依靠产卵器摆动将卵产出，并用尾器拨动松土盖住产卵孔，然后再到别处产卵。产卵以白天为多，也有在晚上产卵的。卵通常多在8天内产完，产卵期最长的达11~19天。产卵后经过2周又可继续产卵。雌虫产卵量为140~220粒，腹内含卵量为264.5±44.98粒。成虫于9月下旬至10月上旬陆续死亡，平均寿命87.44±7.63天（张洪喜，1993）。

饲养与繁殖：6~7月间在野外采集成虫，雌雄配对置于笼内。笼内放一产卵盆，盆底放入4~5cm厚的粗细沙土，保持一定湿润，供成虫产卵。产卵后取出卵粒放入一个盆内，卵的放置以1层卵1层细沙土覆盖为宜。湿度适中，太湿卵易腐烂，过于干燥卵易干死。室温保持20~25℃，夜间不低于10℃，适当光照。若虫、成虫可用黄粉甲幼虫或自野外采集昆虫喂饲，也可用小米、馒头等喂养。

（95）乌苏里蝈螽 *Gampsocleis ussuriensis* Adelung，1910

中文名曾用乌苏里鸣螽。国内分布于黑龙江、吉林、辽宁、内蒙古等地。国外分布于俄罗斯远东地区。关于本种学名，昆虫分类学者意见不一，河北大学硕士紫金艳（2019）根据分子界定和整合分类研究，经过多种分析方法，无法将乌苏里蝈螽 *G. ussuriensis* 与中华蝈螽

G. sinensis 分开，也没有显著的形态特征差异，推测我国北方常见的乌苏里蝈螽应是中华蝈螽。刘伯文、李成德（2006）根据在东北多地调查采集，发现各地采到的乌苏里蝈螽雄虫体长差异明显，雌虫产卵器长短也有不同，提出是否存在亚种问题，值得研究。本种学名存疑。有待订正。

形态特征（图 20；图版 XX：104）：成虫体长 30~42mm，绿色、黄绿色或灰褐色。头部大，与头顶垂直，与前胸背板等宽。前胸背板长 10.5~12mm，侧缘绿色或黄色，侧面下弯处为褐色，背面平坦较宽。前翅长 22.5~33.5mm，长于后足腿节端部，约超出尾须 10~15mm。前翅长 22.5~33.5mm。翅脉褐色，其余部分为淡绿色。翅面有褐色斑点，后翅短于前翅，无色。腹部淡绿色或黄色，后足腿节 26~31.5mm，外侧有 1 黑色条纹，后足胫节具 2 排褐色小刺。雌虫产卵器平伸，略向上弯曲，长约 31mm，产卵瓣镰刀状。

卵：长椭圆形，灰褐色，光滑，卵壳硬，长 5.4~5.7mm，宽 1.5~1.6mm。

若虫：体型与成虫相似。1 龄浅灰褐色，绿色型 2 龄变为浅绿色，3~7 龄虫体为翠绿色。灰褐色型 2 龄到成虫色不变，仍为灰褐色。

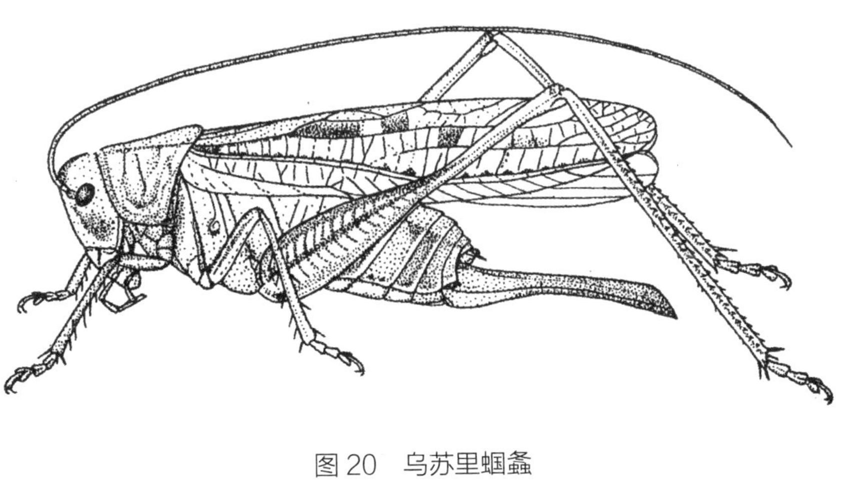

图 20　乌苏里蝈螽

生物学特性：据齐慧霞等（2004）研究观察，乌苏里蝈螽在河北秦皇岛地区每年发生1代，以卵在土壤2~3cm深处越冬。次年3月下旬越冬卵开始发育膨大。孵化时卵壳开裂，若虫仍被内膜包住，以保护若虫钻出土壤时肢体不受损伤，出土后内膜破裂。越冬卵在地下经过1个冬季，卵期长达230~270天。卵的孵化多集中在4:00—10:00，约占总孵化卵粒数的98%，还有2%的卵于16:00—18:00孵化。

若虫蜕皮6次，共7龄，1龄历期13~29天，2龄8~20天，3龄7~13天，4龄6~9天，5龄6~9天，6龄5~15天，7龄12~17天。若虫蜕皮时虫体抓住附着物，蜕皮30~40min后虫体变硬正常，将蜕下的皮全部吃完或仅留下部分残体。蜕皮前后1~2天停食。蜕皮时间多集中在6:00—8:00。

成虫羽化期在6月下旬至8月中旬。羽化后7~13天雌虫开始交配。交配前雄虫发出鸣叫声，招引异性，雌雄虫交配时，雄虫分泌出乳白色精托，交配后雌虫取食精托，并将精托内的精子藏入精囊内，全部食尽精托约需5~6h，未食尽的残余精托风干后自然脱落。成虫一生可交配多次。交配后7~14天开始产卵。产卵时产卵管垂直插入土中，产卵于土深2~3cm处，并将产卵孔盖土封严。卵单粒散产。7月10日至9月3日为成虫产卵期，产卵高峰在8月5—10日。产卵期长达10~33天，可以连续产卵2~6天，再间隔1~8天继续产卵。成虫平均寿命为81.3天。

雄成虫前翅有发声器，发声时两翅竖起。依靠前翅腹面的音锉与右翅内缘（刮器）鼓膜摩擦发声。雌雄虫在前足胫节基部具有长椭圆形的听器。

本属螽斯主要捕食昆虫，对田间农作物不会造成损害。室内饲养时，在缺乏饲料情形下，常有食卵现象发生。

（96）紫斑蝈螽 *Gampsocleis sedakovii* obscura（Walker，1869）

中文名也用紫斑螽斯。国内分布于东北地区。据宋策（1999）报道，在辽宁辽阳、海城、凤城、岫岩等地是柞树林柞蚕养殖区的常见优势种之一，是柞蚕的敌害，也可捕食舞毒蛾等多种害虫。

形态特征：成虫体长 33~40mm，紫褐色，翅长几乎与体长相等，前翅具红褐、黑褐和绿色相间的色斑。后足腿节外侧具 1 列深褐色斑纹。雌虫产卵器略向下弯曲，长约 21mm。

生物学特性：紫斑蝈螽在辽宁一年发生 1 代，以卵在 2cm 左右深的土内越冬。次年 5 月下旬越冬卵开始孵化，5 月底至 6 月初为孵化盛期，卵的历期 297~319 天，平均 306.7 天。若虫共 5 龄，1 龄历期 5.36 天，2 龄 6.18 天，3 龄 8.01 天，4 龄 10.19 天，5 龄 12.15 天。整个若虫期 35~48 天，平均 41.5 天。7 月上旬老龄若虫开始变为成虫，7 月中下旬为盛期，8 月下旬开始成虫数量开始减少，9 月上旬成虫相继死亡。成虫历期为 40~71 天，平均 59 天。6—9 月为若虫和成虫捕食季节。7 月中下旬成虫交配产卵，产卵期一直可延续到 8 月中旬。卵的孵化率 59.3%~67.4%（宋策，1999）。

4.7.2 寰螽属 *Atlanticus* Scudder，1894

（97）中华寰螽 *Atlanticus sinensis* Uvarov，1924

1991 年 6 月底在山东昆嵛山林场观察到中华寰螽捕食舞毒蛾幼虫和蛹，成虫每天可捕食 4~5 龄幼虫 1~2 头。

国内分布于北京、黑龙江、吉林、辽宁、内蒙古、河北、山西、甘肃、陕西、宁夏、河南、湖北、四川等地。国外分布于朝鲜、韩国。

形态特征（图版 XX：105）：体大型，体长 29~40mm，雌虫明显大于雄虫，头顶与触角第 1 节等宽，前胸背板长 8~10.5mm，背面不具纵沟。触角长 37~50mm。头部从眼部至前胸背板两侧有 1 黑色宽带，并在背脊侧面向下方加宽，几乎包住前胸背板。前胸背板具明显中隆线。雄虫前翅短，长 7.5~8.5mm，与前胸背板等长，或稍短于前胸背板。后翅退化。雌虫前翅长3.5~4.5mm，侧面仅见狭边。腹部背面灰褐色，每节背板有1倒立三角形的深褐色斑纹，形成1条纵向的三角形链。腹部腹面土黄色。后足腿节长22.5~27.5mm。雄虫肛上板小，三角形，尾须长，向内弯曲，端部向下弯，内刺靠近尾须基部，末端钝圆；下生殖板长大于宽。雌性尾须锥形，稍内曲，产卵器马刀状，向上弯曲。产卵瓣长23~25mm（王刚，2016）。

（98）土褐寰螽 *Atlanticus jeholensis* Mari，1935

又名土褐螽斯。国内分布于吉林、辽宁、内蒙古、河北、山东、河南、安徽、江苏、浙江、甘肃、四川、贵州。国外分布于日本、朝鲜、韩国、俄罗斯、印度、意大利。

形态特征：成虫，雌虫体长26~28mm，土褐色或暗褐色。触角丝状。头部从复眼后方沿前胸背板两侧至后胸末端具1黑色条纹。后足腿节基部外侧有1大黑斑。无翅。尾须短小。产卵管剑状，略向上弯，长度为体长的4/5。雄虫具短翅，翅长4~5mm，不发音。

卵：长椭圆形，长4.2mm左右，宽约1.4mm。初产时为淡黄色，后变为黄褐色。

若虫：体色随虫龄增加由浅变深。共6龄。

生物学特性：土褐寰螽在东北、华北地区每年发生1代，以卵在2~3cm土层下越冬。次年4月下旬至5月上旬开始孵化，5月中下旬为孵化盛期，6月上旬孵化结束。若虫共6龄，1龄若虫历期9~11天，体长4.3~5.1mm，2龄8~10天，体长5.3~6.1mm，3龄9~12天，体长6.3~7.8mm，4龄11~14天，体长8.7~12.6mm，5龄11~16天，体长13.2~18mm，6龄11~15天，体长16.7~20mm。整个若虫发育期约70天。7月上旬开始羽化为成虫，8—9月间成虫交配产卵。

初孵若虫当天常栖息于向阳的枯枝落叶上，次日开始爬行，寻找蚜虫、虫卵等为食，也可啃食植物嫩芽、嫩叶和花。成虫交配多在晚上和阴天 15:00 以后进行。交配时间长达 30~50min。雌虫一生产卵 7~8 次，约产卵 50~60 粒。成虫寿命长达 75~90 天。

若虫、成虫能捕食 50 余种昆虫。捕食时十分机警，遇惊扰随即蹿跳下树，钻入灌木草丛或枯枝落叶。对猎物反应敏感，善于搜寻。本种寰螽食量很大，1 头 4 龄若虫每天可捕食松毛虫 2 龄幼虫 2~8 条，平均 6.5 条。

4.8 螳螂科 Mantidae

螳螂是大众周知的一类捕食性昆虫，广泛分布于世界各地，捕食多种农林业害虫及其他昆虫。其卵鞘（桑螵鞘）和成虫可制成干粉入药治疗某些疾病，是资源昆虫之一。有的大型种类体色艳丽，极有观赏价值，常当作宠物饲养，制成标本陈列展出，供人们观赏。1978—1980 年作者等从利用螳螂防治森林害虫角度，在北京对最常见的 6 种螳螂生物学特性和捕食量进行了研究（严静君等，1981），在此期间，湖南省潇湘电影制片厂和中国林业科学研究院协作拍摄了《益虫螳螂》科教影片。在野外，螳螂的孵化一般比舞毒蛾迟，但是由于舞毒蛾的孵化参差不齐，孵化日期可长达 1 个月，因此对在后期孵化的舞毒蛾幼虫，螳螂还可起到一定的捕食作用。

捕食舞毒蛾的螳螂有关属种检索表

1. 中后足腿节内侧具刺 ……………………………………………………………… 2

   中后足腿节内侧无刺，爪沟靠近前足腿节中部，前足腿节基部内侧具 1 大黑斑，黑斑中央有时为橙黄色，体中型（螳属 *Mantis* Linnaeus）……………… ……………………………………………………… 薄翅螳 *Mantis religiosa* Linnaeus

2. 额盾片宽度为高的 2 倍，前翅前缘无细刺或刺，体大型（大刀螳属 *Tenodera* Burmeister）……………………………………………………………… 3

   额盾片宽度明显小于高的 1.5 倍或宽度略等于高度（腹螳属 *Hierodula* Burmeister）…………………………… 广腹螳 *Hierodula patellifera*（Serville）

3. 后翅基部无大黑斑或褐色斑…… 窄翅大刀螳 *Tenodera angustipennis* Saussure

   后翅基部具大黑斑或褐色斑 ……………………………………………………… 4

4. 前胸背板较狭长，沟后区与前足基节长度之差约为前胸背板最大处宽度的 1~1.5 倍……………………………… 枯叶大刀螳 *Tenodera aridifolia*（Stål）

前胸背板较宽，沟后区与前足基节长度之差约为前胸背板最大处宽度的0.3~1倍……………………………………中华大刀螳 *Tenodera sinensis* Saussure

4.8.1 大刀螳属 *Tenodera* Burmeister，1838

（99）中华大刀螳 *Tenodera sinensis*（Saussure，1842）

又名中国大刀螂。国内分布于北京、辽宁、天津、河北、河南、山东、陕西、江苏、上海、浙江、安徽、江西、福建、台湾、湖南、湖北、广东、广西、海南、贵州、四川、西藏等地。国外分布于日本、朝鲜、韩国、越南、美国（引入）。

形态特征（图版 XXI：106~111）：成虫体略小于枯叶大刀螳。雌虫体长 74~90mm，雄虫体长 68~77mm，暗褐色或绿色。沟后区与前足基节长度之差约为前胸背板最宽处的 0.3~1 倍，雌虫前胸背板较宽，长 23~28.5mm，侧角宽 5~7mm，长宽比 4.3∶1，中纵沟两侧排列有许多小颗粒，侧缘齿列较密。雄虫前胸背板长 21~23mm，宽 4~4.8mm，长宽比 5.2∶1，无细齿。雄虫翅前缘绿色，其余为烟黑色，半透明，后翅基部有 1 块黑斑。下阳茎叶端突明显长于上阳茎叶端突之长。

卵鞘：楔形，沙土色或暗沙土色。长 20.9 ± 1.14mm，宽 15.1 ± 0.90mm，高 17.0 ± 0.67mm。前端宽 12.2 ± 0.62mm，后端宽 14.9 ± 0.89mm，表面粗糙，孵化区稍突出，宽 6.5 ± 0.39mm，卵鞘外层空室多，左右有卵室 8~16 层，中部每层 10~11 卵室，最多 14 个，两端 4~5 个，每层卵室呈长圆形排列，卵室不与背腹面垂直。卵黄色，4.5mm × 1.2mm。

若虫：无翅，5~6 龄开始长出翅芽，1 龄若虫体长 8~12mm，头宽 1.7mm；2 龄体长 13~15mm，头宽 2.1mm；3 龄体长 16~20mm，头宽 2.3mm；4 龄体长 21~26mm，头宽 2.6mm；5 龄体长 31~36mm，头宽 3.2mm；6 龄体长 41~56mm，头宽 3.6mm；7 龄体长 54~61mm，头宽 4.9mm；8 龄体长平均 64mm，头宽 6.1mm。

生物学特性：每年发生1代，以卵鞘越冬，卵的孵化期因地区不同和受气候影响略有差异，在北京地区1978年的卵孵化期为5月24日至6月13日；1979年为5月31日至6月29日。若虫龄期雌虫一般为7~8龄，雄虫为6~7龄。各龄若虫历期也有差异，平均历期1龄为16天，2龄12.5天，3龄11.8天，4龄9.7天，5龄13.1天，6龄16.7天，7龄20天，8龄22.3天。

8月上中旬若虫开始蜕皮变为成虫，以早晨和上午为多数，雄虫蜕皮羽化早于雌虫，雌虫羽化后，经十多天开始交配，交配时间长达3~4h，一生可交配多次。交配至产卵的平均时间需要23天（7~33天），产卵后，平均经过11天死亡，最长的还能存活42天。雌虫一生产卵1~2次以产卵1次为多数，产卵鞘1~2个。产卵2次，平均间隔期为16~19天，野外开始产卵，一般都在9月上中旬，产卵时先分泌一层黏着物，然后产下一层卵粒，并借助尾须不停地测量所产卵鞘的大小。产完1个卵鞘约需2~3h，9月下旬成虫开始陆续死亡，成虫寿命长短不一，10月底至11月初还可见到个别成虫。

螳螂的卵鞘多产于树木枝条、灌木、墙壁等向阳的场所。每块卵鞘含卵数多的可达400多粒，少的100粒左右，平均222.3±24.59粒。卵鞘的孵化率达85.7%，卵的平均孵化率为89.0%±6.41%。卵于4:00—16:00孵化，以8:00—9:00孵化数量最多。孵化时，同一层卵室的预若虫从孵化区的同一片活瓣内先后钻出，借助腹部第10节吐丝突吐出的细丝连接虫体，悬挂在卵鞘上，孵化高峰时，常有近百条若虫挂在细丝上，随风飘动，幼体恢复正常开始爬上植株或掉落地面活动。

1~2龄若虫行为比较敏捷，老龄若虫行动开始迟缓。幼龄若虫常栖息于杂草、灌木丛，随着虫龄增长，逐渐转移到灌木或树木上栖息。捕食舞毒蛾等各种害虫。螳螂有自相残杀习性，据试验，在26cm×26cm×47cm虫笼内，饲养20头初龄若虫，到第10天时，自残致死数达32%，到20天时其残杀死亡率高达92%。这表明螳螂无法进行群体饲养。

在北京地区，螳螂若虫和成虫的捕食期长达4~5个月，捕食40余种农林果树害虫，捕食量极其可观。大刀螳2~3龄若虫一天平均可捕食杨扇舟蛾1龄幼虫7~10条，3~4龄若虫平均每天可捕食8~9条1龄松毛虫幼虫，4~6龄若虫捕食2~3龄舟蛾、毒蛾、尺蛾幼虫2~4条。8龄若虫一天可捕食3~4龄毒蛾、舟蛾幼虫3~4条。随着虫龄增长，捕食量也随之加大，中华大刀螳5龄幼虫对2~5龄杨扇舟蛾、苹掌舟蛾和油松毛虫的捕食量回归曲线近似直线（严静君等，1983）。中华大刀螳的耐饥力随虫龄增长而不同，1龄若虫平均耐饥力7.8 ± 0.94天，2龄若虫4.9 ± 0.31天，6~8龄若虫14.6 ± 7.94天，雌成虫11.1天，雄成虫13.8天。

在北京，中华大刀螳卵鞘可被中华螳小蜂 *Podagrion chinensis* Ashmead寄生，其寄生率为4.38%，其卵粒寄生率平均为18.38%（0.48%~88.89%），螳小蜂羽化期为5月5—17日。在安徽全椒羽化期为6月3日至6月中旬，还发现有少量四齿螳小蜂寄生。

螳螂卵鞘可被远东螵鞘皮蠹 *Thaumaglossa ovivra* Matsumura et Yakoyama危害，其危害率为14.29%，被侵害的卵鞘，卵粒全被食尽。皮蠹羽化期在5月24日至6月25日。还有1种螵鞘斑皮蠹 *Trogoderma oothecophylum* Chao et Lee也捕食螳螂卵鞘的卵粒。

（100）枯叶大刀螳 *Tenodera aridifolia*（Stål，1813）

中文名又名大刀螂。国内分布于北京、辽宁、河北、河南、陕西、山东、江苏、浙江、安徽、福建、台湾、江西、广东、广西、四川、贵州等地。国外分布于日本、印度、印度尼西亚、菲律宾、马来西亚、越南、泰国、缅甸、美国（引入）。

形态特征（图版XXII：112）：成虫体大型，褐色或绿色，体长86~96mm，前胸背板长31~33mm，侧角宽8~9mm，长宽比3.8∶1，与中华大刀螳近似，但其沟后区与前足胫节长度比是前胸背板最大宽处的1~1.5倍。雌虫前胸背板侧缘具细齿；雄虫缺齿或在沟前区两侧具少量点，前翅膜质，前缘区较宽，绿色革质，后翅有不规则横脉，基部有黑色斑纹。雄虫下阳茎叶端突明显长于上阳茎叶端突。

卵鞘：大型，柔软，正圆柱形，暗沙土色，长31.6±3.52mm，宽21.3±2.14mm，高22.9±1.96mm。前端宽18.6±2.35mm，后端宽20.6±2.34mm。表皮粗糙，孵化区平坦，高5.7±0.79mm，卵鞘外层厚，空室多，卵室排列呈圆形，少数卵室与背腹面垂直，卵黄色，长5.1mm，宽1.1mm。

若虫：1~3龄若虫体长与中华大刀螳相近，4~8龄体长略长于中华大刀螳。各龄头壳宽度1龄为1.7±0.06mm，2龄2.1±0.04mm，3龄2.4±0.07mm，4龄2.9±0.08mm，5龄3.4±0.11mm，6龄4.0±0.14mm，7龄5.1±0.19mm，8龄6.1±0.39mm。

生物学特性：每年完成1代，以卵鞘越冬，在北京西山一带，枯叶大刀螳卵于5月下旬开始孵化，6月中旬孵化结束，若虫7~8龄，1龄历时16.7±1.58天，2龄11.0±1.34天，3龄9.2±1.64天，4龄8.4±0.53天，5龄10.0±1.0天，6龄13.0±1.10天，7龄18.5±2.17天，8龄20.7±2.23天。8月上中旬出现成虫。9月上中旬产卵，9月底至10月初成虫开始死亡，寿命长短不一，11月初还可看见少量成虫。

枯叶大刀螳卵鞘多产于树木枝条上，产卵部位一般比广腹螳要低。每块卵鞘含卵量229.7±55.82粒，卵的孵化时间多在4:00—16:00，以8:00—9:00孵化数量最多，孵化率平均为82.1%±15.22%。1~2龄若虫主要捕食蚜虫、叶蝉等虫体较小的昆虫，3龄起开始捕食较大虫体的幼虫，捕食量随虫龄而增加，1~2龄若虫缺食5~8天仍能成活，6~8龄若虫耐饥力明显增强，平均耐饥饿14~15天。

（101）窄翅大刀螳 *Tenodera angustipennis* Saussure，1842

中文名曾用窄大刀螳。国内分布于北京、河北、黑龙江、辽宁、浙江、安徽、江西、湖南、云南、贵州、四川等地。国外分布于日本、朝鲜、韩国、美国。

形态特征（图版XXII：113，114）：成虫体长62~70mm，暗褐色或绿色，前翅长60mm左右，雌虫前胸背板细长，长21~25mm，侧角宽3.5~4.5mm，长宽比5.5 : 1。前翅狭长明显超过腹部末端，透明，后翅略超前翅，后翅基部无黑斑，前缘浅粉红色，半透明，其余部分透明，翅室排列无规则整齐。雄虫前胸背板长20~22mm，侧角宽2.5~3.2mm，长宽比7 : 1。外生殖器官右上阳茎叶缺刻不明显，下阳茎叶端突较细长。

卵鞘：长圆柱形，暗沙土色，长29.5±1.41mm，宽8.4±0.65mm，高8.6±0.34mm，前端宽6.9±0.54mm，末端延伸很长，宽3.4~0.7mm，孵化区褐色突出呈脊状，两侧凹陷成棕褐色纵沟，卵鞘结构紧，坚硬，外层空室少。卵室排列只有中央的与背腹面垂直。

若虫：各龄若虫体长，1龄6.9±0.16mm，2龄13.6±0.3mm，3龄16.3±1.04mm，4龄23.2±0.37mm，5龄31.4±0.54mm，6龄43.7±1.31mm，7龄54.8±0.55mm。头壳宽度1龄1.4±0.05mm，2龄1.8±0.04mm，3龄2.1±0.05mm，4龄2.5±0.06mm，5龄2.8±0.09mm，6龄3.2±0.13mm，7龄4.1±0.14mm。

生物学特性：窄翅大刀螳每年发生1代，以卵鞘越冬。在北京地区，卵于6月上中旬开始孵化，在安徽全椒县越冬卵鞘于5月底至6月中旬孵化，若虫共7龄。雌虫一般比雄虫多1龄。各龄若虫历期：1龄14.3±1.03天，2龄15.3±1.07天，3龄8.3±0.68天，4龄8.5±0.31天，5龄8.1±0.2天，6龄9.1±0.64天，7龄20.3±0.72天。1~2龄若虫完成1个龄期需14~15天，3~6龄若虫完成1龄约需8~9天。末龄若虫发育历期长达20天，幼龄若虫通常栖息于杂草丛，随着虫龄增长而开始逐渐转移到灌木和树木上栖息活动，捕食各种昆虫。

4.8.2 螳属 *Mantis* Linnaeus，1758

(102) 薄翅螳 *Mantis religiosa* Linnaeus，1758

中文名又叫薄翅螳螂。国内已知分布于北京、辽宁、黑龙江、河北、山东、河南、陕西、安徽、江西、台湾、广东、贵州、云南等地。国外广泛分布于欧洲、亚洲、非洲、大洋洲和美洲。

形态特征（图 21：A，B，C）：成虫体型中等绿色浅褐色或紫褐色，雌虫体长 57~ 68mm，雄虫 47~56mm，前胸背板雌虫长 15.7~17.1mm，侧角宽 4.4~ 5.0mm，长宽比 3.5 : 1，雄虫前胸背板长 12.4~15.5mm，侧角宽 2.2~ 3.1mm，长宽比 5.3 : 1。前足基节长度等于或稍长于前胸背板后半部，基节内侧基部具 1 长形黑斑，腿节内侧中央有 1 橘黄色圆斑，中、后足腿节端部无齿。雌虫前翅略带革质，雄虫翅薄透明，后翅在腹部末端超过前翅。

卵鞘：柔软，扁圆形，沙土色，长 28.6 ± 6.98mm，宽 4.5 ± 1.57mm，高 10.0~1.6mm，前端宽 11.2 ± 3.16mm，末端狭小，宽 2.3 ± 0.70mm，腹面平坦，孵化区宽度 4.8 ± 0.6mm，色浅，稍突出，卵鞘外层厚，空室

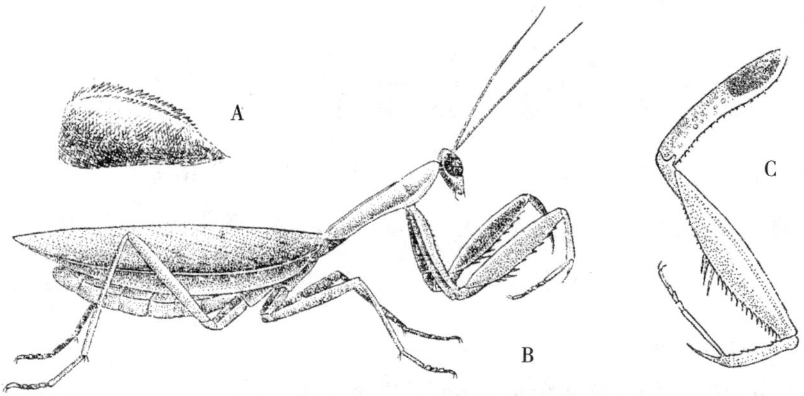

图 21　薄翅螳

A 卵鞘；B 成虫；C 成虫前足

多，每层卵室排列似圆形，中央少数几个卵室与背腹面垂直。

若虫：各龄若虫体长，1 龄 5.7 ± 0.46mm，2 龄 8.5 ± 0.25mm，3 龄 14.1 ± 0.56mm，4 龄 18.6 ± 2.27mm，5 龄 25.7 ± 2.14mm，6 龄 31.1 ± 1.80mm，7 龄 41.1 ± 2.31mm，8 龄 49.5 ± 1.81mm。头壳宽度：1 龄 1.3 ± 0.06mm，2 龄 1.6 ± 0.05mm，3 龄 1.9 ± 0.07mm，4 龄 2.3 ± 0.09mm，5 龄 2.7 ± 0.08mm，6 龄 3.3 ± 0.11mm，7 龄 4.1 ± 0.35mm，8 龄 5.3 ± 0.25mm。

生物学特性：薄翅螳每年发生 1 代，以卵鞘越冬，卵鞘于 5 月下旬至 6 月中旬孵化，雌虫若虫 7~8 龄，雄若虫 6~7 龄。各龄若虫历期：1 龄 13.8 ± 0.4 天，2 龄 13.8 ± 1.8 天，3 龄 14.6 ± 1.5 天，4 龄 14.6 ± 1.5 天，5 龄 15.8 ± 3.33 天，6 龄 18.8 ± 6 天，各龄若虫发育历期差异不大，1~5 龄平均为 14~16 天，老熟若虫平均为 19 天，9 月间开始出现成虫，9 月中下旬产卵。薄翅螳一生多在低矮灌木和草丛中栖息生活。

4.8.3 腹螳属 *Hierodula* Burmeister，1839

（103）广腹螳 *Hierodula patellifera*（Serville，1839）

又名广腹螳螂、广斧螳。栖息于林地、果园以及农田边的乔木和灌木上，捕食各种昆虫。国内于分布北京、吉林、辽宁、天津、河北、山东、河南、陕西、上海、浙江、江苏、江西、福建、台湾、湖南、广东、海南、广西、湖北、贵州、四川等地。国外分布于日本、印度尼西亚、菲律宾、中美洲。

形态特征（图版 XXII：115~117）：成虫体型中等，绿色或紫褐色。雌虫体长 51~63mm，雄虫 51~56mm。额盾片宽略大于高，触角基部与复眼交界处无瘤状突起。前胸背板粗短，几乎与前足基节等长，横沟明显膨大，侧缘具细齿。中纵沟前半部光滑。前足基节具 3 枚小的三角形疣突，第 1、2 疣突相距较远，大于疣突自身宽度。前翅明显超过腹部末端，翅痣之后的纵脉间具 1 排小翅室，翅室排列稀疏。翅脉处有浅黄色翅斑，后翅与前翅等长。雄虫外生殖器上阳茎叶和下阳茎叶端突粗大，下生殖板末端具25枚以下的小黑刺。

卵鞘：长圆形，长25.0±2.67mm，宽12.7±0.50mm，高11.7±0.68mm，前后端宽度10.7~11.1mm，几乎相等。卵孵化区浅棕色，宽3.9±0.22mm，稍突出。卵鞘结构紧密坚硬，外层空室小，左右各有卵室8~19层，中部每层有卵室8~9个，最多11个，两端3~4个。每层卵室排列成长圆形，近腹面卵室与背腹面垂直。卵黄色，长3.8mm，宽1.0mm.

若虫：各龄若虫体长，1龄7.2±0.01mm，2龄10.6±0.06mm，3龄12.9±0.03mm，4龄16.9±0.02mm，5龄21.6±0.06mm，6龄27.4±0.06mm，7龄40.4±0.06mm，8龄42.6±0.33mm。头壳宽度：1龄1.8±0.02mm，2龄2.1±0.03mm，3龄2.7±0.07mm，4龄3.2±0.13mm，5龄3.8±0.15mm，6龄4.3±0.13mm，7龄5.1±0.24mm，8龄6.2±0.50mm。

生物学特性：广腹螳每年发生1代，以卵鞘越冬。在北京地区越冬卵鞘于6月中下旬开始孵化。若虫共8龄，雄虫比雌虫少1个龄期，体型也小于雌虫。各龄若虫历期1龄11.9±0.84天，2龄13.2±1.60天，3龄9.4±1.25天，4龄10.1±1.73天，5龄11.9±1.32天，6龄12.9±1.25天，7龄16.5±1.75天，8龄18.6±3.66天。1~6龄若虫每龄发育天数平均10~13天，老龄若虫发育天数为16~19天。8月上中旬开始出现成虫，羽化时间多在清晨。最初羽化的为雄虫。羽化后10天左右开始交配，交配多在白天，以13:00—18:00最多。交配时间长达2~6h。交配过程中会出现雌虫咬死、取食雄虫的现象。雌雄虫一生可进行几次交配，交配至产卵的平均历期为18（10~22）天。产卵后约11~15天开始死亡，有的雌虫一生可产2个卵块，产卵间隔为20~25天。在野外，成虫产卵通常在9月上中旬，至9月下旬成虫开始逐渐死亡。成虫寿命长短不一，在10月底至11月初还可见到个别成虫。

广腹螳雌虫喜在树木枝条上产卵，产卵时先在产卵处分泌出胶质物，然后逐层产卵，逐层覆盖胶质，产完卵后分泌泡沫状蛋白质，再分泌二酚醛，在卵壳外氧化形成较坚硬的外壳（李金兰等，1996；崔发良等，1997）。产卵树木多达 30 余种，特别喜欢在树木高处粗枝上产卵，在农田附近 10m 高的国槐树枝上常可见到广腹螳越冬卵鞘。其他螳螂的产卵部位一般比广腹螳要低。每块卵鞘的含卵数为 195~437 粒，平均 225 粒。卵鞘卵孵化率平均为 95.6%，卵的孵化率平均为 80.1%。

卵的孵化多集中在 16:00—18:00。卵孵化时同一层卵室的若虫先后从孵化区同一片活瓣内钻出。刚孵化的若虫，虫体湿润，附肢贴于腹面，约经 1~3min 附肢伸展，借助第 10 腹板吐出的细丝连接虫体，悬挂在卵鞘上。卵孵化高峰时，常有近百条若虫挂在细丝上随风摆动，恢复正常后四处爬行，或被风吹落地面。广腹螳若虫、成虫主要在灌木和树木上栖息活动，极少栖息于草丛中。1~2 龄若虫行动敏捷，四处寻找猎物，5 龄开始行动缓慢迟钝。

根据群体饲养观察，广腹螳自相残杀的习性普遍。用 26cm × 26cm × 47cm 的虫笼饲养 20 头初孵若虫，1 龄若虫即开始自相残杀，至第 15 天时，死亡达 28.8%，至 20 天死亡率高达 95%。在野外用 130cm × 130cm × 200cm 罩笼分别群体饲养广腹螳 20 头和 50 头，第 10 天自残死亡率达 62%，第 30 天 92% 若虫死亡。

广腹螳成虫能飞，但飞行距离不远。雌虫极少飞动。若虫和成虫捕食期长达 4~5 个月。1~2 龄若虫主要捕食蚜虫、粉虱等小型昆虫，一天可捕食 5 头松大蚜，12 头刺槐蚜。3~6 龄若虫每天可捕食舞毒蛾、杨毒蛾、舟蛾等 2~3 龄幼虫 2~6 条。7~8 龄若虫每天可捕食 3 龄油松毛虫 5~6 条，最多一天可捕食 15 条。经试验，广腹螳捕食 1 龄幼虫的回归曲线呈抛物线，其捕食量随螳螂虫龄增加而加大，虫龄之间捕食量的递增率则随螳螂虫龄的增长而逐渐减少。捕食 2~3 龄幼虫的回归曲线近似直线，捕食量的绝对值随螳螂若虫虫龄的增长而增大。由此说明广腹螳各龄若虫比较适宜于捕食2~3龄害虫幼虫，同时也能捕食一些大型幼虫（严静君等，1983）。

广腹螳的耐饥力，1~2龄若虫缺食4~5天就会死亡，老龄若虫耐饥力较强，饥饿11~20天才会死亡。雌成虫平均耐饥天数为17.6 ± 2.23天，雄虫为8.0 ± 1.89天。

在野外，广腹螳的卵寄生蜂有中华螳小蜂 *Podagrion chinensis* Ashmead 和广腹螳小蜂 *P. philippinense cyanonigrum* Habu；还有远东螵蛸皮蠹 *Thaumalglossa ovivora* Matsumura et Yokoyama 捕食卵鞘内卵粒，常把鞘内卵粒全部吃掉。

饲养与繁殖：人工个体饲养螳螂，1~2龄若虫可用蚜虫等小型昆虫饲喂，虫龄增大可用鳞翅目不同虫龄的多种幼虫饲养，也可用黄粉虫若虫或用中华稻蝗等饲养老龄若虫和成虫，一般多能完成生长发育。但是只能限于个体饲养，耗时长，效率低。

葛德诚等（1981）研究半人工饲料饲养螳螂，饲料成分：水100mL，鲜猪肝40g，蚜虫粉20g，豆粉5g，蔗糖20g，琼脂3g，酵母片1g。经饲养试验，螳螂若虫从3龄起开始死亡，发育历期延长，成虫体重减轻，表明饲料配方还需进一步完善。

20世纪60年代起，山东、河南、福建、广西、辽宁等地都曾进行利用螳螂防治农林害虫的试验（孙渔稼等，1966；刘政等，1981）。作者等也曾在北京和安徽全椒林场进行释放螳螂若虫和卵鞘的林间试验，释放数量不少，与对照相比，也能获得一定的效果。但是从总体上看，利用释放螳螂，很难提高野外的虫口密度，增加种群数量，对付密度大、数量多的害虫种群，难以获得比较满意的效果。利用螳螂应从改善生态环境、保护生物多样性等方面考虑，同时尽量减少使用化学农药，保护和维持自然界适宜的种群数量，持续稳健地发挥天敌昆虫的自然控制作用。

4.9 蚁科 Formicidae

蚂蚁是个庞大昆虫类群，种类多，数量大，分布地区广阔。集体营巢生活，分工明确，是社会性昆虫。食性复杂多样，有肉食性的、植食性的，也有随不同发育阶段肉、植杂食和混食的。一些种类以捕食农林害虫为主；有的种类营养成分丰富可以食用或作为药用；有的种类居家用来饲养，休闲怡情；也有一些种类因筑巢地下、蚁道纵横、破坏堤坝和取食作物等原因，给人类生活和农业生产造成一定危害。益害关系常因时因地而异。

捕食舞毒蛾的蚂蚁常见属检索表

1. 触角12节，触角远离唇基后缘；或无后侧腺，或同时具有上述特征…………………………………………………………………………弓背蚁属 *Camponotus* Mayr
   触角靠近唇基后缘；后胸侧板具明显后胸侧孔，侧孔位于后足基节上方并胸腹节气孔下面 ……………………………………………………………………2
2. 上颚咀嚼缘通常具8齿，或更多；端部第3齿比第4齿短小，第4齿大于至基缘的所有齿……………………………………………蚁属 *Formica* Linnaeus
   上颚咀嚼缘通常少于8齿；头部正面观复眼明显位于头中部之后；头和并胸腹节无直立硬毛……………………………………………毛蚁属 *Lasius* Fabricius

4.9.1 弓背蚁属 *Camponotus* Mayr，1866

（104）日本弓背蚁 *Camponotus japonicus* Mayr，1866

日本弓背蚁广泛分布于全国各地。在东北、华北地区是常见的优势种蚂蚁之一。1997年5月30日和6月6日，在北京昌平高崖口乡柿树林调查时，在树洞口及树干基部石块下，都观察到日本弓背蚁正在捕食舞毒蛾幼虫。国外分布于日本、韩国、朝鲜、蒙古、俄罗斯（远东地区）、越南、印度、缅甸、斯里兰卡、菲律宾等。

形态特征（图版 XXIII：118）：工蚁分大型、中型、小型 3 种。大工蚁体黑色，长 12.3~13.8mm。头部大，近三角形，头后缘平直。头与并腹胸具稀疏黄色倾斜毛，后腹部倾斜毛和倒覆毛稠密，并具白色柔毛被。上颚咀嚼具 5 齿。唇基中叶突出，中脊不明显，前缘平直。触角窝远离唇基。并腹胸背面呈连续弓形。前中胸背板平坦，并胸腹节急剧侧扁。腹柄结节薄，鳞片状，顶端圆。中小工蚁体长 7.4~10.9mm。

雌蚁：体长 15mm 左右。头部较小，中胸发达，并胸腹节斜面长为背面的 3 倍。腹柄结节薄而宽，后腹部粗大。头部和并腹胸具短的稀疏直立毛，后腹部毛被稠密，无倒伏毛，末端毛更密。

雄蚁：体长 9.6mm 左右，头部很小。上颚窄，具 2 齿。后腹部细长。

卵：长 1.2~1.4mm，宽 0.5~0.6mm。椭圆形，淡黄色，表面光滑。

幼虫：头部弯曲，纺锤形。初孵幼虫长 1.5mm 左右，宽 0.3~0.7mm。老熟幼虫长 6.2~10.3mm，宽 2~4mm。

蛹：茧白色至黄褐色。雌茧长 13~14mm，宽 5.2mm。其他茧蛹体较小。

蚁后：体长 17mm 左右，有翅基。

生物学特性：据高文韬等（2005）在吉林观察研究，日本弓背蚁以工蚁、有翅雌雄蚁和幼虫在土壤、树洞处蚁巢内越冬。5 月下旬至 7 月上旬有性蚁进行婚飞、交配。在安徽潜山县婚飞、交配是在 4 月下旬至 5 月上旬（王常禄等，1991）。婚飞后有翅雌蚁翅脱落，寻找适宜场所筑巢产卵，开始建立新蚁群。该蚁栖息活动场所一般多在红松、阔叶林。在林地林缘、路旁营筑土巢或在树洞处营建木巢。5 月上旬至 10 月上旬为活动觅食期，5:30 分前后出巢，19:30 归巢，中午活动频繁。5—6 月和 9—10 月中午活动最频繁，呈单峰型。7—8 月在 8:00—12:00 和

14:00—16:00为活动高峰，呈双峰型。12:00—14:00基本不外出活动。晴天蚁的活动强盛，阴雨或低温天气活动力明显减弱。

日本弓背蚁食性较杂，成虫主要取食蚜虫蜜露、小型昆虫和植物幼嫩芽、叶和花蕾等，食性偏素食，但在雌蚁产卵期间因需大量蛋白质，常常大量捕食昆虫幼虫。有的工蚁上树骚扰，惊落害虫，有的则在地面围攻捕杀，尽力合作，拖入蚁巢。蚁巢以筑在稀林林缘、路边及林间空地地下为多数，喜在林间裸露地、松软土壤内建巢。筑巢工作由工蚁专司其职。

日本弓背蚁卵期16~19天，幼虫期10~28天，预蛹期6~7天，蛹期14~19天。工蚁寿命1~2年（王常禄等，1991）。

蚁巢结构变化很大，新建蚁巢比较简单。只有1个巢口，巢口周围常由细土粒堆成火山口状或坟状，土中筑有巢室、幼虫哺育室、食物储藏室、废弃物堆积处等。结构复杂的蚁巢有2~5个巢口，主副道分开，巢内通道纵横交错。蚁巢深度为0.4~1.4m不等。蚁巢增长拥挤后，部分工蚁开始迁出，在原巢附近另建新巢。工蚁一般都在5m范围内活动，最远活动距离可达15m以上。

日本弓背蚁营养成分丰富，具有粗灰分、糖和粗脂肪等，其中脂肪酸就有8种，不饱和脂肪酸含量高达82.5%（陈志国等，2000）。

4.9.2 蚁属 *Formica* Linnaeus，1758

蚁属蚂蚁分种检索表（工蚁）

1. 体黑色至褐黑色，色暗无光泽；唇基前缘突出，上颚咀嚼缘具1~5齿……
……………………………………日本黑褐蚁 *Formica japonica* Motschulsky

体红色至褐红色，略有光泽；唇基前缘圆形，上颚咀嚼缘具8齿…………
……………………………………………中华红林蚁 *Formica sinensis* Wheeler

（105）中华红林蚁 *Formica sinensis* Wheeler，1913

国内分布于北京、黑龙江、辽宁、天津、河北、山西、陕西、甘肃、宁夏、青海、新疆、山东、安徽、四川、重庆、云南等地。捕食在地面活动的中小型昆虫，食性杂，喜爱肉、素。

形态特征（图版 XXIII：119）：大型工蚁体长 7.2 ± 0.7mm，体粗壮，具光泽。体红色至褐红色。覆黄色绒毛和立毛。头部宽扁，上宽下窄，后头缘平直，唇基前缘圆形，中脊不明显，上颚咀嚼缘具 8 齿，端部第 4 齿比第 3 齿长大。触角窝靠近唇基后缘。触角鞭节 11 节，柄节较长。胸部比头部窄，前胸背板和并胸腹节背侧立毛较多，中胸背板立毛少。后胸气门圆形。并胸腹节气门椭圆形。结节薄鳞片状，上缘圆形。后腹部背板黑褐色至黑色，腹板红褐色，立毛较多，但各节节间处光亮。足褐红色，基节、腿节基半部及胫节黑褐色。基节粗大，各足胫节末端具细长的距。足被黄毛。

小型工蚁：个体较小，长 6.03 ± 0.1mm，体黄褐至褐红色，腹部红褐色至黑褐色。全身立毛较少。

蚁后：体长 9.7 ± 0.52mm，外形似工蚁，体粗壮，被毛较少。中胸背极大，立毛少。后腹部膨大。

雄蚁：体长 9.7 ± 0.7mm，体粗壮，黑色，立毛浓密，足橙色，跗节末端色深。触角鞭节 13 节，细长。上颚小，具 3 齿。中胸背板背面有纵沟，并胸腹节背板平，后腹部圆筒形，两侧及外生殖器具白色细长毛，外生殖器红黄色。

蛹：黄白色，椭圆形。

幼虫：白色，头小腹大。

卵：白色，长椭圆形，长 0.18mm。

生物学特性：中华红林蚁蚁巢分地下和地上两部分，主体位于地下，地面巢穴范围越大，地下蚁巢就越深。巢穴呈圆顶状或圆锥状。巢的地面疏松，由松针、细小干枯树枝、碎叶片等与松土混在一起。巢面有许多小孔洞，与巢内蚁道相连，巢中蚁道交叉，无明显主通道。只有蚁巢顶端正中的通道是直接对外的。地下土质不如地上部分疏松，较湿润。巢内有多个蚁室。巢的最深处栖居有小型工蚁、卵、幼虫、蛹和蚁后，土比较干燥，是蚁巢最安全的地方。蚁巢通常筑在地面石块、树桩或折断倒下的树枝下，安全隐蔽。成熟蚁巢位于地下 1m 深处，蚁巢很大，底部直径 1~2m，有蚁后 2~4 个。繁殖季节巢中有卵、幼虫、蛹和成虫。新建蚁巢蚁丘低矮，结构层次不清晰，巢中只有工蚁，没有其他虫态（罗辑等，2009）。

工蚁是蚂蚁社会中专门负责筑巢、护巢、食物搜寻和供应工作，外出活动没有明显的固定蚁道，当蚁道遭到破坏时，能迅速顺利地返回巢穴，活动半径约 25m。

（106）日本黑褐蚁 *Formica japonica* Motschulsky，1866

国内分布于北京、黑龙江、吉林、辽宁、内蒙古、河北、山西、山东、陕西、安徽、福建、广东、江西、湖南、湖北、四川、云南、甘肃。国外分布于日本、韩国、朝鲜、蒙古。

形态特征（图版 XXIII：120）：工蚁体长 5.4~7.5mm。黑褐色至黑色。上颚、触角和足红褐色。全体色暗无光泽，全身及后腹部具浓密绒柔毛。头前端及后腹部有立毛。头部两侧平直，上部略宽，后头缘微圆，具单眼，唇基前缘凸，钝圆，中脊明显，触角着生于近唇基后缘。头两侧平直，后头缘圆形。前、中胸背板突起，钝圆。中胸、并胸腹节缝处收缢。后腹短，近似球形。

雌蚁：体长 9.1~10.4mm，与工蚁体色形态近似。

雄蚁：体长 9.7~11.2mm，上颚平直，咀嚼缘有 4~5 齿，触角 13 节，腹柄结节低，楔形或方形，后腹较长，背面短平。

卵：椭圆形，白色，表面光滑，长约 0.8~0.9mm。

幼虫：头部弯曲，纺锤形，长约 7~9mm。

蛹：白色，有性蛹具茧，茧长 9~10mm，宽约 4mm。

生物学特性：日本黑褐蚁在平均温度连续多日达到 10℃以上时开始外出活动，活动多在白天，以 8:00—9:00 最为活跃。下雨来临前或下雨过去后活动一般较多。有性蚁在 6—9 月婚飞、交配。婚飞季节，常可见到有性蚁在 6:00—8:00 从巢内爬出，在草丛上短暂停留后飞走。婚飞后雌蚁脱翅，单独建立蚁群或加入其他蚁群。雄蚁交配后很快死亡。卵期 8~11 天，幼虫期 7~16 天，预蛹期 4~5 天，蛹期 15~22 天。完成 1 代约需 2 个月（王常禄，吴坚，1992）。

日本黑褐蚁筑巢于地下 1m 深处，喜在植被稀疏、土壤松软、靠近水源的林地营巢。在地面形成大小不一的蚁冢，高度 3~13cm，巢口达 6~38 个。蚁冢由杂草碎屑、细石粒、土粒、虫粪等组成。据调查，蚁巢内同时具有卵、幼虫、茧（蛹）、工蚁、无翅雌蚁、有翅雌蚁和雄蚁等。在冬季巢内无卵和茧蛹。

食性较杂，捕食鳞翅目幼虫时，是依靠工蚁上树惊扰、惊落幼虫，或在地面搜捕被风吹落在地面爬行的幼虫。

4.9.3 毛蚁属 *Lasius* Fabricius，1804

（107）黑毛蚁 *Lasius niger*（Linnaeus，1758）

中文名又称小黑毛蚁、黑褐色蚁、普通黑单蚁。栖息于林地，草原。国内分布于北京、黑龙江、吉林、辽宁、河北、山西、陕西、山东、河南、安徽、江苏、浙江、福建、台湾、湖北、湖南、云南、贵州、四川、甘肃、宁夏、新疆、西藏等地。国外分布于日本、朝鲜、韩国、蒙古、欧洲、美国、加拿大、北非。在辽宁凤城、宽甸、岫岩、盖州、海城、辽阳等地柞蚕产区，是危害柞蚕的常见敌害之一（张其苏等，1992）。也是柞树次生林舞毒蛾的捕食性天敌。食性偏食肉。

形态特征（图版 XXIII：121）：工蚁体长 3.5~5.0mm。体黑褐色至灰褐色，略具光泽。头部长方，毛被丰富。触角 12 节，黄褐色，端节粗而尖细。复眼黑色，位于头侧中线之前。上颚三角形，咀嚼缘具 7~8 齿，红褐色。胸部背板圆形突起，并胸腹节后端平截，腹板长大于宽，向上突起呈鳞片状，上扁下厚。足长而粗，扁柱形，腿节、胫节色淡，跗节黄褐色。腹部长卵形，末端稍尖。雌蚁体长 8.9~9.0mm，黑褐色。上颚仅具 1 个端齿。直立毛比工蚁稀疏，足的柄节具立毛。蚁后体长 9mm 左右。

有性蚁于 7 月下旬至 8 月间婚飞。

4.10 马蜂科 Polistidae

马蜂是捕食性昆虫的重要类群之一，也具有很高的食用和保健价值。体瘦长，腹部纺锤形，常呈红、棕、黄色。筑巢于树枝、树干及建筑物檐下等处，其巢为单层，平圆盘状，由很多类似于纸质的小室组成。捕食舞毒蛾的马蜂属 *Polistes* 昆虫已收集到 2 种：

1. 触角窝上有 1 块黄斑；上颚黑色；前胸背板黑色，前缘黄色，紧靠黑色中胸背板处为黄色；中胸背板无色斑；后小盾片有 1 对黄色斑；体长 16mm 左右 …………………………………… 柞蚕马蜂 *Polistes gallicus gallicus*（Linnaeus）

触角窝间有黑色横带；上颚橙黄色；前胸背板黄色，中部两侧及两下角黑色；中胸背板有带状色斑；后小盾片为橙黄色；体长 23mm 左右……………………………… 陆马蜂 *Polistes*（*Megapostes*）*rothneyi grahami* van der Vecht

4.10.1 马蜂属 *Polistes* Latreille，1802

（108）柞蚕马蜂 *Polistes gallicus gallicus*（Linnaeus，1767）

在东北地区柞树林内，常可捕食舞毒蛾等鳞翅目幼虫，但在放养柞蚕的林内，该蜂是侵害柞蚕的重要敌害。国内已知分布于黑龙江、吉林、河北、山西、甘肃、新疆、江苏等地。国外分布于日本、伊朗、土耳其、俄罗斯、埃及、比利时、法国、叙利亚、荷兰、瑞典。

形态特征：雌蜂体长约 16mm。头部比胸部略窄。两触角窝间略隆起，额沟具 1 黄色横斑，复眼内缘下侧各具 1 黄斑，额部及颅顶其余部分黑色，刻点细密，覆短黄毛。颊部黑色，但于两复眼后缘上侧，紧邻复眼各有 1 黄斑，颊端部前侧有 1 黄斑，光滑，覆短毛。后头后缘中央凹陷。触角支角突黑色，柄节背面黑色，腹面黄色，梗节、鞭节背面黑色，腹面锈色。唇基基部中央凹陷，端部角状突出，近基部处有 1 黄色横带，端部边缘黄色，其余黑色，稀布刻点及短毛。上颚黑色，端部 4 齿，稀布细刻点。

胸部覆绒毛，前胸背板前缘截状，呈黄色，肩角明显，余黑色，沿前缘有领状突起，布有细密小刻点，与中胸背板前端两侧相邻处为黄色。中胸背板黑色，刻点细密。小盾片略隆起，矩形，黑色，前缘有 1 对黄色横斑。后小盾片横带状，后缘中央角状突出，黑色，前缘有 1 对黄色横斑，无明显刻点。并胸腹节斜向下方，密布横皱褶，中央有纵沟，黑色，中央两侧有 1 对黄色纵斑，两侧面各有 1 点状黄斑。中胸侧板略隆起，黑色，上缘有 1 黄斑，刻点细密。后胸侧板黑色，下侧片向后延伸，有微细横皱褶。翅基片黄色，中央有 1 棕色斑，光滑。翅呈棕色，前翅前缘色略深。各足的基节、转节和除腿节端部外均为黑色，腿节端部及胫节、跗节呈棕色。各足爪无齿，爪垫明显，色略深。

腹部覆绒毛，第 1 背板自基部向端部渐扩展，黑色，沿端部边缘有 1 中间小凹陷的黄色横带，光滑；腹板近三角形，黑色，有横皱褶。第 2 背板黑色，两侧中部各有 1 黄色斑点，沿端部边缘有 1 黄色横带，光滑；腹板光滑，黑色，沿端部边缘为 1 黄色横斑，中央断开。第 3~5 背板光滑，黑色，沿端部边缘有 1 黄色横斑，第 6 背板端部黄色，基部黑色，第 3、4 腹板光滑，黑色，端部边缘有中间断开的黄色横斑，第 5、6 腹板均黑色，光滑。

雄蜂：近似于雌蜂。额下半部及唇基、上颚均为黄色，唇基扁平。胸部腹面黄色，各足基节前缘黄色，腿节腹面黄色，胫节背面黑色。腹部 7 节，第 2 节腹板前缘基部有 1 大黄斑。

（109）陆马蜂 *Polistes*（*Megapostes*）*rothneyi grahami* van der Vecht, 1968

食性杂，可以捕食鳞翅目、直翅目等多种昆虫的幼虫，在北京地区是油松毛虫、舞毒蛾等的重要捕食性天敌之一。国内已知广泛分布于北京、河北、黑龙江、辽宁、山东、河南、江苏、安徽、浙江、江西、福建、广东、湖北、陕西、四川、云南等地。

形态特征（图版 XXIII：122，123）：雌蜂体长约 23mm。头部略窄于胸部。两复眼顶部之间有 1 黑色横带，其下为橙黄色，仅于两触角窝之间脊形隆起上部有 1 窄黑横带，沿唇基基部为黑色，额沟明显，单眼棕色，呈倒三角形排列于两复眼顶部之间，颅顶部中间有 2 条并列橙色横带，颊部两侧、复眼后方均为橙色，各部密布有浅刻点及黄色短毛。触角支角突橙黄色，背面有 1 黑斑，柄节背面黑色，腹面橙黄色，梗节鞭节腹面橙色，背面黑色，但端部数节橙黄色。唇基宽明显大于高，均橙黄色，稀布浅刻点及黄色短毛，基部平截状，端部呈钝角突起，上颚宽短，橙黄色，布有浅刻点，端部齿黑色，最上 1 齿较短。

胸部覆有短毛，前胸背板前缘基本截形，周边呈黄色领状突起，两肩角向后倾斜，中部两侧各有 1 较小黑色三角形斑，两下角黑色，余均黄橙色，布有较浅的刻点。中胸背板长大于宽，略隆起，呈黑色，但中央两侧各有 1 纵条状橙黄色斑，近翅基片内侧各有 1 细带状橙黄色线状斑，中隆线可见，稀布浅刻点。小盾片略隆起，高于中胸背板，黄橙色，刻点细小，小盾片两侧向下倾斜。后小盾片，窄横带状，略隆起，橙黄色，刻点细浅，后小盾片两侧亦为黄色斑覆盖。并胸腹节向后下方倾斜，端部截状，黑色，但于背面中央两侧及两侧面均各有 1 橙黄色纵带状斑，密布横皱褶。中胸侧板隆起，前部光滑，后部布有刻点，均呈黑色，唯在上部中央及下侧后方各有 1 黄橙色斑。后胸侧板窄，稀布刻点，黑色，但上部和下方均各有 1 黄橙色斑。翅基片橙色，较光滑。翅棕色，前翅前缘色略深。胸部腹板均黑色。前、中、后足的基节、转节均为黑色，前足腿节基部黑色，端部橙黄色，胫节基部棕色，端部和跗节均橙黄色。中足腿节基部 2/3 黑色，端部橙黄色，胫节端部 1/3 橙黄色，基部黑色，跗节第1节基部2/3黑色，其余端部及其余跗节均呈橙黄色。后足腿节黑色，仅端部1/4橙黄色，胫节黑色，仅端部外侧略呈橙黄色，跗节第1节基部2/3黑色，其余端部及其余跗节橙黄色。各足爪无齿，爪垫明显。

腹部覆有短毛，第1背板端部呈黄橙色，两侧各有1黄橙色斑，余均黑色，腹板近三角形，黑色，布有横皱褶。第2~5节背板端部两侧均有2条凹陷的黄橙色横带，两凹陷处各有1黄橙色斑，余均为黑色，光滑。第2~5节腹板亦均有类似于背板的橙黄色斑，但横带自第2~5节逐渐加宽，并与橙黄色斑相联结，光滑。第6节之背、腹板均近三角形，均黄橙色，光滑。

雄蜂近似雌蜂。但其中胸腹板、胸腹侧片前缘黄色，各足黄色区大，触角端部数节黑色。

生物学特性：陆马蜂在北京、河北等地一年约可完成2~3个世代，以雌成虫在树洞、房舍屋檐空隙及植物秸秆堆积处等荫蔽场所抱团聚集越冬。次年3月下旬至4月上旬，日平均温度达到15℃以上时，越冬雌虫开始散团外出活动。出蛰期长达1个月。4月下旬至5月上旬雌蜂开始筑巢产卵，一般多选择在树冠茂密的树枝、杂灌木、树洞及屋檐下营建新巢，也可筑巢在10余米高的大树分枝处，个别的可在旧巢上接筑新巢。筑完1个巢室即产下1粒卵，偶有1室2卵的。5月中旬出现第1代幼虫，5月下旬老熟幼虫化蛹，6月上中旬出现第1代成虫，其中大部分为受精卵发育的雌性职蜂，少数为未受精发育的雄性职蜂。第2代蜂于6月上中旬出现，除少数雄蜂外，绝大部分为雌性职蜂。第3代成蜂8月上旬出现，此时三代蜂并存，难以区分，世代重叠。入秋后当气温降至10℃时，第3代受精雌蜂开始离巢寻找合适荫蔽场所抱团越冬，9月上旬至10月下旬全部进入越冬状态。陆马蜂发育历期卵期7~8天，幼虫期10天左右，蛹期13~14天，完成1个世代约30天左右。雌性职蜂寿命 2~4 个月，雄蜂寿命较短，交配后不久死亡。越冬雌蜂寿命长达 1 年左右。

陆马蜂的蜂巢形状极不规则，由大小相同的六角菱形巢室构成。盘状蜂巢巢室长短相近，处在一个平面。有的蜂巢形状像“钹”，中央巢室长度几乎为边缘巢室的 2 倍，蜂巢的巢室数从十多个至百余个不等，正常蜂巢的巢室数为 120~130 个，最大的达 380 个。巢柄长约 5mm。1 个巢室通常只产 1 粒卵，卵的基部有丝连接巢室底部。幼蜂依靠成蜂哺育，将捕获的虫体咀嚼成肉团喂饲。幼虫共 5 龄，老熟幼虫化蛹时，吐丝封盖巢室口。羽化时咬破巢室盖钻出，停息一段时间后开始活动（杨啸风等，2001）。

陆马蜂活动因季节而异，成蜂早晨开始活动，随气温升高活动渐趋频繁，中午活动最多，12:00—14:00 活动停顿，到 14:00 后又继续活动，直至 19:00 后归巢不动。秋末越冬前，雌蜂交配后常飞往果园咬食成熟果实，补充营养，以提高其越冬成活率。

参考文献

安徽省林科所森保室 .1982. 利用蠋蝽防治马尾松毛虫试验报告 [J]. 安徽林业科技 (4): 32–34.

柴希民，何志华，蒋平，等 .2000. 浙江省马尾松毛虫天敌研究 [J]. 浙江林业科技，20(4): 1–56.

柴希民，吴正东，李天生 .1982. 捕食马尾松毛虫的螳螂：马尾松毛虫天敌研究 (二)[J]. 浙江林业科技 (2): 27–29.

常岩林，石福明 .1997. 陕西螽斯总科昆虫的初步研究 [J]. 山西师范大学学报，11(3): 48–51.

陈静，张建萍，张建华，等 .2007. 蠋敌对双斑长跗萤叶甲成虫的捕食功能研究 [J]. 昆虫天敌，21(4): 149–154.

陈力生，朱家耐，陈宏斌 .1983. 蠋敌蝽象越冬场所的初步观察 [J]. 森林病虫通讯 (3): 28.

陈丽芳，刘曙照 .1992. 赤胸梳爪步甲的生物学研究 [J]. 生物防治通报，8(4): 186–187.

陈树椿 .1987. 陆马蜂的生物学特性及其对油松毛虫控制作用的初步研究 [J]. 林业科学（昆虫专辑），18–25.

陈秀蓉 .1988. 四川舞毒蛾的发生与防治 [J]. 四川林业科技 (1): 66–67.

陈讯 .1988. 平腹小蜂繁殖新方法：屏膜繁殖法 [J]. 昆虫天敌，10(2): 124.

陈元洪，陈玉妹 .1982. 捕食性天敌双斑青步甲的研究 [J]. 福建农业科技 (4): 25–27.

陈元洪，陈玉妹 .1984. 双斑青步甲生活习性的初步观察 [J]. 昆虫知识，21(6): 269–271.

陈志国，郑哲民 . 2000. 日本弓背蚁营养成分分析及其价值评价 [J]. 宁夏大学学报 (自然科学版)，21(4): 352–353.

陈宗懋，孙象钧，易齐 . 1983. 昆虫人工饲料配方 22 种 (一) [J]. 昆虫知识，20(4): 184–186.

陈宗懋，孙象钧，易齐 . 1983. 昆虫人工饲料配方 22 种 (二) [J]. 昆虫知识，20(5): 229–231.

程慕棕，李青，常杰 . 1986. 北京地区柿毛虫寄生性天敌初步调查 [J]. 农业新技术 (5): 22–24.

崔保成 . 2010. 舞毒蛾在阿勒泰地区的发生规律与综防措施 [J]. 农村科技 (4): 29–30.

崔发良，王昌贵，方丽，等 . 1997. 广斧螳螂生物学特性观察与保护建议 [J]. 山东林业科技 (6): 28–30.

董绪国，李喜升，宋策，等 . 2011. 危害柞蚕的寄生蝇种类记述 [J]. 蚕业科学，37(4): 765–770.

董绪国，穆秀奇 . 2003. 辽宁柞蚕捕食性天敌害虫名录简报 [J]. 昆虫天敌，25(4): 161–164.

杜松华 . 2004. 舞毒蛾在阿尔泰山林区的发生特点及防治措施 [J]. 新疆林业 (5): 4.

范滋德 . 1992. 中国常见蝇类检索表 [M]. 北京 : 科学出版社 .

冯继华，闫国增，姚德富，等 . 1999. 北京地区舞毒蛾天敌昆虫及其自然控制研究 [J]. 林业科学，35(2): 50–56.

冯月晓，王永州，赵建欣，等 . 2008. 家蚕追寄蝇寄生规律与防治对策探讨 [J]. 江苏蚕业，30(4): 17–19.

冯照军，姚瑞琴，陈金，等 . 2001. 广腹螳和中华大刀螳卵块孵化的比较研究 [J]. 应用昆虫学报，38(5): 358–360.

凤舞剑，戴优强，胡长效 .2004. 花斑皮蠹的生物学特性及防治技术 [J]. 安徽农业科学，32(3): 472–473.

高珏晓，孟玲，李保平 . 2010. 广大腿小蜂对菜粉蝶蛹体型大小的产卵选择及后代发育表现 [J]. 生态学杂志，29(2): 339–343.

高文韬，孟庆繁，刘思 . 2005. 日本弓背蚁的生物学特性 [J]. 中国森林病虫，24(4): 26–28.

高长启，王志明，余恩裕 .1993. 蠋蝽人工饲养技术的研究 [J]. 吉林林业科技 (2): 16–18.

高志军，刘雅兰，智宝珍 .1980. 蠋蝽饲养技术及防治林木害虫效果 [J]. 内蒙古林业科技 (4): 35–41.

高卓，王哲玮，张李香，等 .2012. 蠋蝽人工繁殖技术及田间释放控制研究 [J]. 黑龙江大学工程学报，3(1): 65–73.

高卓，王哲玮，张李香，等 .2011. 蠋蝽 (*Arma chinensis*) 生物学特性研究 [J]. 黑龙江大学工程学报 (4): 72–77.

高卓 .2010. 蠋蝽 (*Arma chinensis Fallou*) 生物学特性及其控制技术研究 [M]. 哈尔滨 : 黑龙江大学出版社 : 1–37.

葛德诚，吴永松，李惠民 .1984. 人工代饲料饲养螳螂试验 [J]. 昆虫知识，21(1): 24–27.

葛德诚，吴永松，李惠民 .1986. 饲养释放螳螂防治棉花害虫 [J]. 昆虫天敌，8(4): 200–204.

葛德燕，陈祥盛 .2004. 中国螳螂目昆虫的研究进展 [J]. 山地农业生物学报，23(6): 525–528.

葛德燕，陈祥盛 .2007. 贵州远东螵蛸皮蠹对黑螵蛸的寄生作用 [J]. 山地农业生物学报，26(1): 91–94.

郭林芳，李保平 .2008. 斑痣悬茧蜂寄生对甜菜夜蛾幼虫取食和食物利用的影响 [J]. 昆虫学报 (10): 1017–1021.

何金祥，郭伦发，唐峰，等 .2001. 平腹小蜂防治荔枝蝽象试验研究 [J]. 广西植物 (2): 163–165.

何俊华，陈学新 .1990. 中国十种寄生于林木害虫的脊茧蜂 (膜翅目 茧蜂科)[J]. 动物分类学报，15(2): 201–208.

何俊华 .1979. 浙江省水稻害虫天敌图册 [M]. 杭州：浙江人民出版社 : 1–210.

何俊华 .1982. 我国常见的四种悬茧蜂 [J]. 昆虫知识，19(4): 31–34.

何俊华 .1996. 中国经济昆虫志 (第 51 册 膜翅目 姬蜂科)[M]. 北京 : 科学出版社 .

何俊华 .2004. 浙江蜂类志 [M]. 北京 : 科学出版社 .

和秋菊，易传辉，张正旺 .2018. 胡蜂人工养殖现状及存在的问题 [J]. 湖北农业科学，57(18): 10–13.

侯雅芹，南楠，李镇宇 . 2009. 舞毒蛾研究进展 [J]. 河北林果研究，24(4): 440–443.

呼声久，李兴华 . 1977. 天幕毛虫抱寄蝇的初步研究 [J]. 昆虫学报，20(2): 163–169.

胡梅操，1995. 红缘真猎蝽的生物学研究 [J]. 昆虫知识，32(1): 40–42.

胡胜昌，杨明旭 . 1988. 齿缘刺猎蝽和环斑猛猎蝽的初步观察 [J]. 江西农业大学学报 (2): 73–75.

湖北省农业科学院植物保护研究所 .1980. 棉花害虫及其天敌图册 [M]. 武汉：湖北人民出版社 : 91–93.

湖北省罗田县林业科学研究所 . 1981. 大腿蜂生物学及利用试验初报：森林害虫生物防治论文集 [C]. 北京 : 中国林业出版社 .

黄居昌 .1995. 平腹小蜂大量繁殖中的一些技术问题 [J]. 福建农业科技 (5): 44.

黄明度，麦秀慧，吴伟南，等 . 1974. 荔枝蝽象卵寄生蜂 : 平腹小蜂的生物学及其应用的研究 [J]. 昆虫学报，17(4): 362–375.

吉林省防治金花虫协作组 . 1979. 利用蠋敌防治榆紫叶甲的初步研究 [J]. 昆虫天敌 (3): 19–25.

纪艳，肖志坚，吴恒梅，等 .2010. 药用昆虫薄翅螳螂的饲养及应用 [J]. 内蒙古农业科技 (2): 67–68.

姜秀华，王金红，李振刚 . 2003. 蠋蝽生物学特性及其捕食量的试验研究 [J]. 河北林业科技 (3): 7–8.

解如光，严静君 . 1981. 一种可爱的臭大姐：蠋敌 [J]. 百科知识 (9): 79–80.

李保聚，娄巨贤 . 1992. 舞毒蛾卵平腹小蜂的观察 [J]. 生物防治通报，8(3): 144–145.

李娇娇，张长华，易忠经，等 . 2016. 三种猎物对蠋蝽生长发育和繁殖的影响 [J]. 中国生物防治学报，32(5): 553–561.

李俊英 . 1998. 花斑皮蠹生物学特性研究 [J]. 河北农业大学学报 (2): 93.

李琼芳 . 1984. 斑痣悬茧蜂产雌孤雌生殖的初步观察 [J]. 昆虫知识，21(2): 82–83.

李梦钗，温秀军，高宝嘉，等 . 2009. 环斑猛猎蝽室内饲养技术研究 [J]. 河北林业科技 (2): 5–6.

李尚书，孙巧云，邱益三 . 1990. 江苏产青步甲属的新记录种记述 [J]. 江苏林业

科技 (12):36–38，35.
李铁生 .1985. 中国经济昆虫志第三十册膜翅目胡蜂总科 [M]. 北京 : 科学出版社 .
李兴鹏，宋丽文，张宏浩，等 .2012. 蠋蝽抗寒性对快速冷驯化的响应及其生理机制 [J]. 应用生态学报，23(3): 791–797.
李杨，李会，孟向东，等 .2011. 日本追寄蝇的发育起点温度和有效积温的研究 [J]. 山东林业科技 (2): 60–61.
李杨，李会，尹淑艳，等 .2012. 日本追寄蝇生物学特性研究 [J]. 中国生物防治学报，28(1): 27–31.
李镇宇，姚德富，陈永梅，等 .2001. 北京地区舞毒蛾寄生性天敌昆虫及其转主寄主的研究 [J]. 北京林业大学学报，23(05): 39–42.
梁光红，林浩宇，卢赐鼎，等 .2018. 福建柳杉毛虫的七种寄生蝇形态记述和生物学 [J]. 植物保护，44(6): 177–184.
梁兴善 .1980. 中华广肩步甲的作用与利用的探索 [J]. 昆虫天敌 (4): 52–56.
梁艳 .2015. 兰州南北两山林区蠋蝽生物学特性研究 [J]. 甘肃林业 (6): 31–32.
廖定熹 .1987. 中国经济昆虫志 第 34 期 膜翅目 小蜂总科 [M]. 北京 : 科学出版社 .
林浩宇，付烈庆，林建辉，等 .2017. 柳杉毛虫的主要寄生性天敌种类调查 [J]. 中国生物防治学报，33(6): 842–848.
林毓鉴，龙骏，章士美，等 .2000. 中国益蝽亚科名录 (半翅目 : 蝽科)[J]. 江西植保，23(2): 36–39.
刘伯文，李成德 .2006. 东北地区螽斯总科调查报告 [J]. 东北林业大学学报，34(6): 114–116.
刘伯文，隋敏智 .2008. 东北螽斯图说 [M]. 哈尔滨 : 黑龙江科学技术出版社 : 181.
刘聪，蒋湘，班丽萍 .2012. 斑皮蠹属害虫鉴别方法研究进展 [J]. 植物检疫，26(4): 60–64.
刘海清，高作安 .1992. 蠋敌及其利用价值 [J]. 天津农林科技 (2): 14–16.
刘后平，严静君 .1991. 毒蛾绒茧蜂饲养繁殖技术 [J]. 昆虫知识，28(3): 162–164.
刘后平，严静君 .1993. 毒蛾绒茧蜂生物学特性研究 [J]. 林业科学研究，6(1): 58–64.
刘后平，姚德富，李广武，等 .1995. 斑痣悬茧蜂对舞毒蛾的寄生特性 [J]. 林业科学研究，8: 122–125.

刘建峰，刘志诚，王春夏，等 .1995. 大量繁殖平腹小蜂防治荔枝蝽蟓的研究 [J]. 昆虫天敌，17(4): 177–179.

刘铭汤，魏建荣，魏琮，等 .1999. 陕西省蚂蚁区系研究 [J]. 西北林学院学报，14(3): 39–44.

刘铭汤，魏建荣 .1997. 日本弓背蚁营养成分的分析 [J]. 西北林学院学报 (4): 82–83.

刘鹏程，魏建荣，王建军，等 .2015. 舞毒蛾卵平腹小蜂发育与温度的关系及子代性比控制 [J]. 中国森林病虫，34(2): 9–14.

刘希喋，赖澄清 .1998. 人工繁殖平腹小蜂防治荔枝蝽技术 [J]. 中国南方果树，27(3): 31.

刘宪伟 .2014. 中国动物志 (昆虫纲) 第 57 卷 直翅目 螽斯科 露螽亚科 [M]. 北京：科学出版社 .

刘永平，张生芳 .1989. 我国斑皮蠹属仓虫的快速鉴定研究 (成虫部分)[J]. 植物检疫，3(4): 241–247.

刘振恒，秦维亮，孙士学，等 .1979. 枯叶蛾绒茧蜂生活习性观察及繁育试验 [J]. 河北林业科技 (1): 41–47.

刘正，黄露，孟玲，等 .2010. 斑痣悬茧蜂的寄主种间选择性及其子代蜂发育适合度表现 [J]. 生态学杂志，29(10): 67–68.

刘政 .1982. 广腹螳螂初步研究 [J]. 昆虫知识，19(4): 20–22.

刘志诚，王志勇，孙姒纫，等 .1986. 利用人工寄主卵繁殖平腹小蜂防治荔枝蝽 [J]. 生物防治通报，2(2): 54–58.

卢爱平，杨球英 .1983. 平腹小蜂个体发育研究 [J]. 昆虫天敌，5(4): 215–221.

路红，徐伟，陈日翌，等 .1999. 蠋敌生物学的初步研究 [J]. 吉林农业大学学报，21(1): 36–37.

罗辑，谢成晨，张亚，等 .2009. 中华红林蚁形态描述、行为观察及社群结构 [J]. 昆虫知识，46(5): 768–771.

马万炎，彭建文，王溪林，等 .2011. 黑侧沟姬蜂的生物学及种群消长规律研究 [J]. 生态学报 (1): 27–34.

马永林，辛明，宋伶英，等 .2008. 宁夏蚁科昆虫种类及分布调查 [J]. 农业科学研究，29(1): 35–38.

潘明真，张海平，张长华，等 .2018. 饲养密度和性比对蠋蝽存活和繁殖生物学特性的影响 [J]. 中国生物防治学报 (1): 52–58.
齐慧霞，赵春明，李双民，等 .2004. 乌苏里鸣螽生物学特性研究初报 [J]. 昆虫知识，40(1): 79–81.
邱益三 .1996. 国产青步甲属 *Chlaenius* 的分类（鞘翅目：步甲科）[J]. 南京农专学报 (2): 1–21.
钦州地区林科所森保组 .1979. 人工饲养螳螂防治马尾松毛虫试验简报 [J]. 广西林业科学 (1): 12.
曲花荣，逄焕臣，邵凌松，等 .2006. 烟台地区几种鳞翅目食叶害虫天敌的研究 [J]. 山东林业科技，36(2): 44–45.
曲天文，戚奎恩，张希功，等 .1992. 为害柞蚕步甲种类的研究 [J]. 蚕业科学，18(1): 35–39.
曲天文，戚奎恩，张希功，等 .1988. 辽宁地区柞蚕害虫螽斯的种类及形态 [J]. 辽宁农业科学 (5): 52–55.
曲天文，戚奎恩，张希功，等 .1988. 柞蚕害虫紫斑螽蟖的生活史及生态观察 [J]. 蚕业科学，14(3): 171–172.
曲天文，戚奎恩，张希功 .1984. 四星埋葬虫生活习性的初步观察 [J]. 昆虫知识 (3): 133–134.
曲天文，于溪滨 .1980. 柞蚕饰腹寄蝇生活史及生物学特性研究 : 柞蚕研究论文集 [C]. 北京 : 科学出版社 : 7–20.
任炳忠，李典忠，孙晓玲，等 .2002. 吉林省农林天敌昆虫区系及多样性的研究（Ⅱ）[J]. 吉林农业大学学报，24(1): 28–39.
任炳忠，李典忠 .2001. 吉林省农林天敌昆虫区系及多样性的研究（Ⅰ）[J]. 吉林农业大学学报，23(4):28–36.
陕西省林业科学研究所，湖南省林业科学研究所 .1990. 林虫寄生蜂图志 [M]. 陕西 : 天则出版社 : 206.
尚禹，孟玲，李保平 .2011. 营养和寄主密度对斑痣悬茧蜂搜寻行为的影响 [J]. 中国生物防治学报，27(3): 289–293.
盛金坤 .1989. 两种螳小蜂生物学特性研究初报 [J]. 森林病虫通讯 (1): 18.
石娟，王月，徐洪儒 .2003. 不同食料植物对舞毒蛾生长发育的影响 [J]. 北京林业大学学报，25(5): 47–50.
史永善 .1981. 美国白蛾的天敌：日本追寄蝇 [J]. 昆虫学报，24(3): 342.
舒红 .2016. 辽阳地区美国白蛾越冬蛹寄生天敌调查分析 [J]. 中国林业产业 (5): 230.
宋策 .1999. 紫斑螽斯生物学特性研究 [J]. 辽宁农业科学 (5): 1–5.
宋丽文，陶万强，关玲，等 .2010. 不同宿主植物和饲养密度对蠋蝽生长发育和生殖力的影响 [J]. 林业科学 (3): 107–112.
宋明辉，王菲，郭家忠，等 .2016. 舞毒蛾黑瘤姬蜂等美国白蛾蛹期寄生性天敌昆虫研究进展 [J]. 江苏林业科技，43(5): 46–52.
孙楠 .2014. 关于营口市区美国白蛾越冬蛹寄生性天敌的研究 [J]. 园艺与种苗 (4): 34–35，43.
孙渔稼，张仲信，赵方桂，等 .1966. 广腹螳螂生活习性的初步观察 [J]. 昆虫知识 (2): 97–98.
谭泽荣，白家法，姚清，等 .2004. 平庸赘寄蝇生物学特性及防治马尾松松毛虫研究 [J]. 中国西部科技，(11): 76–77.
唐觉 .1995. 中国经济昆虫志：第 47 册 膜翅目 蚁科 [M]. 北京 : 科学出版社 : 1–131.
陶长银，阎光凡 .1991. 巨斧螳螂卵的分布及孵化研究 [J]. 中国中药杂志，16(8): 460–461.
铁茹，许升全 .2004. 西北地区蚂蚁种类及其分布 [J]. 宁夏农学院学报，25(3): 4–9.
童新旺，倪乐湘 .1986. 松毛虫大腿小蜂初步观察 [J]. 生物防治通报，2(4): 165–167.
王昌贵，于振伟，尹衍民 .1996. 舞毒蛾黑瘤姬蜂生物学特性初报 [J]. 山东林业科技 (5): 32–33.
王常禄，吴坚，萧刚柔 .1991. 日本弓背蚁生物学特性及捕食马尾松毛虫作用的研究 [J]. 林业科学研究，4(4): 405–408.
王常禄，吴坚 .1991. 马尾松毛虫捕食性天敌：日本黑褐蚁的研究 [J]. 林业科技通讯 (5): 24–26.
王常禄，吴坚 .1992. 日本弓背蚁种群动态及繁殖规律的研究 [J]. 北京林业大学学报，4(3): 69–75.
王常禄，萧刚柔，吴坚 .1989. 中国弓背蚁属 (膜翅目 : 蚁科) 昆虫研究 [J]. 林业科学研究，2(3): 221–228.
王辰阳 .2018. 用诱集法研究玉米毛蚁、日本弓背蚁和沙林蚁的食性 [J]. 安徽农学通报，24(6): 27–29.
王芬 .2001. 舞毒蛾生物学特性和幼虫发生期测报模型的研究 [J]. 山东农业大学学报 (1): 64–68.
王刚 .2016. 保定地区螽斯科昆虫调查 [J]. 安徽农业科学，44(34): 137–139，166.
王海山，田荣久 .1981. 螳螂生物学特性及治虫效果观察初报 [J]. 辽宁林业科技 (3): 40–41.
王建军，魏建荣，王玉珠，等 .2012. 舞毒蛾卵寄生蜂大蛾卵跳小蜂发育与温度的关系及利用替代寄主柞蚕卵繁育的子代品质评价 [J]. 昆虫学报，55(5): 570–574.
王建军 .2013. 以大蛾卵跳小蜂为主的舞毒蛾寄生蜂繁育研究 [D]. 保定 : 河北大学 : 10–51.
王丽珍，段立清，特木钦，等 .2006. 寄主植物对舞毒蛾生长发育的影响 [J]. 北京林业大学学报，25(1): 21–23.
王琳 .2004. 山区舞毒蛾的防治方法 [J]. 河北林业 (2): 38.
王世贵，毛钟鸣，芦荣胜，等 .2008. 乌苏里蝈螽和优雅蝈螽雄性鸣声结构的比较研究 [J]. 动物分类学报，33(3): 553–557.
王淑芳 .1984. 寄生松毛虫的姬蜂种类鉴别 [J]. 森林病虫通讯 (2): 40.
王天齐 .1993. 中国螳螂目分类概要 [M]. 上海 : 科学技术文献出版社 .
王天齐 .1995. 中国大刀螳属研究 (螳螂目 : 螳科)[J]. 昆虫学报，38(2): 191–195.
王文亮，刘芹，闫家河，等 .2012. 美国白蛾新天敌 : 蠋敌捕食能力的初步观察 [J]. 山东林业科技 (1): 11–14.
王一，郭芳琴，许哲，等 .2010. 美国白蛾越冬蛹主要寄生性天敌的研究 [J]. 沈阳农业大学学报，41(6): 686–689.
王永州，赵建欣，邵远军，等 .2009. 家蚕追寄蝇低温耐受力的试验 [J]. 江苏蚕业 (4): 5–8.
王宇飞，王洪平，宗英飞，等 .2008. 舞毒蛾生物学特性观察及其对沙棘林的危害 [J]. 沙棘，21(1): 37–38.
王玉洁，吴娇，黎荣欣，等 .2014. 广斧螳室内生物学特性研究 [J]. 中国植保导

刊 (3): 1.

王玉洁，吴娇，赵冬香 .2014. 广腹螳螂的研究进展 [J]. 南方农业学报，45(1): 53–57.

王玉玲 .2006. 河南开封地区的蚂蚁资源 [J]. 四川动物，25(3): 546–548.

王云果，李孟楼，高智辉，等 .2008. 花斑皮蠹生物学研究及幼虫密度对化蛹的影响 [J]. 西北林学院学报，23(2): 113–117.

王志明，张景福，王春 .1993. 六脊树葬甲的初步观察简报 [J]. 昆虫天敌，15(2): 94–95.

魏成贵 .1980. 柞蚕绒茧蜂生物学特性的观察 [J]. 昆虫学报，23(2): 173–177.

魏建荣，王建军，吴海山，等 .2013. 一种舞毒蛾黑瘤姬蜂的人工繁殖方法 [J]. 102885008[P]2013–1–23.

闻连仁，赵春芝，张洪彦 .1989. 舞毒蛾生物学特性观察 [J]. 吉林林业科技 (2): 34–37.

吴必强，陈益轩，杨明宪 .1980. 柞蚕饰腹寄蝇组织学与胚胎学的研究Ⅲ：柞蚕饰腹寄蝇幼虫与其寄生组织的形态学的研究：柞蚕寄蝇研究论文集 [C]. 北京：科学出版社 : 69–87.

吴必强，张寿琦，杨明宪 .1980. 柞蚕饰腹寄蝇组织学与胚胎学的研究Ⅱ：柞蚕饰腹寄蝇消化系统的解剖与组织构造的研究：柞蚕寄蝇研究论文集 [C]. 北京：科学出版社 : 55–68.

吴海山，王建军，梁立明，等 .2012. 舞毒蛾化蛹阶段自然控制作用初步调查 [J]. 辽宁林业科技 (1): 13–14，62.

吴继传 .2001. 中国蝈蝈谱 [M]. 北京 : 北京图书馆出版社 .

吴坚，王常禄 .1995. 中国蚂蚁 [M]. 北京 : 中国林业出版社 : 1–214.

吴坚 .1990. 森林害虫重要天敌：中国蚁属昆虫的研究 [J]. 林业科学研究，3(1): 1–8.

吴孔明 .2012. 植保科技创新与现代农业建设 [M]. 北京 : 中国农业科学技术出版社 : 560.

吴猛耐，杨世璋，陈杰，等 .2001. 林间释放平腹小蜂防治银杏大蚕蛾研究 [J]. 昆虫天敌，23(1): 26–29.

伍和平，李保平 .2007. 补充营养对斑痣悬茧蜂寿命和取食行为的影响 [J]. 中国生物防治杂志，23(2): 184–188.
伍律，李德俊，须润华 .1977. 柞蚕饰腹寄蝇生活史及生态的研究 [J]. 昆虫学报，20(4): 382–396.
伍律，须润华，李德俊 .1980. 柞蚕饰腹寄蝇食性的初步观察 : 柞蚕寄蝇研究论文集 [C]. 北京 : 科学出版社：41–44.
夏永娟，郑哲民 .1997. 新疆蚁科昆虫调查 [J]. 陕西师范大学学报，25(2): 64–66.
萧采瑜 .1981. 中国蝽类昆虫鉴定手册第 2 册半翅目异翅亚目 [M]. 北京 : 科学出版社 .
萧刚柔 .1992. 中国森林昆虫 [M]. 北京 : 科学出版社 : 1362.
辛明，马永林，贺达汉 .2011. 宁夏蚁科昆虫区系研究 [J]. 宁夏大学学报，32(4): 403–412.
邢嘉琪，李丽英 .1989. 荔枝蝽蟓卵平腹小蜂产卵行为观察及连代人工体外培育研究 [J]. 昆虫天敌，11(2): 61–64.
邢嘉琪，李丽英 .1990. 荔枝蝽象卵寄生蜂：平腹小蜂体外培育研究 [J]. 昆虫学报，33(2): 166–173.
邢雪松，周义，刘君，等 .2018. 一种新型天敌昆虫蠋蝽在林业上的应用 [J]. 北京园林 (3): 48–50.
徐崇华，严静君，姚德富，等 .1986. 中国林科院林业研究所研究报告：蠋蝽生物学与利用研究 [R].(1): 44–56.
徐崇华，严静君，姚德富 .1984. 温度与蠋蝽 (*Arma chinensis Fallou*) 发育的关系 [J]. 林业科学，20(1): 96–99.
徐崇华，姚德富，李英梅，等 .1981. 捕食性天敌：蠋敌的初步研究 [J]. 林业科技通讯 (4): 24–27.
徐崇华 .1983. 关于捕食性天敌 : 蠋蝽的补充介绍 [J]. 林业实用技术 (10): 19–20.
徐力，王大洲 .1989. 舞毒蛾雌蛹重与携卵量的相关分析 [J]. 河北林业科技 (1): 24–27
徐延强，王宏琦，李宪臣 .1995. 短翅鸣螽生活习性及人工饲养方法 [J]. 山东林业科技 (3): 35–37.
许文儒，呼声久，胡仁海 .1980. 柞蚕寄蝇种类调查研究 : 柞蚕寄蝇研究论文集 [C]. 北京 : 科学出版社 : 126–131.

薛万琦，赵建铭 .1996. 中国蝇类 [M]. 沈阳 : 辽宁科学技术出版社 .
严静君，Pemberton R W，姚德富，等 .1993. 辽宁省鞍山地区舞毒蛾天敌的研究 [J]. 生物防治通报，9(2): 49–53.
严静君，刘后平 .1991. 绒茧蜂研究进展 [J]. 生物防治通报，7(3): 127–133.
严静君，刘后平 .1992. 中国林木害虫天敌昆虫利用研究进展 [J]. 陕西林业科技 (2): 24–28.
严静君，姚德富，刘后平，等 .1992. 山东昆嵛山舞毒蛾天敌的研究 [J]. 山东林业科技 (1): 5–8.
严静君，徐崇华，高文呈，等 .1995. 林木害虫天敌昆虫 [M]. 中国台北 : 淑馨出版社 : 1–328.
严静君，徐崇华，李广武，等 .1989. 林木害虫天敌昆虫 [M]. 北京 : 中国林业出版社 : 300.
严静君，徐崇华，姚德富，等 .1981. 六种螳螂生物学特性的研究 [J]. 昆虫天敌，3(3): 24–31.
严静君，徐崇华，姚德富，等 .1983. 螳螂对森林害虫捕食量的回归分析 [J]. 林业科学，(昆虫专辑): 109–114.
严静君，姚德富，李英梅 .1992. 黑足凹眼姬蜂在松毛虫低密度下的种群动态和控制作用 [J]. 林业科学，28(5): 405–411.
严静君，Pemberton RW，姚德富，等 .1994. 四川省大邑县舞毒蛾天敌的研究 [J]. 林业科学研究，7(3): 269–276.
严静君，姚德富，刘后平，等 .1994. 中国舞毒蛾天敌昆虫名录 [J]. 林业科技通讯 (5): 25–27.
严静君，姚德富，徐崇华 .1991. 冷藏对松毛虫内茧蜂影响的研究 [J]. 林业科学研究，4(1): 65–68.
严静君，姚德富 .1995. 关于“天敌的跟随现象”的讨论 [J]. 昆虫知识，32(6): 370–371.
严静君 .1981. 森林害虫的天敌昆虫与综合防治 [J]. 林业病虫通讯 (1): 38–41，(2): 24–26.
严静君 .1985. 中国舞毒蛾寄生昆虫和捕食昆虫初步名录 [J]. 中国森林病虫 (1): 21–24.

严静君 .1986. 益蝽亚科的五种捕食蝽 [J]. 中国森林病虫 (4): 34–37.

严静君，徐崇华，姚德富，等 .1990. 大腿小蜂：榆毒蛾的重要天敌 [J]. 森林病虫通讯 (2): 18–19.

严静君 .1990. 森林昆虫与人类活动 [J]. 森林与人类，10(5): 36–40.

严静君 .1991. 森林害虫治理对策 [J]. 世界林业研究，4(1): 73–77.

严静君 .2007. 林虫治理谋略 五十年工作感言：北京林业发展论坛论文集 [C]. 北京：中国农业出版社：166–172.

杨春材，宣家发 .1981. 森林害虫的重要天敌：家蚕追寄蝇的生物学特性的研究 [J]. 安徽农学院学报 (2): 7–13.

杨德松，孟玲，李璐璐，等 .2009. 斑痣悬茧蜂寄主搜索中的学习行为 [J]. 生态学杂志，28(10): 2026–2031.

杨俊庭 .1978. 蠋敌的研究初报 [J]. 昆虫知识，15(5): 144–145.

杨啸风，任国栋 .2001. 陆马蜂 *Polistes rothneyi grahmi* Vecht 的筑巢行为与习性 [J]. 河北大学学报 (自然科学版)，21(1): 80–84.

杨学军 .1996. 舞毒蛾生物防治技术研究进展 [J]. 陕西林业科技 (1): 68–73.

杨彦龙，任炳忠 .2003. 吉林省农林天敌昆虫区系及多样性的研究 (Ⅲ)[J]. 长春师范学院学报：自然科学版，22(2): 69–74.

杨忠岐，姚艳霞，曹亮明 .2015. 寄生林木食叶害虫的小蜂 [M]. 北京：科学出版社：283.

姚德富，刘后平，严静君 .1993. 环斑猛猎蝽生物学特性的研究 [J]. 林业科学研究，6(5): 517–521.

姚德富，严静君，李广武，等 .1995. 暴猎蝽形态特征和生物学特性的研究 [J]. 林业科学研究，8(4): 442–446.

姚德富，严静君，刘后平 .1993. 褐菱猎蝽生物学特性的研究 [J]. 林业科学，29(6): 497–502.

姚德富，严静君 .1994. 两种卵蜂在舞毒蛾卵上的寄生动态 [J]. 林业科学，30(4): 334–337.

姚志远，张春田 .2009. 中国蜉寄蝇属分类学研究 (双翅目：寄蝇科)[J]. 动物分类学报，34(1): 62–68.

佚名 .1978. 对三种螳螂的研究初报 [J]. 昆虫知识，15(4): 107–110.

虞佩玉 .1982. 中国星步甲属的研究 [J]. 昆虫分类学报，4(4): 317–322.
张博，冯素芳，黄露，等 .2011. 斑痣悬茧蜂的寄主辨别能力及其影响因素 [J]. 昆虫学报 (12): 1391–1398.
张博，孟玲，李保平 .2012. 野外环境中斑痣悬茧蜂的产卵选择行为 [J]. 南京农业大学学报 (3): 78–82.
张丹丹，王志明 .2006. 舞毒蛾卵平腹小蜂野外寄生柞蚕卵规律的观察 [J]. 昆虫天敌，28(4): 188–191.
张洪喜，周志芳 .1992. 蝈蝈的研究 [J]. 河北科技师范学院学报，6(2): 18–25.
张洪喜 .1993. 锐声鸣螽生物学特性的初步研究 [J]. 昆虫天敌，15(4): 162–166.
张家利，李丽云 .1983. 舞毒蛾天敌调查简报 [J]. 吉林林业科技 (3): 62.
张明伟，王真才，叶淑琴，等 .1997. 辽宁地区蚂蚁的初步研究 [J]. 森林病虫通讯 (1): 20–23.
张平，孟玲，李保平 .2014. 斑痣悬茧蜂寄生、发育和生殖特征与寄主幼虫日龄的关系 [J]. 昆虫学报 (9): 1032–1036.
张其苏，张希功 .1992. 辽宁地区为害柞蚕的蚂蚁主要种类记述 [J]. 辽宁农业科学 (2): 54–55.
张生芳，刘海峰，管维 .2007.8 种重要斑皮蠹属幼虫的鉴别 [J]. 植物检疫，21(5): 284–287.
张玮，郑哲民 .2002. 四川省蚂蚁区系研究 (膜翅目 : 蚁科)[J]. 昆虫分类学报，24(3): 216–222.
张显川，冯术快，王立增 .1985. 北京地区舞毒蛾生物学特性及其防治的研究 . 北京市林果病虫防治资料汇编，北京市林业保护站 .
长有德，贺达汉 .2002. 中国西北地区蚂蚁区系特征 [J]. 动物学报，48(3): 322–332.
赵建铭，史永善 .1963. 北京地区白杨天社蛾和柳毒蛾的重要天敌 : 毛虫追寄蝇 *Exorista amoena Mesnil* 的初步观察 [J]. 昆虫知识，7(3): 116–118.
赵建铭，史永善 .1980. 中国寄蝇科饰腹寄蝇属的种类记述 : 柞蚕寄蝇研究论文集 [C]. 北京 : 科学出版社 : 1–6.
赵建铭，梁恩义 .1984. 中国主要害虫寄蝇 [M]. 北京 : 科学出版社 : 1–212.
赵建铭，梁恩义 .2001. 中国动物志昆虫纲 . 第二十三卷双翅目寄蝇科（一）[M].

北京：科学出版社：305.
赵建铭，梁恩义.2002. 中国寄蝇科狭颊寄蝇属研究[J]. 动物分类学报，27(4): 807–848.
赵明晨，朱永萍.1983. 贪食亚麻蝇人工饲养试验[J]. 昆虫天敌，5(1): 42–43.
赵萍，万人静，刘红霞.2016. 贵州省益蝽亚科(异翅亚目：蝽科)昆虫记述[J]. 凯里学院学报，34(6): 76–80.
赵姝荣，高智辉，卜书海，等.2008. 花斑皮蠹在自然变温下的发育起点温度和有效积温测定[J]. 西北林学院学报，23(5): 130–132.
赵姝荣，王云果，高智辉，等 2008. 花斑皮蠹生物学特性研究[J]. 陕西林业科技(2): 110–115.
赵养昌，李鸿兴.1966. 中国斑皮蠹属的研究[J]. 动物分类学报(3): 245–254.
郑乐怡.1981. 中国的蠋蝽属(半翅目：蝽科)[J]. 昆虫天敌，3(4): 28–32.
郑乐怡.1983. 某些常见蝽科昆虫的邻近种识别问题[J]. 昆虫知识，20(1): 35–37.
郑友贤，苏桂莲.1983. 蠋敌的人工饲养和田间释放[J]. 河北林业科技(3): 36–37.
郑友贤，苏桂莲.1985. 捕食性天敌：蠋蝽[J]. 昆虫天敌(2): 87–89.
郑志英，陈瑜伟，温宇光.1992. 利用蠋蝽防治几种林业害虫的试验[J]. 生物防治通报(4): 155–157.
中国科学院动物研究所，浙江农业大学.1978. 天敌昆虫图册[M]. 北京：科学出版社：300.
中国农业科学院柞蚕研究所.1963. 柞蚕饰腹寄蝇的初步研究Ⅰ：饰腹寄蝇的生物学特性[J]. 蚕业科学，1: 27–33.
周庆南.1981. 大袋蛾寄生天敌：伞裙追寄蝇人工饲养初探[J]. 昆虫天敌，3(1–2): 32–33.
周艳涛，王杰，张晶，等.2012. 舞毒蛾寄生天敌昆虫及其自然控制研究[J]. 林业科技，37(2): 21–23.
朱笑愚，吴超，袁勤.2012. 中国螳螂[M]. 北京：西苑出版社：331.
朱宗良.1989. 成都地区森林害虫区系及综合治理意见[J]. 林业病虫防治(13): 22–25.
邹德玉，徐维红，刘佰明，等.2016. 天敌昆虫蠋蝽的研究进展与展望[J]. 环境昆虫学报，38(4): 857–865.

Anderson JF.The gypsy moth[J]. Front Plant，1982，32(3): 1–8.

Askari A，Coppel HC.Observations on courtship and mating behavior of *Meteorus pulchricornis* a gypsy moth parasitoid[J]. Annals of the Entomological Society of America，1978，71(3): 364–366.

Askari A，Mertins JW，Coppel HC. Developmental biology and immature stages of *Meteorus pulchricornis* in the laboratory[J]. Annals of the Entomological Society of America，1977，70(5): 655–659.

Baker WL.Effect of gypsy moth defoliation on certain forest trees[J].J For，1941，39(12): 1017–1022.

Beckman N，Hurd LE.Pollen feeding and fitness in praying mantids:the vegetarian side of a tritrophic predator[J]. Environmental Entomology，2003，4(4): 881–885.

Beeson CFC. 1993. The ecology and control of the forest insects of India and the neighbouring countries.Shiva Offset Press.

Bess HA.Population ecology of the gypsy moth: *Porthetria dispar* L.(Lepidoptera: Lymantridae)[J]. Conn Agric Exp Stn Bull，1961，76(9): 43.

Bjegovic P. The dependence of the sex ratio of *Anastatus disparis* Ruschka on the phase of embryonic derelopment of the host[J]. Zast Bilja，1964，15: 569–576.

Breland OP，Dobson JW.Dobson specificity of mantid oothecae[J].Annals of the Entomological Society of America，1947，11(4): 557–575.

Brown MW，Cameron EA.Natural enemies of *Lymantria dispar* eggs in central Pennsylvania，US，and a review of the world literature on natural enemies of *L.dispar eggs*[J].Entomophaga，1982，27(3): 311–321.

Brown MW.Literature review of Ooencyrtus kuvanae，an egg parasite of Lymantria dispar[J].Entomophaga，1984，29(3): 249–265.

Burgess AF, Crossman SS. Imported insect enemies of the gypsy moth and the brown-tail moth[J].Technical Bulletins，1929，86: 148.

Campbell RW.Some ichneumonid-sarcophagid interactions in the gypsy moth Porthetria dispar (Lepidoptera: Lymantriidae)[J].Canadian Entomologist, 1963, 95(4): 337–345.

Cardona C, Oatman ER. Biology of *Apanteles dignus* (Hymenoptera: Braconidae)，a prelimary parasite of the tomato pinworm[J].Annals of the Entomological Society of

America, 1971, 64(5): 996–1007.

Cooper KW.Picromerus bidens (L.), a beneficial predatory European bug discovered in Vermomt (Heteroptera: Pentatomidae)[J]. Entomological News, 1967, 78: 36–40.

Corrette BJ.Prey capture in the praying mantis *Tenodera aridifolia sinensis*: coordination of the capture sequence and strike movements[J].Journal of Experimental Biology, 1990, 148: 147–180.

Crossman SS.Two imported egg parasites of the gypsy moth *Anastatus bifasciatus* and *Schedius kuvanae*[J].Journal of Agricultural Research, 1925, 30(7): 643–675.

Culver JJ.A study of *Compsilura concinnata*, an imported tachinid parasite of the gypsy moth and the brown-tail moth[J].US Dep Agric Bull, 1919, 766, 27p.

De YZ, Meng QW, Li SZ, et al.Taxonomic and bionomic notes on *Arma chinensis* (Hemiptera:Pentatomidae)[J].Zootaxa, 2012, 33(82): 41–52.

Dippel C, Hilker M.Effects of physical and chemical signals on host foraging behavior of *Drino inconspicua* (Diptera:Tachinidae), a generalist parasitoid[J].Environmental Entomology, 1998, 27(3): 682–687.

Doane CC, Mc M.1981.Gypsy moth:Research toward integrated pest management. U.S. Dep.Agric.For.Serv, Sci.And Educ.Agency.and Anim.And Plant Health Insp.Serv. Tech.Bull., 1584.

Dowden PB.*Brachymeria intermedia*, a primary parasite and B.*compsilurae*, a secondary parasite of the gypsy moth[J].Journal of Agricultural Research, 1935, 50(6): 495–523.

Dowden PB.The gypsy moth egg parasite, *Ooencyrtus kuwanai*, in Southern Connecticut in 1960[J].Journal of Economic Entomology, 1961, 54(5), 876–878.

Fagan WF.Can vertebrate predation alter aggregation of risk in an insect host–parasitoid system?[J].Journal of Animal Ecology, 2002, 71(3): 487–496.

Fagan WF, Moran MD, Rango JJ, et al.Community effects of praying mantids: a meta-analysis of the influences of species identity and experimental design[J].Ecological Entomology, 2002, 27(4): 385–395.

Fuester RW, Taylor PB, Hua P, et al.Laboratory biology of a uniparental strain of *Meteorus pulchricornis* (Hymenoptera: Braconidae), an exotic larval parasite of the gypsy moth[J].Annals of the Entomological Society of America, 1993, 86(3): 298–304.

Gemeno CC.Sexual approach in the praying mantid Mantis religiosa[J].Journal of Insect Behavior, 2006, 19(6):731–740.

Godwin PA, ODell TM.A laboratory study of the interaction of two parasites of *Lymantria dispar*, *Blepharipa pratensis* and *Brachymeria intermedia*[J]. Entomophaga, 1979, 24(2), 185–190.

Gould JR, Elkinton JS, ODell TM.Superparasitism of gypsy moth, *Lymantria dispar larvae* by *Parasetigena silvestris* (Diptera:Tachiniae)[J].Canadian Entomologist, 1992, 124(3), 425–436.

Gupta V.The Ichneumonid parasites associated with the gypsy moth (Lymantria dispar)[J]. Contributions of the American Entomological Institute, 1983, 19(7): 1–168.

Hitchcock SW.Number of fall generations of *Ooencyrtus kuwanae* in gypsy moth eggs[J]. Journal of Economic Entomology, 1959, 52(4): 4.

Hitchcock SW.Generation time of *Ooencyrtus kuwanai* on gypsy moth eggs in the field[J].Journal of Economic Entomology, 1972, 65(1): 284–285.

Husni KY, Honda H.Effects of host pupal age on host preference and host suitability in *Brachymeria lasus* (Walker) (Hymenoptera:Chalcididae)[J].Applied Entomology & Zoology, 2001, 36(1), 97–102.

Javahery M. Biology and ecology of *Picromerus bidens* (Hemiptera:Pentatomidae) in southeastern Canada[J].Entomological News, 1986, 97(3): 87–98.

Kainoh Y, Honda H. Factors influencing host discrimination in a pupal parasitoid, *Brachymeria lasus* (Walker) (Hymenoptera:Chalcididae)[J].Entomological Science, 2000, 3: 443–451.

Kershaw JC.The formation of the ootheca of a Chinese mantis, *Hierodula saussurii*[J]. Psyche. A Journal of Entomology. Cambridge, 1910, 8: 136–141.

Kim JI, Kim TW.Taxonomic review of Korean Tettigoniinae[J].Korean Entomol Zool, 2001, 31(2): 91–100.

Manjunatha HB, Puttaraju HP. The egg of uzi fly, *Exorista sorbillans*[J].Applied Entomology and Zoology, 1993, 28(4): 577–581.

Mao H, Kunini Y.Longevity and fecundity of *Brachymeria lasus* (Walker) (Hymenoptera: Chalcididae), a pupal parasitoid of the oriental tea tortrix, *Homona magnanina* Diakonoff (Lepidoptera: Tortricidae) under laboratory conditions[J]. Applied entomology and zoology, 1994, 29: 237–243.

Marsh PM, Shaw SR, Wharton RA.An identification manual for the North American genera of the family Braconidae (Hymenoptera)[J].Memoirs of the Entomological Society of Washington, 1987, 13: 1–98.

Marsh PM.The braconid (Hymenoptera) parasites of the gypsy moth, *Lymantria dispar* (Lepidoptera:Lymantriidae)[J].Annals of the Entomological Society of America, 1979, 72(6): 794–810.

Mason WRM.The polyphyletic nature of *Apanteles Foerster* (Hymenoptera: Braconidae): A phylogeny and reclassification of Microgastrinae[J].Memoirs of the Entomological Society of Canada. Ottawa, 1981, 115: 1–147.

Mosher FH.Food plants of the gypsy moth in America[J].US Dep Agric Bull, 1915, pp: 39.

Muenster SM.The parasitoid complex of *Epinotia tedella* (Lepidoptera:Tortricidae)[J]. Entomologiske Meddelelser, 1979, 47: 63–71.

Muesebeck CFW.Two important introduced parasites of the brown-tail moth[J]. Journal of Agricultural Research, 1918, 14: 191–206.

Nakamura S.Parasitization and life history parameters of *Exorista japonica* (Diptera:Tachinidae) using the common armyworm, *Pseudaletia separata* (Lepidoptera:Noctuidae) as a host[J].Applied Entomology and Zoology, 1994, 29(2): 133–140.

Nixon GEJ.A revision of the north-western European species of the *Vitripennis*, *Pallipes*, *Octonarius*, *Triangulator*, *Fraternus*, *Formosus*, *Parasitellae*, *Metacarpalis* and *Circumscriptus-groups* of *Apanteles* forster (Hymenoptera:Braconidae)[J].Bulletin of Entomological Research, 1973, 63(2): 169–230.

Okamoto H.On the life history of *Dinorhynchus dybowskyi* Jak[J].Insect world, 1916, 20: 487–489.

Okamoto H.On the breeding and observations of *Dinorhynchus dybowskyi* Jakovlev[J].

The Entomological World, 1942, 10(98): 247–258.

Pemberton RW, Lee JH, Reed DK, et al.Natural enemies of the asian gypsy moth (Lepidoptera: Lymantridae) in South Korea[J].Annals of the Entomological Society of America, 1993, 86(4): 423–440.

Rao VP.1966.Survey for natural enemies of gypsy moth.July 25, 1961 to July 24, 1966, Final Technical Report[J]. Commonw. Inst. Biol. Control Indian Station.

Reardon RC, Statler MW, Mclane WH.Rearing techniques and biology of five gypsy moth parasites[J].Environmental Entomology, 1973, 2(1): 124–127.

Rehn JAG.Chief morphological and color features separating *Tenodera angustipennis and T.sinensis* (Orthoptera:Mantidae)[J].Entomological News, 1933, 44: 4–5.

Rieger, ch.Eine Zucht von. *Pinthaeus sanguinipes* (Fabricius, 1787) (Heteroptera, Pentatomidae, Asopinae)[J].Carolinea, 2000, 58: 203–206, 2 Plates.

Rishi ND, Shah KA.Survey and bioecological studies on the natural enemy complex of indian gypsy moth, *Lymantria obfuscata* Walker (Lepidoptera:Lymantriidae)[J]. Journal of Entomological Research, 1985, 9(1): 82–93.

Roeder KD.An experimental analysis of the sexual behavior of the praying mantis[J]. Biological Bulletin, 1935, 69: 203–220.

Roger WF, Taylor PB, Hua P, et al.Laboratory biology of a uniparental strain of *Meteorus pulchricornis* (Hymenoptera: Braconidae), an exotic larval parasite of the Gypsy moth (Lepidoptera: Lymantriidae)[J].Annals of the Entomological Society of America, 1935, 86(3): 298–304.

Sabrosky CW, Reardon RC.Tachinid parasites of the gypsy moth, *Lymantria dispar*, with keys to adults and puparia[J].Miscellaneous Publications of the Entomological Society of America, 1976, 10(2): 1–126.

Schaefer PW, Hedlund RC.*Dinorhynchus dybowskyi*, an arboreal predator of forest insects including the gypsy moth, in Hokkaido, Japan, and laboratory rearing success[J].Environmental Entomology, 1979, 8(4): 744–751.

Schaefer PW, Hiroshi S. Tachinidae parasitic on the Lymantriidae in Japan[J]. Kontyu(昆蟲), 1981, 49(2): 367–384.

Schaefer PW, Fuester RW, Chianese RJ, et al.Introduction and North American establishment of *Coccygomimus disparis* (Hymenoptera: Ichneumonidae), a polyphagous pupal parasite of lepidoptera, including gypsy moth[J].Environmental Entomology, 1989, 18(6), 1117–1125.

Schaefer PW, Jing JY, Wallner WE, et al.Natural enemies of the gypsy moth *Lymantria dispar* (L.) (Lepidoptera: Lymantriidae) in China[J].Scientia Silvae Sinicae, 1984, 20(4): 434–440.

Schaefer PW, Weseloh RM, Xilin S, et al.Gypsy moth *Lymantria* (=*Ocneria*) *dispar* (L.) (Lepidoptera:Lymantriidae), in the People's Republic of China[J].Environmental Entomology, 1984, 13(6): 1535–1541.

Schaefer PW，严静君，孙锡麟，等 . 中国舞毒蛾 Lymantria dispar (Linnaeus) 天敌考察 [J]. 林业科学，1984，20(4): 434–440.

Shima H.A host-parasite catalog of Japanese Tachinidae (Diptera)[J]. Makunagiacta Dipterologica, 1999, pp: 80–81.

Simons EE, Reardon RC, Ticehurst M. Selected parasites and Hyperparasites of the gypsy moth, with keys to adults and immatures[J].Agriculture Handbook. United States Department of Agriculture. Washington, 1979, 540pp.

Tinkham ER.Studies mantidae[J].Lingnan Soc Journ.1937, 16: 481–500, 551–573.

Wallner WE, Card RT, Weseloh RM, et al.Gypsy moth (Lymantria dispar L.) attraction to disparlure enantiomers and the olefin precursor in the People's Republic of China[J].Journal of Chemical Ecology, 1984, 10(5): 753–757.

Wallner WE, Weseloh RM, Grinberg PS.Intrinsic competition between *Apanteles melanoscelus* (Hym: Braconidae) and *Rogas lymantriae* (Hym: Braconidae) reared on *Lymantria dispar* (Lep: Lymantriidae)[J].Entomophaga, 1982, 27(1), 99–103.

Watanabe E, Tetsuya AH, Kazuki M, et al.Multiple paternity within field-collected egg cases of the praying mantid *Tenodera aridifolia*[J].Annals of the Entomological Society of America, 2011, 104(2): 348–352.

Watanabe M, Mitsuhashi J.In vitro rearing of an endoparasitic fly, *Exorista sorbillans* (Diptera:Achinidae)[J].Japanese Society of Applied Entomology and Zoology, 1995, 30(2): 319–325.

Webber RT, Schaffner JV.Host relations of *Compsilura concinnata* Meigen, an important tachinid parasite of the gypsy moth and brown-tail moth[J].US Dep Agric Bull, 1926, 1363, 31pp.

Webber RT. *Sturmia inconspicua* Meigen, A tachinid parasite of the gypsy moth[J]. Journal of Agricultural Research, 1932, 45(4): 139–208.

Weseloh RM.Comparison of US and Indian strains of the Gypsy moth (Lepidoptera: Lymantriidae) parasitoid *Apanteles melanoscelus* (Hymenoptera: Braconidae)[J]. Annals of the Entomological Society of America, 1982, 75(5): 563–567.

Weseloh RM.Discrimination between parasitized and nanparasitized hosts by gypsy moth parasitoid *Apanteles melanoscelus*[J].Canadian Entomologist, 1976, 108(4): 395–400.

Witter JA, Kulman HM.The parasite complex of the forest tent caterpillar in northern Minnesota[J].Environmental Entomology, 1979, 8(4): 723–731.

Yang L, Xiao ZH, Deng GR, et al.The functional response of *Hierodula patellifera* Serville to *Monolepta occifuvis*[J].Chinese Agricultural Science Bulletin.2009, 25(21): 289–291.

Zhao Q, Liu GQ, Bu WJ.A review of the genus Picromerus Amyot and Serville from China, with description of a new species (Heteroptera:Pentatomidae: Asopinae)[J]. Zootaxa, 2013, 3613(2): 146–164.

Zhao Q, Redei D, Bu WJ.Review of the genus *Pinthaeus* (Hemiptera: Heteroptera: Pentatomidae: Asopinae)[J].Zootaxa, 2013, 3613(2): 059–084.

拉丁名索引

P

R

S

T

中文索引

图版 I

受舞毒蛾危害的杨树与健康树对比

舞毒蛾危害状

舞毒蛾卵块

舞毒蛾初孵幼虫

舞毒蛾幼虫

舞毒蛾幼虫

（1~6：李广武摄）

图版 II

舞毒蛾蛹

舞毒蛾成虫（左雄、右雌）

舞毒蛾成虫交配

舞毒蛾成虫

舞毒蛾成虫

舞毒蛾成虫

（7~9：李广武摄；10~12：曹亮明摄）

13~16　舞毒蛾幼虫不同色斑型

（李广武摄）

图版 IV

17~20 舞毒蛾幼虫不同色斑型

（李广武摄）

舞毒蛾黑瘤姬蜂 *Coccygomimus disparis*
（Viereck，1911）

喜马拉雅聚瘤姬蜂交配状

舞毒蛾黑瘤姬蜂寄生初
羽化舞毒蛾成虫

舞毒蛾黑瘤姬蜂寄生
舞毒蛾蛹

喜马拉雅聚瘤姬蜂蛹

喜马拉雅聚瘤姬蜂 ***Iseropus***
（***Gregopimpla***）***himalayensis***（Cameron，1899）

（21：曹亮明摄；22，23：李广武摄；24~26：严静君摄）

图版 VI

黑足凹眼姬蜂 *Casinaria nigripes*
（Gravenhorst，1829）

黑足凹眼姬蜂茧

黑足凹眼姬蜂老熟幼虫

黑足凹眼姬蜂蛹

黑足凹眼姬蜂茧

黑足凹眼姬蜂茧

（严静君摄）

毒蛾惊蠋姬蜂 ***Phobocampe lymantriae*** Gupta，1983

毒蛾惊蠋姬蜂刚羽化成虫和茧

毒蛾惊蠋姬蜂蛹

毒蛾惊蠋姬蜂茧

37

脊腿囊爪姬蜂 ***Theronia atalantae gestator***（Thunberg，1822）

（33，37：李广武摄；34~36，38：严静君摄）

毒蛾镶颚姬蜂 ***Hyposoter vierecki*** Townes，Momoi et Townes，1965

毒蛾刻绒茧蜂 ***Glyptapanteles liparidis***（Bouche，1834）

毒蛾刻绒茧蜂 ***Glyptapanteles liparidis***（Bouche，1834）

（39~40，42~44：严静君摄；41：李广武摄）

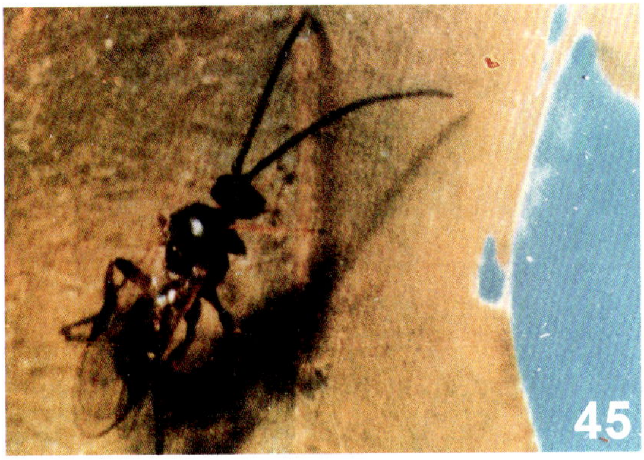

黑腿盘绒茧蜂 ***Cotesia melanoscela***（Ratzeburg，1852）

夏氏盘绒茧蜂 ***Cotesia schaeferi***（Marsh，1979）

斑痣悬茧蜂 ***Meteorus pulchricornis***（Wesmael，1835）

虹彩悬茧蜂 ***Meteorus versicolor***（Wesmael，1835）茧

（45，47，49：李广武摄；46，48，50：严静君摄）

图版 X

51

舞毒蛾卵平腹小蜂 ***Anastatus japonicus***
（Ashmead，1904）

52

大蛾卵跳小蜂 ***Ooencyrtus kuwanae***
（Howard，1910）

53

毒蛾狭面姬小蜂 ***Elachertus charondas***
Walker，1839 蛹

54

广大腿小蜂 ***Brachymeria lasus*** Walker，1841

55

毒蛾大腿小蜂 ***Braxhymeria intermedia***
（Nees，1834）

56

次生大腿小蜂 ***Brachymeria secundaria***
（Ruschka，1922）

（51，54：李广武摄；52：虞国跃摄；53，55，56：严静君摄）

57

58

康刺腹寄蝇 *Compsilura concinnata* (Meigen, 1824)

59

平庸赘寄蝇 *Drino inconspicua* (Meigen, 1830)

柞蚕饰腹寄蝇 *Blepharipa tibialis* (Chao, 1963)

60

毛虫追寄蝇 *Exorista rossica* Mesnil, 1960

(严静君供图)

日本追寄蝇 *Exorista japonica*（Townsend，1909）

条纹追寄蝇 *Exorista fasciata*（Fallén，1820）

隔离狭颊寄蝇 *Carcelia*（*Senometopia*）*excise*（Fallén，1920）

贪食亚麻蝇 *Sarcophaga*（*Liosarcophaga*）*harpax*（Pandelle，1896）

舞毒蛾幼虫体上勺肛蜉寄蝇卵

（61，65：李广武摄；62~64：严静君供图）

66

中华金星步甲 ***Calosoma maderae chinense*** Kirby，1819

67

黑广肩步甲 ***Calosoma maximoviczi*** Morawitz，1863

68

艳大步甲 ***Carabus lafossei coelestis*** Stewart，1855

69

黄斑青步甲 ***Chlaenius micans*** Fabricius，1792

70

后斑青步甲 ***Chlaenius postlcalis*** Moschulsky，1854

71

双斑青步甲 ***Chlaenius bioculatus*** Chaudoir，1856

（66，71：李广武摄；67，69~70：虞国跃摄；68. 严静君摄）

六脊树葬甲 ***Dendroxena sexcarinata*** Motschulsky，1862

蠋蝽 ***Arma custos***（Fabricius，1974）

蠋蝽卵

蠋蝽若虫捕食舞毒蛾幼虫

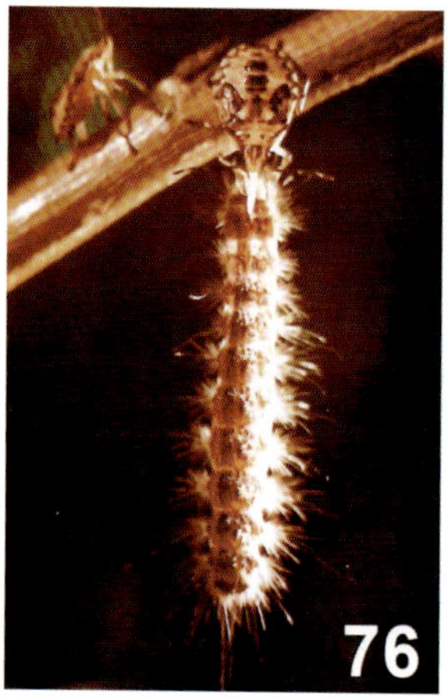

蠋蝽若虫捕食舞毒蛾幼虫

蠋蝽捕食状

（72，76~77：李广武摄；73~75：严静君供图）

双刺益蝽 ***Picromerus bidens***
（Linnaeus，1758）

益蝽 ***Picromerus lewisi*** Scott，1874

益蝽 ***Picromerus lewisi*** Scott，1874

益蝽卵

益蝽捕食

并蝽 ***Pinthaeus sanguinipes***
（Fabricius，1781）

（78~79，83：赵清摄；80~82：严静君供图）

绿喙蝽 ***Dinorhynchus dybowskyi***
Jakovlev，1876

黄褐喙蝽 ***Dinorhynchus opulentis***
（Distant，1890）

绿喙蝽 ***Dinorhynchus dybowskyi***
Jakovlev，1876

绿喙蝽 ***Dinorhynchus dybowskyi***
Jakovlev，1876

黄褐喙蝽 ***Dinorhynchus opulentis***
（Distant，1890）

（84，87：赵清摄；85~86，88：严静君供图）

89

黑哎猎蝽 ***Ectomocoris atrox***
（**Stål**，1855）

90

暗素猎蝽 ***Epidaus nebulo***
（**Stål**，1863）

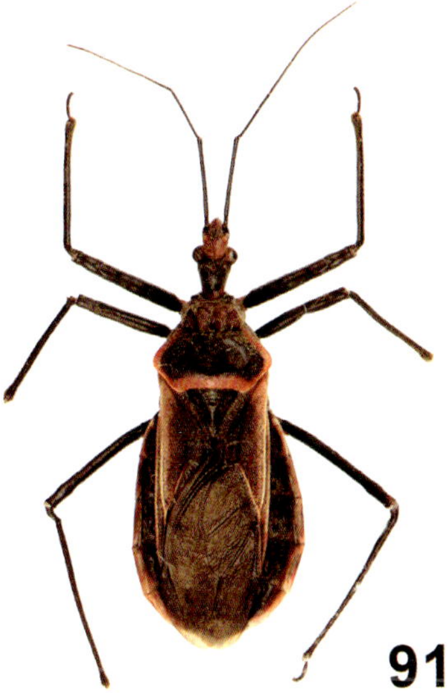

91

云斑瑞猎蝽 ***Rhynocoris incertis***
（Distant，1903）

92

红缘瑞猎蝽 ***Rhynocoris rubromarginatus***
Jakovlev，1893

（赵萍摄）

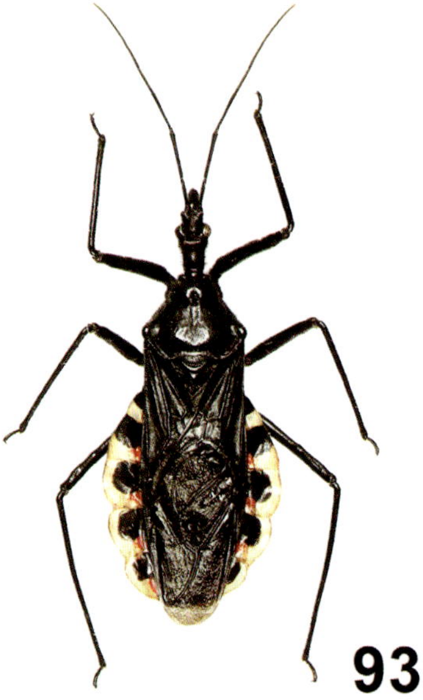

多氏田猎蝽 *Agriosphodrus dohrni*
（Signoret，1862）

多氏田猎蝽 *Agriosphodrus dohrni*
（Signoret，1862）

褐菱猎蝽 *Isyndus obscurus*
（Dallas，1850）

褐菱猎蝽 *Isyndus obscurus*
（Dallas，1850）

（93，95：赵萍摄；94：李广武摄；96：严静君摄）

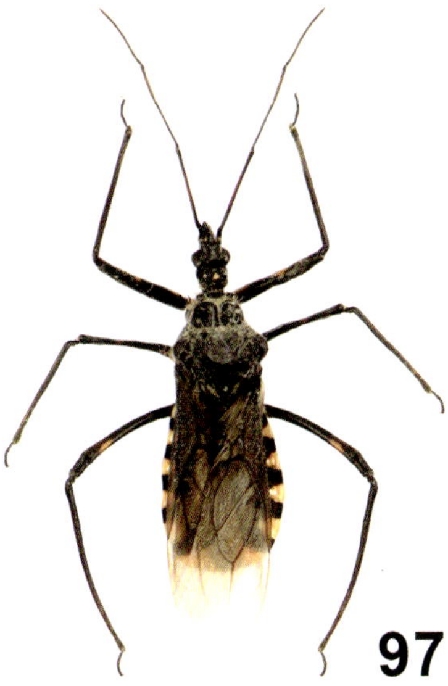

青背瑞猎蝽 ***Rhynocoris leucospilus***
（**Stål**，1859）

环斑猛猎蝽 ***Sphedanoletes impressicollis***
（**Stål**，1861）

青背瑞猎蝽 ***Rhynocoris leucospilus***
（**Stål**，1859）

环斑猛猎蝽 ***Sphedanoletes impressicollis***
（**Stål**，1861）

（97~98：赵萍摄；99：曹亮明摄；100：严静君摄）

101

四川犀猎蝽 *Sycanus sichuanensis* Hsiao，1979

102

黑脂猎蝽 *Velinus nodipes* Uhler，1860

103

泛希姬蝽 *Himacerus apterus*（Fabricius，1798）

104

乌苏里蝈螽 *Gampsocleis ussuriensis* Adelung，1910

105

中华寰螽 *Atlanticus sinensis* Uvarov，1924

（101~102：赵萍摄；103：陈卓摄；104：李广武摄；105：严静君摄）

中华大刀螳 ***Tenodera sinensis***
（Saussure，1842）

中华大刀螳捕食

中华大刀螳卵鞘

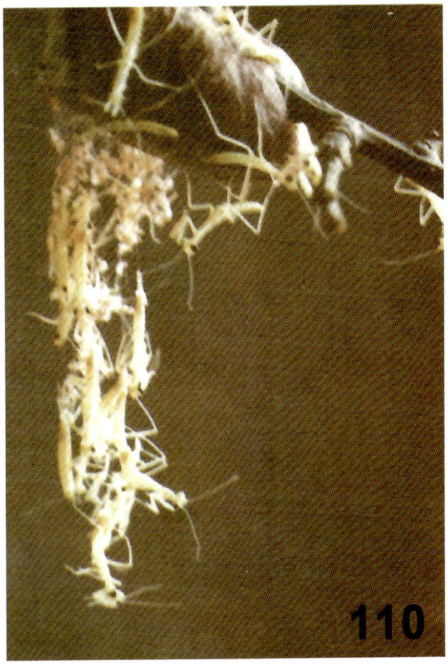

中华大刀螳初孵若虫

中华大刀螳产卵

中华大刀螳交配

（严静君供图）

图版 XXII

枯叶大刀螳 *Tenodera aridifolia*（Stål，1813）

窄翅大刀螳 *Tenodera angustipennis* Saussure，1842

窄翅大刀螳卵鞘

广腹螳 *Hierodula patellifera*（Serville，1839）
褐色型

广腹螳绿色型

广腹螳卵鞘

（112~114，116~117：严静君供图；115：严静君摄）

日本弓背蚁 ***Camponotus japonicus*** Mayr，1866

中华红林蚁 ***Formica sinensis*** Wheeler，1913

日本黑褐蚁 ***Formica japonica*** Motschulsky，1866

黑毛蚁 ***Lasius niger***（Linnaeus，1758）

陆马蜂 ***Polistes***（***Megapostes***）***rothneyi grahami*** van der Vecht，1968

陆马蜂蜂巢

（118：by Ryan Perry，CASENT0249983；119：by Roland Schultz，ANTWEB1041264；120：by Shannon Hartman，CASENT0280389；121：by April Nobile，CASENT0178774；122~123：严静君供图）